C·H·Beck

PAPERBACK

Oliver Schlaudt

Zugemüllt

Eine müllphilosophische Deutschlandreise

Illustriert mit Werken von Swaantje Güntzel

C.H.Beck

Mit 6 Abbildungen

Originalausgabe

www.chbeck.de
Umschlaggestaltung: Kunst oder Reklame, München
Umschlagabbildung: Swaantje Güntzel, *SEESTÜCK II* /
Hamburger Kunsthalle, 2020 © VG Bild-Kunst, Bonn 2023
Satz: C.H.Beck.Media.Solutions, Nördlingen
Druck und Bindung: Druckerei C.H.Beck, Nördlingen
Printed in Germany
ISBN 978 3 406 81464 8

myclimate

verantwortungsbewusst produziert
www.chbeck.de/nachhaltig

Inhalt

Vorwort

Wir stellen uns frühere Zeiten oft als dreckig vor. Die Menschen lebten mit und in ihrem eigenen Unrat, denn sie hatten weder Müllabfuhr noch ein Klosett mit Wasserspülung. Wir haben beides. Allein, wo gehen der Kot und die Abfälle hin? Was ist ihre letzte Bestimmung, wenn der Deckel wieder auf der Tonne liegt und die Spülung gezogen ist? Wir wissen es nicht, zumindest nicht so genau, und dieses Unwissen enthält schon *in nuce* ein irritierendes Paradox der Moderne: Keine Zeit vor uns war so sauber, ja, so besessen von Sauberkeit, wie wir es sind. Die Dinge glänzen und duften, sind glatt und rein, wollen klar und eindeutig sein. Zugleich gilt: Keine Zeit vor uns war so dreckig. Nicht nur stopfen wir alle Täler und jeden versteckten Winkel der Landschaft mit Abfall voll. Nein, der Müll ist inzwischen wirklich überall. Die fernsten Gletscher des Himalayas schwitzen Quecksilber und Pestizide aus, in Luft, Boden und Meeren verteilt sich das Mikroplastik über den gesamten Erdball und jedes Neugeborene hat schon im Mutterleib seine Giftdosis abbekommen. Aber auch die Sauberkeit, so eine These dieses Buches, kriecht viel tiefer in unsere Diskurse und unser Selbst, als sie es sollte, und richtet dort großen Schaden an.

Noch nie waren wir so sauber, noch nie waren wir so dreckig. Dies ist die paradoxe Verfassung der Gegenwart. Um sie geht es in diesem Buch. Sie muss etwas mit Vergessen und Verdrängen zu tun haben. Wir können uns so sauber wähnen, weil wir den Müll vergessen, und wir können ihn vergessen, weil wir uns so sauber wähnen. Was wir heute, im mutmaßlichen Anthropozän, dementsprechend erleben – und davor hat uns schon Sigmund Freud gewarnt –, ist die Rückkehr des Verdrängten. Was mithin nottut, ist eine Art Psychoanalyse unseres gemeinschaftlichen Unbewussten. In diesem Sinne befragt das vorliegende Buch den Müll philosophisch – darüber, was er über uns selbst aussagt, über unser heutiges Handeln und das Leben in einer Zukunft, aus der der Müll nicht mehr wegzudenken ist.

Müllphilosophie ist indes ein heikles Unterfangen. Sokrates bestritt ihre Möglichkeit, weil Philosophie es nur mit Ideen zu tun habe, mit den bloßen Formen und Bestimmtheiten der Dinge, während Dreck, Kot und Abfall auf eine Formlosigkeit und Unbestimmtheit zutreiben, womit sie für die Philosophie irrelevant werden. Parmenides hat über Sokrates' Haltung milde gelächelt – und auch wir werden sehen, dass die philosophische Bedeutung des Mülls eigentlich in die Augen springt. Sehr schnell führt er uns zu fundamentalen Fragen darüber, wer wir eigentlich sind, wie wir uns selbst, den Kosmos und unsere Geschäfte darin verstehen, wie wir uns zu den Bedingungen des menschlichen Lebens verhalten und was ein gutes Leben ausmacht.

Freilich sollten wir Sokrates' Bedenken nicht auf die leichte Schulter nehmen. Denn was, wenn das «abstrakte» Philosophieren einen komplizenhaften Anteil an unserem kollektiven Verdrängen des Mülls hat – dieses Mülls, der ja das Konkrete schlechthin zu sein scheint und uns mit unserer eigenen Körperlichkeit, Unreinheit und Endlichkeit konfrontiert? Was, wenn sich auch das Philosophieren durch seine Fixierung auf das Begriffliche und Abstrakte in das Arsenal der raffinierten Mechanismen der Verdrängung einreiht?

Für mich lautete die Konsequenz, dass ich die Konfrontation mit dem wahren, wirklichen Müll suchen musste, dass ich also entgegen den Regeln meiner Zunft den Schreibtisch zu verlassen und den Müll dort aufzusuchen hatte, wo er sich befindet. Ich habe eine Reise unternommen, und von ihr erzählt dieses Buch. Es handelt eine philosophische Frage ab, aber nicht in Form einer Abhandlung. Vielmehr berichte ich, was ich gesehen habe, und versuche, das Gesehene zu verstehen. Der Müll wird dabei in einem doppelten Sinne konkret. Wir begegnen ihm als sinnlichem Ding, als welches er durchaus seine Tücken hat. Aber er konkretisiert sich auch in einem wissenschaftlichen Sinn, insofern er peu à peu in seiner ganzen «*épaisseur*», wie Foucault sagte, also seiner ganzen «Dicke» sichtbar wird – in seiner Überlagerung von natürlichen, kulturellen, technologischen, sozialen, politischen und juristischen Schichten.

Herausgekommen ist bei diesem Experiment eine Art Reisebericht, was für mich selbst anfangs nicht absehbar war, im Rückblick aber auch nicht als bloßer Zufall erscheinen will. Der Reisebericht nimmt eine Mittelstellung zwischen Literatur und Wissenschaft, zwischen subjektivem Erleben und objektiver Feststellung ein. Er bildet damit eine Hybridgattung, wie sie, so scheint mir, das Anthropozän von uns verlangt, um dieser neuen Situation der Menschheit gerecht zu werden. Das Anthropozän drückt eine naturwissenschaftliche und erdgeschichtliche Tatsachenbehauptung aus, stellt damit zugleich aber die großen Narrative von Kultur und Natur infrage: die Erzählungen von ihrer Trennung und Trennbarkeit, vom Fortschritt der Kultur vor der unwandelbaren Kulisse der Natur und schließlich auch von der Objektivität und Unschuld der Naturwissenschaften selbst, die von der Warte der Kultur auf die sich ihr darbietende Natur blicken.

Diese neue Situation verlangt von uns neue Gattungen und Formate, Experimentierlust und bisweilen auch ein wenig Anstrengung. Der Text hat sich, wie im Laufe des Buches deutlich werden wird, gleich einem Fluss selbst seinen Weg gesucht. Er verlangt von den Leserinnen und Lesern, sich ihm anzuvertrauen, sich treiben zu lassen, in den Stromschnellen nicht den Mut und in den Abschnitten des ruhigen Strömens durch einförmigere Ufer nicht die Geduld zu verlieren. Nicht jede Biegung und Wendung wird immer verständlich und willkommen sein, uns aber gleichwohl dem Ziel allmählich näher bringen.

Aufgrund einer glücklichen Fügung findet diese gedankliche Auseinandersetzung mit dem Müll im Medium des Wortes eine Ergänzung in den künstlerischen Bildarbeiten von Swaantje Güntzel, die ich auf einer meiner Müllreisen kennenlernte. In ihrer schon viele Jahre währenden Auseinandersetzung mit dem Müll hat sie ihrerseits eine eigene Formsprache entwickelt, um diesem besonderen Phänomen gerecht zu werden. Durch ein meisterhaftes Spiel mit dem Formenschatz der Kulturgeschichte arbeitet sie das Ikonische an den Müllobjekten heraus, um so die Konfrontation zu erzwingen, auf deren absolute Vermeidung unser ganzes Müllregime eigentlich ausgelegt ist. Ein Kampf von David gegen Goliath, fürwahr, der indes, bei aller Ironie des Formenspiels, mit jenem Ernst geführt wird, der der wirklich großen Kunst niemals fehlt. Gottseidank gibt es sie, denn wir brauchen sie als Verbündete. Jedem Kapitel steht eines von Swaantje Güntzels Werken voran, und auf dem Cover haben Sie, liebe Leserin und lieber Leser, schon eines ihrer Bilder kennengelernt.

Eine solche Konfrontation mit dem Müll in Wort und Bild, so möchte ich abschließend ergänzen, kann durchaus unangenehm sein und uns zu Überlegungen zwingen, die uns nicht behagen. In der Psychoanalyse versteht man indes den «Widerstand» von Patient oder Patientin als einen Hinweis, dass man auf dem richtigen Weg ist, und so habe auch ich es bei meiner Reise in den Mülllandschaften des Anthropozäns gehalten. Dieses heuristische Prinzip mag nicht unfehlbar sein, sich unterm Strich aber doch als fruchtbar erweisen.

Aber nun los, denn anders als der Müll haben wir nicht ewig Zeit!

Swaantje Güntzel, *Sterntaler*, 2022

Zeitgenössische Interpretation des Märchens «Sterntaler» aus den Kinder- und Hausmärchen der Gebrüder Grimm. Die Künstlerin schaut in den Abendhimmel, in dem neben stilisierten Sternen eine in Reihe fliegende Kette von Starlink-Satelliten der Firma SpaceX zu sehen ist. Das Werk ist eine Kollaboration von Swaantje Güntzel und dem Darmstädter Fotografen Andreas Zierhut und während einer Artist-in-Science-Residenz der Künstlerin bei der European Space Agency (ESA/ESOC) im Jahr 2022 entstanden.

1

Willkommen!

Mit Josefa in B.

«*Lasciate ogni speranza, voi ch'entrate* – Ihr, die ihr eintretet, lasst alle Hoffnung fahren!» Diese Inschrift ließ Dante Alighieri in seiner *Göttlichen Komödie* nach antikem Vorbild über dem Tor zur Hölle prangen, dem Tor, welches sein Alter Ego im Versepos durchschreiten musste, um nach langer Wanderung durch alle Untiefen des menschlichen Händels endlich im Paradies seiner lang entbehrten Beatrice wieder zu begegnen. «Jedem das Seine» lautete bekanntlich die zynische Inschrift über dem Eingangstor zum Konzentrationslager Buchenwald. Die SS beauftragte den im Lager inhaftierten Kommunisten und gelernten Schlosser Franz Ehrlich mit der Anfertigung des schmiedeeisernen Schriftzugs. Dem perfiden Befehl konnte er sich nicht widersetzen, aber er fand einen Weg, seine Würde zu behaupten, indem er – von seinen Schergen unbemerkt – in der Wahl der Schrifttype eine versteckte Hommage an seine Lehrer am einst im benachbarten Weimar ansässigen *Bauhaus* einschmuggelte. Tore sind symbolträchtige Orte. Ihre Inschriften müssen gut gewählt sein. Was steht wohl auf dem Tor, das sich zur Welt des Mülls öffnet?

Die Inschrift kennen wir noch nicht, aber zumindest wissen wir, wo das Tor steht. Wir betreten diese Welt in B. «B. ist die schmutzigste Stadt Europas.» Mit diesem Satz ließ vor über vierzig Jahren Monika Maron in ihrem ersten Roman *Flug-*

asche die Protagonistin Josefa, eine Journalistin der *Illustrierten Woche*, eine gewagte Reportage beginnen, die nie gedruckt werden wird.[1] «B.» stand für Bitterfeld, ein Zentrum der Chemieindustrie der DDR im «Chemiedreieck» Leuna-Buna-Bitterfeld. Schreiben durfte man über die Verhältnisse, die an diesem Ort herrschten, nicht. Gleichwohl war der Skandal für alle sichtbar, schließlich führt die Bahnlinie Berlin–Leipzig durch den Ort. Bei der Durchfahrt schlossen die Fahrgäste die Fenster, um sich vor Staub und Gestank zu schützen. Sichtbarstes Zeichen der Verschmutzung war die für den Roman titelgebende Flugasche aus dem Braunkohlekraftwerk, das aus dem anliegenden Tagebau mit Brennstoff gespeist wurde.

Bitterfeld liegt im Mitteldeutschen Braunkohlerevier. Um seine Müllgeschichte in all ihren Dimensionen und Verästelungen verstehen zu können, müssen wir einen Abstecher in die Erdgeschichte machen.[2] Die Braunkohle ist ein geologisch relativ junges Sedimentgestein aus der sogenannten Epoche des Tertiär. Die Bitterfelder Vorkommen haben sich mitten in dieser Epoche, vor 10 bis 40 Millionen Jahren gebildet. Die Dinosaurier sind schon seit langem ausgestorben, und es bildet sich gerade die enorme Vielfalt von Pflanzen und Tieren aus, wie wir sie heute kennen. Auch die Kontinente nehmen zu dieser Zeit ihren uns gewohnten Platz ein, und die großen Gebirge der Welt, insbesondere die Alpen, heben sich infolge von Plattenkollisionen in den Himmel. Wir befinden uns zu diesem Zeitpunkt noch lange vor der Eiszeit. Das Klima ist weltweit deutlich wärmer. Die Pole sind eisfrei, weshalb der Meeresspiegel höher liegt und auch die Nordsee weit in die norddeutsche Tiefebene vordringt. An ihren Gestaden wächst im feuchten, subtropischen Klima eine üppige Vegetation von Farnen und Schachtelhalmen. An der Luft verrottet oder verwest organisches Material normalerweise ziemlich schnell (die sogenannte «Mineralisierung», also vollständige Zersetzung zu unorganischem Material). Aber hier, in Ufernähe, finden sich riesige Sümpfe. Ihr stehendes, fast sauerstofffreies und übersäuertes Wasser bremst die Verrottung und lässt durch die mikrobiologische Humifizierung des eingetragenen Pflanzenmaterials – Schilf, Moose, Blätter, Baumstämme – eine dicke Schicht Torf entstehen, reiner, kohlenstoffreicher und wassergesättigter Humus, der sich unter Luftabschluss nicht vollständig zersetzen kann. Auch Tiere geraten bisweilen in den Sumpf und bleiben als Zeugen der damaligen Fauna im Torf erhalten: Insekten, Amphbien, Schildkröten, Urpferde. Wo die Sümpfe durch gelegentliche Überflutungen ihrerseits von Feinmaterial überdeckt werden, vornehmlich von marinen Sanden bei der Rückkehr des Meeres, setzt der Prozess der sogenannten «Inkohlung» ein. Unter dem zunehmenden Druck der sich aufhäufenden Sedimente wird das Wasser aus dem Torf gepresst und es verdichtet sich der Kohlenstoff. Unter noch höherem Druck würde irgendwann die energetisch hochwertigere Steinkohle und schließlich sogar Anthrazit entstehen. Hier bleibt es bei der Braunkohle.

Die Braunkohlevorkommen um Bitterfeld wurden schon im 17. Jahrhundert entdeckt. Das Flussbett der Mulde hat sich in den Flöz eingeschnitten, so dass an ihren Ufern die seltsame, brennbare Erde offen zutage liegt und gelegentlich die Aufmerksamkeit der Bevölkerung geweckt haben muss. Diese Vorkommen in großem Maßstab auszubeuten war allerdings erst im späten 19. Jahrhundert möglich, da man wegen des hochstehenden Grundwassers dampfbetriebene Pumpen benötigte, um die Gruben trocken zu halten. Die Braunkohle um Bitterfeld enthält relativ viel Schwefel in Form von Pyrit (Eisendisulfid oder «Katzengold»). Diese Schwefelverbindung ist ein weiteres Produkt der Aktivität von Bakterien in den vorzeitlichen Sümpfen, die in ihrer sauerstofflosen, anaeroben Atmung die organischen Sulfate aus den Pflanzen zu Sulfiten vergären (alle Organismen enthalten Schwefel, der menschliche Körper ca. 200 g).[3] Bei der Verbrennung wird der Stoff als Schwefeldioxid frei und verursacht auch eine stärkere Rußbildung. Die ungefilterten Kraftwerksabgase bedeckten die ganze Gegend mit Staub:

Diese Schornsteine, die wie Kanonenrohre in den Himmel zielen und ihre Dreckladung Tag für Tag und Nacht für Nacht auf die Stadt schießen, nicht mit Gedröhn, nein, sachte wie Schnee, der langsam fällt, der die Regenrinnen verstopft, die Dächer bedeckt, in den der Wind kleine Wellen weht. Im Sommer wirbelt er durch die Luft, trockener, schwarzer Staub, der dir in die Augen fliegt, denn auch du bist fremd hier, Luise, wie ich. Nur die Fremden bleiben stehen und reiben sich den Ruß aus den Augen. Die Einwohner von B. laufen mit zusammengekniffenen Lidern durch die Stadt; du könntest denken, sie lächeln.[4]

Die Braunkohle besiegelte Bitterfelds Schicksal, indem sie eine fatale Dynamik in Gang setzte. Das Elektrizitätswerk zog die Chemieproduktion an, die von ihm gleich doppelt profitierte, da sie ihren enormen Strombedarf decken und wie durch günstige Fügung zugleich ihre Abfälle in den ausgekohlten Fördergruben der im Tagebau gewonnenen Braunkohle entsorgen konnte. Inmitten der Gifte und des Mülls richten die Menschen ihr Leben ein:

Und diese Dünste, die als Wegweiser dienen könnten. Bitte gehen Sie geradeaus bis zum Ammoniak, dann links bis zur Salpetersäure. Wenn Sie einen stechenden Schmerz in Hals und Bronchien verspüren, kehren Sie um und rufen den Arzt, das war dann Schwefeldioxyd. [...] Fünfmal häufiger Bronchitis als anderswo, Bäume, die über Nacht ihre Blüte verlieren, als wäre ein böser Zauber hinweggefegt oder eben eine Windladung voll Schwefeldioxyd.[5]

Die chemische Industrie schreibt sich der gesamten Existenz der Menschen ein:

Hinter der Mauer zischt und dröhnt es, steigen Dämpfe auf, klingt dumpfes rhythmisches Stampfen. Wie ein Golem, denke ich, ein unheimlicher Koloß, zwar gebändigt, aber in jedem Augenblick bereit, sich loszureißen, auszubrechen und mit heißem Atem alles niederzubrennen, was ihm vor die giftgrünen Augen kommt. [...] Großbetriebe erinnerten Josefa an Reservationen. Gewiß, niemand trieb die Leute mit Gewalt hinein oder zwang sie, auf dem ihnen zugewiesenen Terrain zu bleiben, aber waren nicht auch der Zufall ihrer Herkunft, der Leistungsdurchschnitt in der siebenten Klasse, eine nicht erkannte Begabung gewalttätige Zwänge, die sie hinter diese Mauern trieben, zwischen die giftigen Gase und die stampfenden Monstren. Und wenn sie es nicht wären, müßten es andere sein. Pflanzenschutzmittel, Weichspüler, Kunstdünger. Könnte man nicht wenigstens auf den Weichspüler verzichten?[6]

Monika Marons literarische Schilderungen werden von einem als «Streng geheim!» klassifizierten Bericht des Ministeriums für Staatssicherheit vollumfänglich bestätigt.[7] Die Experten stellen 1987 fest, dass von dem VEB Chemiekombinat Bitterfeld/Halle eine «erhebliche Gefährdung für das Leben und die Gesundheit der Werktätigen und Anwohner» ausgeht. Die Fabriken sind marode und werden «im gesetzlosen Zustand weiterbetrieben». Da eine zentrale Kläranlage fehlt, werden die chemisch belasteten Abwasser direkt in die Mulde eingeleitet – zu diesem Zeitpunkt schon seit fast einhundert Jahren. Die als Giftmülldeponien dienenden ausgekohlten Tagebaurestlöcher kommen an die Grenzen ihres Fassungsvermögens. Für die «Grube Antonie» erwartet man dies schon 1988. Die «Grube Johannes» in der Nachbargemeinde Wolfen hat sich durch Einleitungen der Filmfabrik in den berüchtigten «Silbersee» verwandelt. In der Filmproduktion wurden Chemikalien eingesetzt, um die für das Filmmaterial benötigte Zellulose aus dem Holz herauszutrennen. Die gesamten Abfälle wurden in die Grube eingeleitet, wo sich ein gewaltiger, hochgiftiger Tümpel bildete, dessen Schwefelwasserstoffausdünstungen weithin einen Geruch von faulen Eiern verbreiteten. «In B. scheint keine Sonne. Es kommt vor, daß mattes gelbes Licht sich durch den Nebel quält, wie durch Milchglas.»[8]

Paradoxe Effekte

Heute ist von diesen Zuständen auf den ersten Blick nichts mehr sichtbar. Vom «Bitterfelder Bogen», einer begehbaren, monumentalen Stahlskulptur, die im Jahr 2005 eröffnet wurde, hat man einen guten Blick über das Urstromtal der Mulde, in welchem auch die Stadt liegt. Für eine romantische Ideallandschaft fehlt es dem Relief des norddeutschen Tieflands an Energie, aber ihm eignet doch eine ansprechende Naturschönheit. Ausgedehnte Wälder, die sogar Wölfe beherbergen sollen, grenzen an einen großen See mit abwechslungsreichen, weitgeschwungenen Ufern. In der Ferne ahnt man im Dunst Hügel, auf denen Windräder stehen. Die nach dem Zusammenbruch der DDR neu angesiedelten Chemiewerke sind immerhin weiß und sauber, blanke Stahlrohre glänzen in der Sonne und die Schlote entlassen nur blütenweißen Wasserdampf in die Atmosphäre. Monika Maron hat diese Wende zum Guten 2009 in einem literarischen Bericht dokumentiert, der den Namen des Monuments trägt, von dem wir auf die Stadt blicken.[9]

Allein, der Eindruck täuscht. Nicht nur hat die Solarindustrie, auf die Maron ihre ganzen Hoffnungen setzte, ihre Produktionslinie in Bitterfeld längst wieder geschlossen und nach Asien verlegt.[10] Die Probleme reichen im wahrsten Sinne des Wortes tiefer. Neben mir auf dem Bitterfelder Bogen steht Fred Walkow, der vor 1989 als Chemiker in der Filmfabrik Wolfen arbeitete und im Anschluss bis 2015 das Amt des Umweltdezernenten des Landkreises Bitterfeld versah. Der uns umgebenden Landschaft ist er verbunden. Die Wälder um uns gehören dem Bund für Umwelt- und Naturschutz, in dem Walkow heute aktiv ist. Angesichts der Gegend, die sich in der Märzsonne vor uns ausbreitet, spricht er indes von einer «zerstörten Landschaft». Aus dem Tonfall und seinen Schilderungen wird deutlich, dass Walkow mit diesen Worten keinen reißerischen Effekt sucht, sondern eine präzise Diagnose formulieren will. Eine fundamentale Wahrheit über die Welt, in der wir leben, zeichnet sich unter der Oberfläche der Worte ab und nimmt langsam Gestalt an. Welche?

Die Diagnose beginnt damit, dass die gesamte Landschaft, die sich vor uns ausbreitet, von Menschenhand umgestaltet ist. Wir stehen hier eigentlich am Rande der am dünnsten besiedelten Gegenden Deutschlands und werden uns auf unseren Reisen noch viel tiefer in die anthropogenen Landschaften begeben. Aber schon hier gilt diese These von den allgegenwärtigen Spuren des Menschen ohne Einschränkung. Bei dem Hügel am Horizont – der mit Windrädern geschmückten Barbarahöhe bei Zschornewitz, der höchsten Erhebung im Gesichtskreis – handelt es sich um eine Hochkippe, auf der ab 1986 der Abraum aus einer Braunkohlegrube aufgehaldet wurde. Auch die Anhöhe, von der aus wir das Land betrachten, der Bitterfelder Berg, ist eine solche Hochkippe. Das vor uns liegende Gewässer, der Goitzschesee, ist ebenfalls künstlichen Ursprungs. Wo heute sein Wasser in der Sonne glänzt, gähnte vor nicht langer Zeit das fünfzig Meter tiefe Loch des Tagebaus Goitzsche, in dem seit 1948 großflächig die Braunkohle abgebaut wurde. Die ursprünglich durch dieses Gebiet laufende Mulde musste 1975 auf einer Länge von mehreren Kilometern verlegt werden, um den Tagebau ausdehnen zu können. Es war dies vermutlich das letzte große Projekt einer Flussverlegung in der Industrialisierungsgeschichte Deutschlands. Mit ihrem Wasser begann man 1998 die Flutung des ausgekohlten Tagebaus. Was in aller Behutsamkeit geschehen und einige Jahre hätte dauern sollen, wurde von einem Hochwasser 2002 binnen 36 Stunden jäh vollendet: Plötzlich liegt ein See in der Landschaft. Für Ortsfremde und geographische Laien weist kein Indiz auf seinen künstlichen Ursprung hin. Auch die Wälder um uns herum sind von Menschenhand gestaltet. Die Schwefelemissionen aus dem Kraftwerk haben den Wäldern als saurer Regen stark zugesetzt. Über Jahrzehnte stellte sich allerdings ein neues Gleichgewicht ein. Von den lichteren Kronen der geschädigten Bäume profitierte eine bodennahe Vegetation und es bildeten sich neue Biotope heraus.

Die «Paradoxien von Bitterfeld» nennt Walkow dies, und diese Formel schließt einen fundamentalen Perspektivwechsel ein, den uns die vor uns liegende Landschaft abverlangt. «Paradoxe Effekte» bedeutet, dass wir der heutigen Welt – den zerstörten Landschaften, der Müll-Welt – mit solchen Begriffen wie denen der «Zerstörung» oder «Verschmutzung» einer vormals «unberührten» Natur eigentlich gar nicht gerecht werden. Solche Begriffe rufen im Grunde eine statische Vorstellung hervor, wonach es einen reinen Zustand gibt, der vom Menschen allmählich verunreinigt und zerstört wird. In einem Diagramm könnte man diesen Naturzustand als einen vollständig grünen Balken bis zur Marke von 100% darstellen. Daneben würde man Balken für die verschiedenen Landschaften der Erde, geordnet nach ihrem Verschmutzungsgrad auftragen. Der grüne Anteil fällt allmählich auf 80, 60, 40%, und der Rest des Balkens wird rot eingefärbt. Man könnte auch differenzieren zwischen «anthropogen überformten» Landschaften, z.B. in Gelb, und kontaminierten Landschaften, etwa in Violett. Für Bitterfeld hätten wir vielleicht noch einen kleinen Sockel von 5% in Grün, einen großen Bereich von vielleicht 60% in Gelb und zuoberst erschreckende 35% des Balkens in Violett.

Aber ein solches Diagramm würde der Situation nicht gerecht, denn wir haben es in der Wirklichkeit – anders als im

Diagramm – nicht mit Segmenten zu tun, die unverbunden nebeneinanderstehen. Wir sprechen vielmehr über komplexe Ökosysteme, die durch menschliche Aktivitäten einem bestimmten Druck ausgesetzt werden. Der Mensch greift in sie ein, indem er gewisse Parameter verändert, manche Elemente aus ihnen entfernt und andere, neue Entitäten in sie einbringt – Spezies, Gifte, Landschaftsmerkmale. Ökosysteme reagieren auf Veränderungen dynamisch und streben unter den veränderten Bedingungen einem neuen Gleichgewichtszustand zu. Eine Veränderung an einer Stelle zieht im Allgemeinen mithin Verschiebungen in der gesamten Systemarchitektur nach sich, bis wieder eine stabile Situation erreicht ist. Selbst zerstörerische Eingriffe können neue Biotope entstehen lassen, in denen sich passende Flora und Fauna ansiedelt. Es ist wohlbekannt und in der Literatur an vielen Fällen aus aller Welt ausführlich beschrieben, dass in den vergifteten Landschaften, aus denen sich die Menschen zurückziehen müssen, die Natur wieder zum Vorschein kommt und von den freigegebenen Flächen Besitz ergreift. Die schottische Journalistin Cal Flyn hat kürzlich einen Reisebericht über diese «verlassenen Inseln» verfasst. Umweltverschmutzung kann sich, wie sie anmerkt, als effektiver Umweltschutz erweisen, und zwar so gut, dass James Lovelock, der Urheber der Gaia-Theorie, vorgeschlagen haben soll, zur Abschreckung gieriger Industrien in den tropischen Regenwäldern kleine Mengen lebensgefährlichen Atommülls einzulagern.[11]

Dies sind die «paradoxen Effekte». Die Formel enthält den Perspektivwechsel vom statisch gedachten Bild der Umweltverschmutzung zu dem dynamischer Systeme. Saurer Regen schädigt nicht einfach das Ökosystem in einem seiner Elemente, sondern führt zu unvorhergesehenen und ganz andersartigen, bisweilen gegenläufigen Effekten an anderer Stelle. Nun, wo der Schwefeleintrag aus dem Kraftwerk ausbleibt, verschiebt sich das Gleichgewicht wieder zu einem anderen

Punkt. Der BUND hat beschlossen, seine Wälder, die er im Zuge der Privatisierungswelle nach dem Zusammenbruch der DDR erstehen konnte, unberührt zu lassen, damit sie sich selbst zu diesem neuen Gleichgewichtspunkt vortasten. Sicher ist dabei nur, dass dieser Punkt wieder ein neuer sein wird und die Wälder nicht zu ihrem ursprünglichen Zustand zurückkehren. Zu viele Parameter haben sich verändert, nicht zuletzt steigende Temperaturen und veränderte Niederschlagsmengen durch den Klimawandel. So sind nicht nur die Wölfe in die Wälder zurückgekehrt, sondern auch die wärmeliebende Gottesanbeterin hat das Gebiet, aus dem warmen Süden kommend, für sich erobert. Die hier lebenden Wildschweine haben schon längst herausgefunden, dass es Schlammlöcher gibt, in welchen zu suhlen sie sofort von allen Parasiten befreit, so sehr sind sie mit polychlorierten Biphenylen (PCB) verseucht. Ihr Fleisch muss allerdings als Sondermüll entsorgt werden.

Ingenieure geben auf

Allein, sogar dieser Blick auf die uns umgebende Aussicht liefert eine – im Wortsinn – nur oberflächliche Lesart der Rede von der zerstörten Landschaft. Die Probleme reichen tiefer, nämlich tief in den Untergrund. Am entgegengesetzten Ende der Stadt liegt die Grube Antonie, die als Deponie für die Abfälle der chemischen Industrie genutzt wurde. Heute ist dort nur mehr eine Rasenfläche sichtbar. Darunter liegen allerdings die Altlasten bis in eine Tiefe von 60 Metern. In den Chemiewerken sollen bis zu fünftausend verschiedene Substanzen hergestellt worden sein. Sie alle findet man hier im Erdreich wieder. Da wir uns in einem sehr niedrigen Urstromtal der norddeutschen Tiefebene befinden, in welchem einst vor den skandinavischen Gletschern, die auf dem leicht ansteigenden Terrain Norddeutschlands irgendwann zum Stehen gekommen waren, das Schmelzwasser abfloss, steht das Grundwasser sehr hoch und durchspült die Grube Antonie und alle anderen Deponien. Man schätzt, dass unter Bitterfeld auf einer Fläche von 25 Quadratkilometern etwa 200 Millionen Kubikmeter hochgradig verseuchten Grundwassers durch das Gestein strömen. Krebserregende Stoffe, für die Grenzwerte im Bereich von Mikrogramm festgesetzt wurden, liegen hier in hunderttausendfach erhöhten Konzentrationen von Gramm pro Liter vor. Würde man eine Probe nehmen, wüsste man an manchen Stellen nicht, ob man es mit verschmutztem Wasser oder nicht vielmehr mit verdünntem Schmutz zu tun hat.

Die «zerstörte Landschaft» meint also auch dies: eine immense giftige Altlast im Untergrund. Manchmal spricht man von der «Bitterfelder Blase», aber dieses Bild trifft die Realität nicht. Eine Blase ist zwar fragil, und ihr «Platzen» evoziert die Vorstellung einer drohenden Katastrophe, die mitnichten bereits abgewendet wäre. Gleichwohl handelt es sich bei einer Blase um ein zumindest temporär stabiles, bekanntes und klar abgegrenztes Phänomen. Für den giftigen Untergrund von Bitterfeld ist all dies indes nicht der Fall. Zuallererst handelt es sich bei dem Grundwasserkörper nicht um ein stehendes Wasser, sondern eigentlich um einen Fluss. Das Oberflächenwasser versickert im Boden, bis es auf eine undurchlässige Schicht trifft, zum Beispiel aus Ton, um sodann dem natürlichen Gefälle durch lockerere Schichten zu folgen. In Bitterfeld sind die Ströme kompliziert, da die Mulde in ihrem breiten Urstromtal in den letzten zehntausend Jahren frei mäandern konnte, wobei im Laufe der Jahrtausende seit der letzten Eiszeit ein sehr heterogener Untergrund entstand. Dichtere Sedimente wechseln ständig mit alten Flussbetten, die mit lockerem Gestein gefüllt sind und das Grundwasser lokal in stark variierende Richtungen leiten können. Mit der Trockenlegung der Tagebaue schon seit dem späteren 19. Jahrhundert hat man auch in diese auf der Oberfläche unsichtbare Dynamik eingegriffen. Ein Tagebau ist ein künstliches Loch in der Hydrosphäre, welches die Grundwasserströme anzieht und zu sich hin umlenkt. Mit der Flutung der Goitzsche hat man diese Eingriffe erneut umgekehrt und damit eine neue Problemlage geschaffen. Der Grundwasserspiegel stieg an, weshalb die giftige Brühe nun allenthalben in Gebäude eindrang. Eine Grundschule musste geräumt und endgültig aufgegeben werden. Wir sehen uns das hübsche, nostalgisch anmutende Gebäude an. Man glaubt noch, die Kinderstimmen zu hören. Um eine tiefliegende Siedlung wurde für die enorme Summe von 10 Millionen Euro eine unterirdische Mauer gezogen. Aus dem derart künstlich geschaffenen Becken muss das Grundwasser rund um die Uhr abgepumpt und sodann in einer speziellen Kläranlage behandelt werden. Noch schlimmer allerdings ist, dass nun das Grundwasser die aus den Deponien ausgewaschenen Giftstoffe langsam in Richtung Mulde spült. Hier spielt sich im Untergrund eine Katastrophe in Zeitlupe ab, die man verzweifelt einzudämmen bemüht ist. Das einzige Hilfsmittel besteht darin, das Grundwasser auf dem Weg zur Mulde abzupumpen und zu reinigen – während die Deponien noch Nachschub für mehrere Jahrtausende bereithalten.

Die vermeintliche Blase ist also kein statisches Objekt, ja im eigentlichen Sinne nicht einmal ein Objekt, sondern eher eine Situation. Physikalisch haben wir es mit einem komplizierten Fließgeschehen zu tun. Umwelttechnisch hat die Blase ihren Status radikal geändert: Nahm der Grundwasserkörper ursprünglich die von der Chemieindustrie ausgehende Verschmutzung auf, so gibt er sie heute unter den neuen Bedingungen an die weitere Umwelt ab. Aus der «Senke» in der Dynamik der Giftströme wurde eine «Quelle». Anders, als es das Bild der Blase nahelegt, handelt es sich bei dem Untergrund von Bitterfeld aber auch nicht um ein «bekanntes» Objekt. Die fünftausend eingebrachten Chemikalien führen im Untergrund ein Eigenleben. Sie vermengen und vermischen sich, provozieren Reaktionen, die womöglich Stoffe hervorbringen, die noch in keinem Labor der Welt untersucht und in keinem Buch beschrieben worden sind. Niemand kann sagen, welche Stoffe sich im Untergrund bilden und wo diese unbekannten Substanzen einst wieder auftauchen werden.

Diese komplizierte Situation war es auch, die bisher alle Ansätze, der Lage Herr zu werden, scheitern ließ. Wir haben bereits gesehen, dass es mikrobielle Prozesse in früheren Epochen der Erdgeschichte waren, die die Grundlagen für die späteren industriellen Aktivitäten der Menschheit geschaffen haben. Der Planet Erde ist in seiner heutigen Gestalt mitnichten das Resultat bloß der geologischen Kräfte. Vielmehr hat, wie der sowjetische Wissenschaftler Vladimir Vernadsky schon vor einhundert Jahren feststellte, das Leben selbst tief in sie eingegriffen, und zwar für lange Zeit durchaus führend die kleinsten der Lebewesen, nämlich die Bakterien.[12] Es waren schon solche Wesen, genauer Cyanobakterien, die die Uratmosphäre erst mit Sauerstoff anreicherten und somit die Grundlagen für die ihnen folgenden Organismen schufen. Diese Erkenntnis, auf die wir noch zurückkommen werden, bezeichnet man heute in der Biologie als «Nischenkonstruktion» oder «Koevolution» von Spezies und Umwelt. Sie ersetzt die evolutionsbiologische Vorstellung, dass sich Arten immer besser an ihre Umwelt anpassen, durch die Einsicht, dass die Umwelt keinen festen, von den Organismen unabhängigen Parameter darstellt, sondern durch die Lebewesen durchaus einschneidend verändert werden kann. Die Relevanz dieses Konzepts für das Thema Müll liegt auf der Hand, denn Müllproduktion ist eine Form von Nischenkonstruktion. Der französische Ethnologe Claude Lévi-Strauss evozierte genau dieses Bild, als er die Menschheit mit Mehlwürmern in einem Sack Mehl verglich, die ihren Lebensraum «mit ihren eigenen toxischen Ausscheidungen zu vergiften beginnen, noch ehe die Nahrung oder der Platz aufgebraucht sind».

Er diagnostizierte der Menschheit «eine Organisationsform der inneren Vergiftung».[13] – Vor diesem Hintergrund ist die Idee, Mikroorganismen zur Sanierung chemisch belasteter Gebiete einzusetzen, gar nicht abwegig. Dieser Ansatz nennt sich Bioremediation, und er reiht sich in eine ganze Serie von Versuchen ein, das Mikrobiom zu zähmen und für unsere Zwecke einzusetzen – von der Züchtung von «Hochleistungsstämmen» in der Produktion von fermentierten Lebensmitteln bis hin zu Versuchen der «Bioextraktion» oder des «Biomining» in der Gewinnung von Rohstoffen und insbesondere auch ihrer Rückgewinnung aus Abfällen (wovon wir später noch mehr hören werden).

In Bitterfeld musste diese Technologie allerdings versagen. Sie wurde an anderen Orten bereits erfolgreich eingesetzt, um bestimmte Chemikalien durch hochspezialisierte Bakterienstämme in vergifteten Böden abzubauen. Aber wie geht man mit einer Altlast von fünftausend verschiedenen Chemikalien und ihren unbekannten Reaktionsprodukten um? Das praktische Problem beinhaltet auch eine philosophische Schwierigkeit. Der Wissenschaftshistoriker Hans-Jörg Rheinberger hat den Begriff des «epistemischen Objekts» geprägt.[14] Epistemische Objekte sind vage umrissene Gebiete des Unbekannten, die unter den Möglichkeiten des experimentellen Zugriffs allmählich Gestalt annehmen. Haben sie sich hinreichend stabilisiert, und haben wir ihr Verhalten und ihre Reaktionen auf wechselnde Umstände besser kennengelernt, lassen sich diese Objekte als Werkzeuge einsetzen, zu praktischen Zwecken in der angewandten Technologie, aber auch um in der Forschung als technische Apparate neue unbekannte Gebiete zu erschließen. Man denke etwa an radioaktive Erze. Ende des 19. Jahrhunderts stieß man auf seltsame Strahlungen, die unsichtbar sind, aber in verschiedensten Effekten verräterische Spuren hinterlassen. Nur wenige Jahrzehnte später hat sich das epistemische Objekt weitgehend stabilisiert und kann in der Kerntechnik zu friedlichen oder zerstörerischen Zwecken gezielt eingesetzt werden. Zugleich gelang es, die radioaktiven Strahlen im Labor einzusetzen, um einen Blick in die subatomare Struktur der Materie zu werfen, also neue Felder epistemischer Objekte zu eröffnen.

Epistemische und technische Objekte bilden derart keine getrennten Klassen, in die wir die Welt sortieren können. Die beiden Kategorien sind vielmehr aufeinander bezogen, bringen sich gegenseitig hervor: Epistemische Objekte tauchen in einem technischen Rahmen auf, der sich selbst aus ehemaligen epistemischen Objekten zusammensetzt, wie auch die aktuellen epistemischen Objekte allmählich zu technischen Objekten werden. Der Müll erweitert diese Dialektik offenbar um eine weitere Wendung. In den Altlasten der Chemieindustrie erleben wir, wie Technologie in ihren Nebenfolgen neue epistemische Objekte hervorbringt. Neue, unscharfe, unbekannte Dinge tauchen auf. Der Untergrund von Bitterfeld, der eigentliche Kern der zerstörten Landschaft, ist ein solches unbekanntes Objekt, von dessen Bewegungsgesetzen und chemischer Zusammensetzung wir nur eine vage Ahnung haben.

Und noch in einer dritten Hinsicht erweist sich das Bild einer «Blase» unter Bitterfeld als irreführend. Eine Blase hat eine scharf definierte Grenze. Ein wenig später am Tage stehe ich mit Fred Walkow in einer idyllischen Auenlandschaft am Ufer des Spittelwassers, ein kleiner Zufluss der Mulde. Die Gegend gehört zum UNESCO-Biosphärenreservat Mittelelbe, übrigens auch schon vor 1989. Nur entsorgten damals die in Wolfen ansässigen Chemiefabriken über diesen Fluss einen Teil ihres Giftmülls. Die Filmfabrik Wolfen leitete ihre Abfälle vor allem in die stillgelegte Grube Johannes ein, die sich darüber in jenes gewaltige stinkende Schlammloch des Silbersees verwandelte. Auf der Fahrt machen wir hier kurz Halt. Die Schlämme sind vor allem mit Chlorkohlenwasserstoffen und Schwermetallen belastet. Diese Altlasten gehören nicht einmal zu den giftigsten in der Gegend, haben aber aufgrund von Schwefelwasserstoffausdunstungen, die einen Geruch von faulen Eiern verbreiten, besondere Bekanntheit erlangt. Auch hier steht die Deponiesohle im Grundwasser. Die 5 Millionen Kubikmeter auszubaggern, steht nicht zur Debatte. Stattdessen versucht man, die Situation notdürftig zu stabilisieren, indem man – nach dem bewährten Rezept zur Kontrolle von Waldbränden – Feuer mit Feuer, hier nämlich Müll mit Müll bekämpft. Es wurde begonnen, den See mit den Schlacken aus der örtlichen Müllverbrennungsanlage zu verfüllen, damit diese die Gifte binden und als trockene Masse zumindest am Ort fixieren. Allerdings wurden beim Einkippen der Schlacken die alten Sedimente wieder aufgewirbelt, wodurch die Bildung von Schwefelwasserstoff wieder in Gang kam und die Maßnahme aufgrund des neu auflebenden Gestanks unterbrochen werden musste. Das Spittelwasser war der zweite Abfuhrweg für die Abfälle. Wenn es gegen den Osten ging, entdeckte die Westpresse mit einem Mal ihr ökologisches Gewissen, und so zeichnete 1990 der *Spiegel* ein Bild der Situation in dramatischen Farben:

Mehr als 70 Millionen Kubikmeter Abwasser, genug für einen Tankwagenzug, der von Hamburg bis Melbourne reicht, leitet das CKB [VEB Chemiekombinat Bitterfeld] Jahr für Jahr aus seinen Reaktionsöfen und Rührmaschinen in Bitterfeld und Wolfen ab – der größte Teil läuft dem Spittelwasser zu, ein kleinerer fließt in die Mulde. Darin sind unter anderem 176000 Tonnen Salze, 250 Tonnen Phenole und 1200 Tonnen direkt toxische Stoffe enthalten. Außerdem schwimmen 42 Tonnen reine Schwefelsäure, 8 Tonnen Quecksilber, mehrere tausend Tonnen der gefährlichen Chlorierten Kohlenwasserstoffe und Riesenmengen von aromatischen Kohlenstoffverbindungen, zum Beispiel Mercaptane, jedes Jahr in der Giftbrühe mit – das Kombinat mit seinen 80 Einzelbetrieben hat keine ordentliche Kläranlage.[15]

Das Spittelwasser war zu dieser Zeit biologisch tot. Die Giftbrühe ergoss sich über die Mulde in die Elbe und gelangte schließlich in die Nordsee. Noch heute sind in den Fischen des Wattenmeers Chemikalien aus Bitterfeld nachweisbar. In Aalen finden sich z.B. Nebenprodukte aus der Herstellung von Insektiziden.[16] «Wo hört Bitterfeld auf?», fragt Fred Walkow rhetorisch, als wir uns in der idyllischen, renaturierten Auenlandschaft des Spittelwassers umsehen. Nicht am Ortsschild, nicht an der Mündung des Spittelwassers in die Mulde noch an der der Mulde in die Elbe, und auch nicht in der Helgoländer Bucht, in die sich die Elbe ergießt. Nirgends. Die persistenten Gifte können nur ihren Ort verändern, aber sie verschwinden nicht. Allein, Bitterfeld hört nicht nur nirgends auf, sondern fängt auch nirgends an. Walkow erzählt, dass zu seiner Zeit in der Wolfener Filmproduktion ein merkwürdiges Problem auftrat. Das Filmmaterial wies Flecken auf, als sei es stellenweise zu einer Belichtung gekommen. Der Ursprung des Problems, so stellte sich heraus, lag im Wasser der Mulde, das bei der Produktion verwendet wurde. Die beiden Quellflüsse der Mulde – die Zwickauer und die Freiberger Mulde – entspringen im Erzgebirge, wo nach dem Krieg auch Uran für die sowjetischen Atommeiler abgebaut wurde. Zeitweise deckte die Sowjetunion ihren Brennstoffbedarf hauptsächlich über diese Mine. Konrad Wolfs Film *Sonnensucher* von 1958, ein Klassiker des DDR-Kinos, erzählt in beeindruckenden Bildern von dem Bergwerk und den komplizierten Konflikten, die um die «Wismut» der unmittelbaren Nachkriegszeit kondensieren.

Es entbehrt nicht einer merkwürdigen Ironie, dass die Mulde radioaktive Abfallstoffe des Uranbergbaus hinab nach Wolfen spülte, wo in der Filmfabrik die von kaum einem Kulturhistoriker zur Kenntnis genommenen materiellen Voraussetzungen für die siebte Kunst des Kinos geschaffen wurden. Denn nichts anderes als die Strahlung dieser Radionukleide war es, die die Flecken auf dem Filmmaterial verursachte. Jenseits aller Ironie hält der Fall aber auch eine allgemeine Lehre bereit. Bitterfeld verseuchte nicht nur die flussabwärts gelegenen Gebiete, sondern empfing seinerseits Gifte vom Oberlauf. «Bitterfeld» – wenn wir mit diesem Wort endlich keine Stadt in Mitteldeutschland mehr meinen, sondern einen Zustand und eine Gegenwartsdiagnose – dieses Bitterfeld hat keinen Anfang und kein Ende, sondern beschreibt eine Welt, in der der Müll überall ist.

Jupiter und Venus in Konjunktion

Hier berühren wir einen zentralen Punkt. Wir haben «B.» als Tor zur Welt des Mülls gewählt, aber diese Wahl war im Grunde beliebig, da sich hinter dem Tor eine Welt auftut, in welcher der Müll allgegenwärtig ist. Zwischen 1900 und 2015 soll die Menschheit geschätzte 1315 Gigatonnen (1315 000 000 000 000 kg) festen und flüssigen Müll und noch einmal 643 Gigatonnen gasförmige Emissionen produziert haben, insgesamt also 2000 Gigatonnen oder 2 Billionen Tonnen Abfall.[17] Das entspricht 100 Millionen mal dem Gewicht des Eiffelturms (10 000 t), mehr als zehn Bergen von der Größe des Mount Everest (wenn man diesen näherungsweise als einen Kegel aus Granit betrachtet und seine Höhe über dem Meeresspiegel misst) und somit auch mehr als dem Zehnfachen des Halley'schen Kometen, der bisweilen am Firmament erstrahlt. Unser Mond ist immerhin noch 40 Millionen Mal schwerer, womit aber der Müll auf einer logarithmischen Skala (welche zählt, wie oft wir mit 10 multiplizieren müssen) immerhin die stolze Mitte zwischen dem Eiffelturm und dem Erdtrabanten einnimmt. – Und der Müll wächst natürlich immer weiter. Fast fünf Tonnen fügt jeder EU-Bürger jährlich allein an festen und flüssigen Hinterlassenschaften hinzu, wobei die Haushaltsabfälle – also diejenigen Abfälle, die wirklich durch unsere eigenen Hände gehen – nur etwa 10% der Gesamtmenge ausmachen.[18] Aber es gibt natürlich enorme Mengen an Müll, die wir zwar nie zu Gesicht bekommen, aber durchaus durch unseren Konsum verursachen. Die großen Anteile fallen auf Bergbau und den Bausektor. Erst danach folgen Abwasser und Industriemüll mit Anteilen, die dem Hausmüll vergleichbar sind, und weit hinten folgen Dienstleistungen, Landwirtschaft und der Energiesektor. Wenn wir der Zurechnung von Müllmengen das Prinzip der Verursachung durch Konsum zugrunde legen, dürften diese Zahlen sogar noch zu gering ausfallen, da die europäischen Länder viele material- und energie- und somit auch müllintensive Produktionen in Länder des Globalen Südens ausgelagert haben, denen die Müllmengen bei der territorialen Verrechnung – es zählt der Produktionsort, nicht das Zielland des fertigen Produkts – noch angelastet werden. Die CO_2-Emissionen, die in China bei der Produktion von für den britischen Markt bestimmten Waren entstehen, entsprechen dem gesamten Ausstoß des Treibhausgases in Großbritannien selbst, dessen Emissionen man bei einer konsum-basierten Bilanz mithin getrost doppelt so hoch veranschlagen kann.[19]

Diese Zahlen, die einen Eindruck von der schieren Größe des Müllproblems verschaffen sollen, haben indes eine ziemlich beschränkte Aussagekraft, schon weil uns noch der richtige Maßstab fehlt, um sie einordnen zu können. Sind zwei Billionen Tonnen viel oder wenig? Wir können es zu diesem Zeitpunkt nicht sagen. Und dann unterschlagen diese nackten Mengenangaben weitere wichtige Informationen. Über welche Arten von Stoffen sprechen wir überhaupt, in welcher Form liegen sie vor und welche Wirkungen entfalten sie in der Umwelt? Einige beeindruckende Phänomene aus der Müllwelt, die uns eine erste Ahnung von der Qualität des Problems liefern können, wurden in den vergangenen Jahren tatsächlich von den Medien aufgegriffen. Ein Beispiel ist die Plastikverschmutzung der Weltmeere. Die Masse des von Menschen hergestellten Plastiks übertrifft die Masse aller Tiere zu Land und zu Wasser um das Doppelte. Große Mengen dieses Plastiks sind heute Müll. Wohl mehr als 100 Millionen Tonnen davon haben bereits ihren Weg in die Ozeane gefunden, und 20 Millionen Tonnen kommen inzwischen jährlich dazu.[20] 100 Billionen (1 Billion sind 1 Million Millionen) Plastikteile verschiedenster Größe mit einem geschätzten Gesamtgewicht von 80 000 Tonnen haben sich im Nordpazifik zwischen Hawai und der kalifornischen Küste zu einem gewaltigen Müllstrudel zusammengefunden, dem *«Great Pacific Garbage Patch»*, der mit 1,6 Millionen Quadratkilometern das Dreifache der Fläche Frankreichs bedeckt.[21] Die Plastikteile zerreiben sich allmählich zu feinsten Partikeln, dem sogenannten Mikroplastik, die sich in den Ökosystemen umso besser verteilen, aber auch wieder in Organismen anreichern. Ein anderes Beispiel, welches in den Medien Furore machte, ist die Müllkippe für Fast-Fashion in der chilenischen Atacama-Wüste. 59 Tausend Tonnen schnelllebiger Modeartikel, die in den USA und Europa keine Abnehmer fanden, werden jährlich nach Südamerika verschifft, wo allerdings nur ein Drittel von den Märkten absorbiert wird. Die übrigen zwei Drittel werden in der Atacama-Wüste aufgehaldet, wo sie inzwischen eine neue Landschaft bilden, groß genug, um selbst aus dem Weltraum sichtbar zu sein: Hügel aus synthetischen Textilien, mit allen erdenklichen Giftstoffen belastet, die sich dort über viele Jahrhunderte allmählich zersetzen und dabei ihre giftigen Inhaltsstoffe umso weiter in der Welt verbreiten werden.[22]

Kein Ort der Welt ist vor diesen Hinterlassenschaften mehr sicher, und sei er noch so weit von aller Zivilisation entfernt. Die Gletscher des Himalayas schwitzen heute unter steigenden Temperaturen Pestizide und Quecksilber aus, die sich dort über die vergangenen Jahrzehnte angereichert haben.[23] Diese Kontamination mit Giften erstreckt sich nicht nur in die fernsten und unwirtlichsten Winkel der Natur, sondern auch in die uns nächste Natur, nämlich das Stück Natur, welches wir selbst sind. 2004 landete der WWF einen Coup, als er im Blut von EU-Abgeordneten 76 verschiedene Chemikalien industriellen Ursprungs nachweisen konnte. Im Blut einer jeden einzelnen Testperson fand sich ein giftiger Cocktail aus einem verstoffwechselten Rest des Insektizids DDT, dem Fungizid HCB (Hexachlorbenzol), dessen Einsatz in der Landwirtschaft in Europa schon seit 1981 verboten ist, und dem als Flammschutzmittel verwendeten BDE (bromierter Diphenylether).[24] Um eine Kontamination mit solchen Stoffen aufzuweisen, muss man nicht erst im Laufe seines Lebens mit diesen Chemikalien in Berührung kommen, ja man muss nicht einmal die Muttermilch abwarten, die nicht nur bei einzelnen Frauen, sondern in der gesamten Bevölkerung kontaminiert ist. In Wahrheit kommt schon das ungeborene Kind im Uterus mit Schwermetallen, organischen Verbindungen und Pestiziden in Kontakt.[25] Die Folgen für die Gesundheit sind weitgehend unbekannt und werden von staatlichen Einrichtungen auch nicht systematisch studiert. In der Literatur ist von einem erschreckenden Spektrum von Krankheiten die Rede: «Aufgrund ihrer Fähigkeit, biologische Systeme zu stören, häufig durch Störungen des Hormonhaushalts, werden sie mit einer immer stärkeren Belastung durch chronische Krankheiten in Verbindung gebracht, darunter Stoffwechselstörungen, Störungen der Gehirnentwicklung und Krebs» – so schrieben gerade US-amerikanische Medizinerinnen in einem Weckruf «Akute Gefahr für Mutter und Kind: Dringende Maßnahmen gegen den Klimawandel und giftige Chemikalien erforderlich».[26] Der gemeinsame Nenner von Klimawandel und Giftmüll besteht nicht nur in der an dieser Stelle hervorgehobenen besonderen Vulnerabilität von Frauen und Kindern, sondern auch, wie ein anderer Artikel derselben Zeitschriftenausgabe hervorhebt, in der gemeinsamen Ursache: fossile Brennstoffe, die nicht nur bei ihrer Verbrennung Treibhausgase freisetzen, sondern auch den entscheidenden Rohstoff für die chemische Industrie liefern.[27] Und damit sind wir wieder in B.

«B.» war einmal die dreckigste Stadt Europas. Heute ist sie ein Ort in der dreckigsten Welt aller Zeiten – aber ein Ort, der uns einige wesentliche Eigenschaften des Phänomens exemplarisch zeigt. Wir haben nun schon gesehen, dass die vermeintliche «Blase» unter Bitterfeld die wichtigsten Eigenschaften eines solchen Objekts entbehrt: Sie ist nicht statisch, sondern ein kompliziertes Geschehen, sie ist nicht bekannt, sondern in Struktur, Zusammensetzung und Entwicklungstrajektorie bestenfalls zu erahnen, und sie hat keine definierten Grenzen. Die Grenzenlosigkeit resultiert dabei nicht einfach nur aus der Tatsache, dass hinter jedem Bitterfeld ein weiteres Bitterfeld liegt. Jeder dieser Orte überschreitet vielmehr aus sich selbst heraus seine Grenzen, indem der Müll sich immer weiter verteilt und in die Umwelt diffundiert.

Fred Walkow spricht in diesem Zusammenhang vom «Gesetz der Entropie», wobei er den Blick vom Bitterfelder Bogen über die Landschaft gleiten lässt, ganz so, als ob man dem Müll in seiner immer feineren Verteilung nachspüren könnte. Entropie meint in diesem Fall, dass sich die Materie unter der Einwirkung der natürlichen Kräfte in der Umwelt immer weiter verteilt. Jede Maßnahme, ihrer Herr zu werden, muss damit umgekehrt immer größere Mengen an Energie mobilisieren, was schnell an die Grenze des technisch Machbaren stößt. Sind Mikroplastik und chemische Moleküle erst einmal überall, so wird man sie mit normalen technischen Verfahren auch nicht mehr aufsammeln können.

Ziehen wir nun all diese Diagnosen zusammen, die es verbieten, sich das Problem von Bitterfeld als eine «Blase» vorzustellen, so zeigt sich, dass wir es mit einer neuartigen, unbekannten Situation und einer neuartigen Entität zu tun haben, für die wir mithin auch einen neuen Namen benötigen. Die Namensgebung ist kein unschuldiger Akt, wie uns die belgische Philosophin Isabelle Stengers in diesem Zusammenhang erinnert, sondern geht mit wichtigen Vorentscheidungen einher: «Einen Namen zu geben bedeutet nicht zu sagen, was wahr ist, sondern dem Benannten die Macht zu verleihen, uns in der Weise fühlen und denken zu lassen, wie es der Name verlangt. [... Einen Namen zu geben] bedeutet, eine Frage zu benennen, dabei aber auf keinen Fall schon die Begriffe vorzugeben, in denen die Antwort zu erfolgen hat, weil dies ja hieße, dass doch nur wir – wieder und wieder nur wir – das letzte Wort beanspruchen würden.»[28] Der Name soll anzeigen, dass die Entität nun in der Welt ist, dass wir an ihrer Existenz nicht unschuldig sind, dass sie uns angeht und sich vielleicht unser Schicksal an ihr entscheidet. Damit wollen wir zugleich aber auch nicht den alten Fehler wiederholen, mit der Benennung unseren Herrschaftsanspruch zu besiegeln, wie die Benennung aller Lebewesen durch Adam im ersten Buch Mose oft gedeutet wird:

VND Gott schuff den Menschen jm zum Bilde / zum Bilde Gottes schuff er jn / Vnd schuff sie ein Menlin vnd Frewlin. Vnd Gott segenet sie / vnd sprach zu jnen / *Seid fruchtbar vnd mehret euch vnd füllet die Erden* / vnd macht sie euch vnterthan. Vnd herrschet vber Fisch im Meer / vnd vber Vogel vnter dem Himel / vnd vber alles Thier das auff Erden kreucht. [...] / als Gott der HERR gemacht hatte von der Erden allerley Thier auff dem Felde / vnd allerley Vogel vnter dem Himel / bracht er sie zu dem Menschen / das er sehe / wie er sie nennet / Denn wie der Mensch allerley lebendige Thier nennen würde / so solten sie heissen. Vnd der Mensch gab einem jglichen Vieh / vnd Vogel vnter dem Himel / vnd Thier auff dem felde / seinen namen.

Der Name, den wir für die Müll-Welt ersinnen, soll nicht bestimmen, wie sie heißt, sondern vielmehr ihr Gelegenheit geben, uns selbst zu sagen, wer sie ist. Ein Name liegt schon die ganze Zeit in der Luft. Es ist natürlich der des «Anthropozäns», das Zeitalter eines Menschen, der inzwischen selbst zu einer geologischen Kraft geworden ist und die Erdoberfläche nicht minder gestaltet als Vulkanismus, Wind und Wasser. Wir haben an dieser Stelle noch nicht alle Elemente beisammen, die wir benötigen, um uns einen angemessenen und präzisen Begriff der Idee zu machen, die sich hinter diesem Wort verbirgt. Aber einige Aspekte können wir schon benennen. Wichtig ist das Systemdenken, wie wir es an den «Paradoxien von Bitterfeld» erlernt haben. Ein anderer Aspekt ist der der Nischenkonstruktion. Die Geschichte der Biosphäre ist die einer Koevolution von Leben und Umwelt. Aber es war bisher das Leben als Ganzes, welches die Erdoberfläche mit formte, während sich heute erstmals eine einzelne Spezies, *homo sapiens*, in dieser Rolle befindet: *the ultimate ecosystem engineer*, wie uns der Archäologe Bruce D. Smith einmal nannte.[29]

Auch einige Konsequenzen dieser neuartigen Situation haben wir in Bitterfeld bereits kennenlernen können. Das Anthropozän ist der Ort, an dem die begrifflichen Unterscheidungen, mit denen wir bisher an die Welt herantraten, ins Wanken geraten. Ist es in der uns umgebenden Landschaft noch sinnvoll, zwischen Natur und Kultur zu unterscheiden? Wo hört die eine auf und fängt die andere an? Das scheinbar Natürlichste entpuppt sich als künstlich, aber auch das Künstliche begegnet uns als unbekannte und ungezähmte Natur, die sich uns nicht fügt, sondern nach eigenen, uns unbekannten Gesetzen handelt. Im Anthropozän werden solche Gegensätze instabil. Natur und Kultur fließen ineinander, die Gegensätze geraten durcheinander, die feindlichen Prinzipien begegnen sich – wie auch just zu meinem Besuch die Planeten Jupiter und Venus sich am Abendhimmel in einer seltenen

Konstellation begegnen, die ich am Vorabend über der Altstadt von Leipzig beobachten konnte: Erkenntnis und Liebe, Ferne und Nähe, Haupt und Herz, Kognition und Emotion stehen in Konjunktion.[30] Die beiden Wandersterne bieten tatsächlich eine brauchbare Metapher. Denn im Anthropozän lösen sich die Unterschiede ja nicht einfach auf. Wo sich nichts unterscheiden lässt, lässt sich auch nichts mehr sagen, denn sprechen heißt unterscheiden. Aber das Bild der Planeten macht uns begreifen, dass wir die Unterschiede zu Unrecht für fixe Gegensätze genommen haben und für unversöhnliche Dualismen, die ein ontologischer Abgrund trennt.[31] Das Unterschiedene kann sich in Wahrheit nahekommen, fast berühren, und auch wieder auseinanderdriften. In Bitterfeld durchwirken sich Natur und Kultur, Erdgeschichte und Kulturgeschichte, Jahrmillionen und Jahrzehnte, Ferne und Nähe, und damit hat das Anthropozän uns schon vorgegeben, wie wir uns ihm narrativ zu nähern haben, nämlich genau in einer Zusammenschau der Dinge, die wir so säuberlich zu trennen gewohnt sind. In den folgenden Kapiteln werden wir uns durchweg im Modus der Durchkreuzung von Großem und Kleinem bewegen, und dabei handelt es sich nicht um eine stilistische Grille, sondern eine Forderung des Gegenstands.

Indes, noch bevor wir der Idee des Anthropozäns zur Gänze auf den Grund gekommen sind, stoßen wir auch schon auf einen Fallstrick dieses Namens. «Wie jede wirksame Maßnahme ist die Namensgebung sowohl ein Heilmittel als auch ein Gift», mahnt uns Isabelle Stengers.[32] Und zeichnen wir in der Rede vom Anthropozän nicht tatsächlich unser Selbstporträt in Pose des Prometheus, einer unbändigen Spezies, die endlich den Kräften der Natur ebenbürtig ist, wie die Soziologin Eileen Crist zu bedenken gibt?[33] Die Sorge ist nicht unbegründet, wie ein Blick in den geradezu ikonischen Artikel des Atmosphärenchemikers Paul Crutzen in einer *Nature*-Ausgabe von 2002, mit dem der Begriff des Anthropozäns einem großen Publikum vorgestellt wurde, eindrücklich zeigt. Der Artikel schließt geradezu mit einer Beschwörung der prometheischen Fähigkeiten des Menschengeschlechts:

Wissenschaftler und Ingenieure stehen vor der gewaltigen Aufgabe, die Gesellschaft im Zeitalter des Anthropozäns zu einem ökologisch nachhaltigen Management zu führen. Dies erfordert ein angemessenes menschliches Verhalten auf allen Ebenen und kann durchaus international akzeptierte, groß angelegte Geo-Engineering-Projekte einschließen, zum Beispiel um das Klima zu ‹optimieren›. Zum jetzigen Zeitpunkt bewegen wir uns jedoch noch weitgehend auf unerforschtem Gebiet.[34]

Gerade die Feststellungen aus Bitterfeld zeigen uns die Nichtigkeit einer solchen Vorstellung, denn die dort vorfindliche Situation der Verschmutzung weist uns ja gerade die Grenzen des technisch Machbaren auf. In den einschlägigen wissenschaftlichen Studien zu Bitterfeld wird diese Kehre, die uns Bitterfeld abverlangt, durchaus zur Kenntnis genommen und deutlich ausgesprochen, was aus dem Munde von Ingenieurinnen und Ingenieuren, die doch eigentlich dem Wesen ihres Berufes nach dem Gedanken der Machbarkeit verpflichtet sind, überrascht. Die neue Bescheidenheit, die ihnen eine Situation wie in Bitterfeld abringt, haben sie in einer eigenen Namensgebung zum Ausdruck gebracht, die, wenngleich sie nicht so spektakulär wie die des Anthropozäns ist und daher auch nicht in Medien und Populärkultur Karriere machen wird, doch eine der wichtigsten Schwächen dieses letzteren Konzepts kurieren könnte.

Die Rede ist hier von dem Begriff der «multi-contaminated megasites». Er ist zuerst im US-amerikanischen Verwaltungsdiskurs aufgetaucht und bezeichnete ursprünglich nichts weiter als eine Altlast, deren Beseitigung mehr als 50 Millionen Dollar kosten würde.[35] Diese Definition ist vermutlich dem politischen Kontext geschuldet, in dem es vor allem um die Frage der Kostenübernahme ging – zahlt der Staat oder die Privatwirtschaft?[36] In Bitterfeld ist diese Frage durch die «Altlastenfreistellung» im Rahmen der Abwicklung der ostdeutschen Industrie durch die Treuhand eindeutig entschieden worden. Aber der Begriff der *megasite* hat sich im Studium der Hinterlassenschaften mit einem wissenschaftlichen Gehalt gefüllt. Den Paradigmenwechsel, der in der unscheinbaren Namensgebung impliziert ist, kommt in den folgenden programmatischen Worten einer internationalen Gruppe von Wissenschaftlerinnen und Wissenschaftlern klar zum Ausdruck, so sehr ihr Vokabular auch noch einem technokratischen Managementdiskurs verhaftet sein mag:

Das Bestreben, *megasites* in den Griff zu bekommen und zu sanieren («*control and correct*»), ist zwar verständlich, doch realistischer als die Säuberung scheint uns die Strategie, diese enormen und anhaltenden Kontaminationsquellen anzugehen, indem man ihre Lage als neue Merkmale der sozio-ökologischen Landschaften, in denen sie sich befinden, anerkennt. Da es nahezu unmöglich erscheint, solche Standorte zu sanieren, plädieren wir dafür, einen Ansatz des «*coping with change*» [«mit einer sich verändernden Situation zurechtkommen»] anstelle eines Ansatzes des «*control and correct*» in Betracht zu ziehen. Mit dieser Strategie wird anerkannt, dass die derzeitige Managementstrategie für eine *megasite* angesichts ihrer physikalischen Komplexität und aufgrund sich ändernder gesellschaftlicher Erwartungen, geochemischer Prozesse, hydrogeologischer Erkenntnisse und technologischer Sanierungsmöglichkeiten in Zukunft möglicherweise nicht mehr optimal sein wird und daher kontinuierlich angepasst werden muss, da sich die Gesellschaft, die Ökologie, die Technologie und das Verständnis im Laufe der Zeit ändern. Dieser Ansatz bietet die Möglichkeit, die Beziehung zwischen einer *megasite* und ihrem menschlichen und ökologischen Umfeld auf eine andere und dynamischere Weise zu betrachten.[37]

Dieser Vorschlag ist ziemlich irritierend. Bestellt man einen Maler, möchte man von ihm nicht hören, dass es sich bei dem Vergilben und Verschmutzen der Wände um natürliche Prozesse handelt, die man in einer dynamischen Betrachtungsweise als Merkmale der Wohnung akzeptieren sollte. Aber genau dies ist das Zugeständnis, welches uns eine *megasite* abverlangt:

> An dieser Stelle möchten wir klarstellen, dass wir *megasites* weder gutheißen noch behaupten, dass sie fruchtbare Teile vitaler ökologischer Systeme sind. Vielmehr geht es uns darum, dass die schiere Größe von *megasites* sie inmitten eines bereits in Gang befindlichen iterativen, koevolutionären, stabilisierenden und destabilisierenden Komplexes von Beziehungen zwischen Mensch und nicht-menschlicher Natur platziert, die für die von den *megasites* beeinträchtigten sozio-ökologischen Systeme charakteristisch sind. [...] In Anbetracht der relativen Dauerhaftigkeit der Kontamination tritt an die Vorstellung einer Sanierung das Lernen, mit der Kontamination zurechtzukommen und mit ihr zu leben.[38]

Durch diese Zeilen schimmert eine radikal veränderte Auffassung von Technik im Anthropozän durch, und diese ist wiederum nur Indiz von Verschiebungen, die – wie gesehen – viel grundsätzlicher sind, als es der Begriff vom Anthropozän zu vermitteln vermag. Es ist zuallererst eine neue Auffassung unserer menschlichen Existenz auf dem Planeten Erde, und mit dieser Auffassung ändern sich auch die Vorstellungen über Politik, Technik und Wissenschaft, also darüber, wie wir in dieser Welt leben sollen, was wir in ihr tun können und in welcher Form wir Wissen von ihr erlangen. «Das Feld der Philosophie in dieser weltbürgerlichen Bedeutung läßt sich auf folgende Fragen bringen: 1) Was kann ich wissen?–2) Was soll ich thun?–3) Was darf ich hoffen?–4) Was ist der Mensch?» – so verfügte Immanuel Kant 1765 in seiner Logikvorlesung.[39] Die Fragen sind nach wie vor triftig. Mit dem Anthropozän hat sich der Horizont der überhaupt erwägbaren Antworten indes verändert.

Gegen den Ikonoklasmus

Um diese neue Situation zu erfassen, wird auch in der wissenschaftlichen Müll-Literatur immer wieder ein Begriff verwendet, der dem Diskurs von Umwelttechnologie und -management eigentlich fremd ist, nämlich der des «Erbes». Der schweizerische Endlagerungsexperte Marcos Buser spricht in seiner *Rubbish Theory* ausdrücklich vom Müll als kulturellem Erbe.[40] Auch die Ingenieure betrachten die Megasites als «Teil der geerbten Umwelt» («part of the inherited environment») und als «ein gemeinschaftliches Erbe der Industrialisierung» («a common legacy of industrialisation»).[41] Ein Erbe! Aus den zitierten Formulierungen wird nicht immer klar, ob die Metapher dem Recht oder der Evolutionstheorie entlehnt ist. Die Idee leuchtet aber ein: Bitterfeld ist ein Erbe. Ich frage mich, immer noch auf dem Bitterfelder Bogen, mit dem Blick über Landschaft schweifend, ob eine solche Megasite nicht als «Erbe der Menschheit» betrachtet werden könnte. Könnte und sollte man sich nicht bei der UNESCO um einen besonderen Status für solche Orte bemühen? Oben auf dem Bitterfelder Bogen würde dann eine Informationstafel angebracht:

Die vor Ihnen liegende Landschaft wurde von der UNESCO als *megasite* in die Liste des Weltkulturerbes aufgenommen. Sie gilt als eines der 100 verseuchtesten Gebiete der Erde. Der Mensch hat hier so große Mengen toxischer und langlebiger Chemikalien in die Biosphäre eingebracht, dass das Gebiet für tausende Jahre verseucht bleiben wird. Sowohl die Selbstreinigungskräfte der Biosphäre als auch alle technischen Maßnahmen der Säuberung versagen. Die kommenden Generationen werden einen Teil ihrer Zeit und ihres gesellschaftlichen Wohlstandes opfern müssen, um dieses Erbe zu verwalten. Für alle Zeiten. (UNESCO-Kommission für industrielle Altlasten)

Hieße ein solcher Schritt nicht, nun endlich bewusst im Anthropozän anzukommen und unsere Ideale von Wohlstand, Politik und Wissenschaft diesen neuen Gegebenheiten anzupassen?

Später, zurück am Schreibtisch, prüfe ich diesen Gedanken an dem «Übereinkommen zum Schutz des Kultur- und Naturerbes der Welt» der UNESCO aus dem Jahr 1972, aber zu meiner Überraschung enthält der Text keine Definition des Begriffs «Erbe». Der erste Abschnitt, «Begriffsbestimmung des Kultur- und Naturerbes», liefert in Wahrheit bloß eine Liste von Anwendungsfällen. Für das Naturerbe werden «Denkmäler», architektonische «Ensembles» und «Stätten» genannt, für das Naturerbe «Naturgebilde», «geologische und physiographische Erscheinungsformen» und «Naturstätten». Im englischen Text heißen die mysteriösen Stätten «sites» – eigentlich genau die richtige Kategorie für unsere *megasites*! Bei jedem Eintrag auf der Liste wird nun formelhaft wiederholt, das benannte Objekt müsse, um als Erbe zu gelten, «von außergewöhnlichem universellen Wert» sein. Dies weist erst einmal in die falsche Richtung, da wir es beim Schmutz und dem Müll auf den ersten Blick mit dem Gegenteil davon zu tun haben, dem Unwert. Aber urteilen wir nicht zu schnell, denn immerhin wissen wir noch nicht, was die UNESCO unter einem Wert versteht. Worin also besteht er? Welches Kriterium hilft uns bei der Entscheidung, wenn wir unterschiedlicher Meinung sind? Dazu schweigt die Konvention.

Einen indirekten Hinweis liefert allein der Kontext. Die Präambel spricht von einer Bedrohung des kulturellen und natürlichen Erbes. Das Erbe ist also etwas, das geschützt zu werden verdient und auch geschützt werden muss. Wir müssen ein wenig tiefer graben, um dem Wertbegriff auf die Spur zu kommen. In einem informellen Text der UNESCO finde ich so etwas wie eine Definition:

Das Kulturerbe [franz. *patrimoine*] besteht aus dem, was uns aus der Vergangenheit überkommen ist, von dem wir heute profitieren und das wir an zukünftige Generationen weitergeben. Unser Kultur- und Naturerbe sind zwei unersetzliche Quellen des Lebens und der Inspiration. Sie sind unsere Prüfsteine, unsere Orientierungspunkte und die Bausteine unserer Identität. Was den Begriff des Welterbes so außergewöhnlich macht, ist seine universelle Anwendung. Die Welterbestätten gehören allen Völkern der Welt, unabhängig davon, auf wessen Land sie sich befinden.[42]

Im Zentrum dieses Definitionsversuchs steht der Begriff des «*patrimoine*», der im Französischen geläufig ist. Zum Beispiel gibt es jährlich eine «*journée du patrimoine*», einen Tag des nationalen Kulturerbes, an dem alle architektonisch bedeutenden Gebäude ihre Türen dem interessierten Publikum öffnen. Geht man diesem Begriff auf den Grund, wird man auf einen überraschenden Zusammenhang verwiesen, nämlich die Wirren der Französischen Revolution.

Das große Wörterbuch der *Académie française* informiert in der Tat: «Der Begriff des nationalen Erbes geht auf den Abbé Grégoire zurück.»[43] Der katholische Geistliche, dessen Name außerhalb des Landes nicht sehr bekannt ist, wird in Frankreich als wichtige Persönlichkeit der Revolution von 1789 verehrt. Vor allem sein Kampf gegen die Sklaverei ist im kollektiven Gedächtnis geblieben. Dieser Lebensweg ließ sich nicht erahnen, als Henri Grégoire 1750 weitab von der Hauptstadt in dem lothringischen Dorf Vého geboren wurde. Einige günstige Fügungen ließen den begabten Jungen allerdings auch in der Provinz auf Förderung stoßen. Nicht zuletzt kam er am Jesuitenkolleg von Nancy mit den Ideen der Aufklärung in Kontakt und konnte an der neu gegründeten Universität der Stadt studieren. Als Mann der Kirche entwickelte er in der Region eine reiche intellektuelle und philanthropische Aktivität und wurde schließlich noch im Jahr 1789 als Vertreter des Klerus in die vom König einberufene Ständeversammlung entsandt. Dort stellt er aber umgehend seinen Eigensinn unter Beweis. Er schlägt sich sogleich auf die Seite des dritten Standes, des revolutionären Bürgertums, und ruft mit den bürgerlichen Abgeordneten die Verfassungsgebende Versammlung ein, womit die Revolution eingeleitet wird. Im Herzen Revolutionär, bleibt Abbé Grégoire aber ein Dickkopf. Als 1793 der Pariser Klerus, darunter auch der Pariser Bischof, unter Druck der revolutionären Regierung von allen kirchlichen Ämtern abschwört, widersetzt er sich und bleibt Priester. Als Abgeordneter kämpfte er für das Ideal der Gleichheit und die Rechte von Schwarzen und Juden und setzte sich für die Abschaffung der Sklaverei ein. In den auf Napoléons Staatsstreich folgenden Jahrzehnten der Restauration – für den Müll eine Schlüsselepoche, wie wir noch sehen werden – blieb Grégoire ein unerbittlicher Kritiker der Monarchie.

Das Problem des kulturellen Erbes ereilt Grégoire 1794 als Abgeordneter in der Nationalversammlung.[44] Das Parlament erreichen aus der Provinz immer mehr Nachrichten über die Zerstörung von Kulturgütern. Viele Kunstwerke werden aus revolutionärem Eifer zerstört, da sie dem aufständischen Volk als Symbole der verhassten Monarchie gelten, und zwar nicht ganz zu Unrecht. Diderot hatte bereits 1765 in dem Artikel über Malerei in der *Encyclopédie* festgehalten:

> Zu allen Zeiten haben die Herrscher der Völker auch immer auf Gemälde und Statuen zurückgegriffen, um ihren Untertanen diejenigen Gefühle – sei es religiöser oder politischer Natur – einzuflößen, die ihnen genehm waren.[45]

Wenn Kunst Propaganda ist, dann sollte man mit den Kunstwerken der absoluten Monarchie kurzen Prozess machen. Unter die Ikonoklasten mischten sich natürlich auch Profiteure, die Bücher und Kunstwerke profitabel ins Ausland verkauften. Für die Nationalversammlung stellte sich auf jeden Fall ein schwieriges Problem: Wie soll man mit den kulturellen Hinterlassenschaften der verhassten Monarchie umgehen?

Es zeichnet sich hier schon ab, dass wir richtig darin taten, uns von der Rede vom «universellen Wert» nicht abschrecken zu lassen. Der verblüffende historische Ursprung des Diskurses vom kulturellen Erbe ist den Fragen, die wir uns heute stellen, nicht unverwandt. Ein Erbe kann auch problematisch sein, und auch unsere Zeit kennt ihren Ikonoklasmus – man denke nur an den medienwirksamen Denkmalsturz in Bristol 2020 und die Diskussionen über die Umbenennungen von Straßen, die noch die Namen von Kolonialherren und Kriegsverbrechern tragen. Die französische Nationalversammlung betraute 1794 also den Abbé Grégoire mit der schwierigen Frage. In drei ausführlichen Memoranden trug dieser zusammen, was er über die Vorgänge in Erfahrung bringen konnte, entwickelte seine Gedanken dazu und empfahl konkrete politische Maßnahmen. Abermals bewies Grégoire Eigensinn und wurde zum leidenschaftlichen Fürsprecher einer Bewahrung des – wie er nun wohl als Erster sagte – «kulturellen Erbes» (und auch für den Gegner erfindet er ein neues Wort: «Vandalismus»). Er legt seine Gedanken in einer komplexen und vielschichtigen Argumentation dar. Bisweilen schreckt er sogar vor Verschwörungstheorien nicht zurück. Sind die Bilderstürmer nicht vielleicht bloße Marionetten konterrevolutionärer Kräfte oder gar ausländischer Monarchien? Vor allem aber setzt Grégoire dem Ikonoklasmus einen ganz neuen Begriff von Kunst und Kulturgütern entgegen. Kunst, selbst wo sie zu Zwecken der Propaganda geschaffen wurde und ihre Schöpfer keine revolutionären Ambitionen hatten, lässt sich niemals auf diese Funktion reduzieren. Die Kunst ist immer mehr als ihr offizieller Auftrag:

In jener meisterhaften Statue sieht der Unwissende nur einen bearbeiteten Stein. Zeigen wir ihm, dass dieser Marmor atmet, dass diese Leinwand lebendig ist, dass dieses Buch die Waffen bereithält, mit denen seine Rechte verteidigt werden können![46]

Die Idee der Bewahrung des Kulturguts war zu diesem Zeitpunkt eine ganz neue Vorstellung, weit davon entfernt, sich fugen- und reibungslos in ihre Zeit einzupassen. Sie widersetzte sich ja nicht nur dem revolutionären Bildersturm. Auch einem anbrechenden bürgerlichen Zeitalter, das an technischen Fortschritt und die moralische Überlegenheit der eigenen Epoche glaubt, ist die Idee der Bewahrung nicht plausibel – zumal wenn sie auch noch Geld kostet und private Eigentumsrechte berührt, wie zum Beispiel im Fall der südenglischen Megalithstätte Stonehenge (auch eine *megasite*!), die tatsächlich lange auf privatem Grund stand, und deren Besitzer der britischen Regierung bisweilen gar mit einem Verkauf an die Amerikaner drohte.[47] Als 1875 im britischen *House of Commons* ein Gesetzesentwurf zur Erhaltung nationaler Monumente diskutiert wurde, meldete sich ein gewisser Lord Francis Hervey, Abgeordneter der konservativen Partei, mit folgendem Beitrag zu Wort:

Es hieß, es gebe keltische Denkmäler, die erhalten werden müssten. England war einst von Barbaren bewohnt – ich möchte sie lieber unsere Vorgänger als unsere Vorfahren nennen –, die sich den Körper blau färbten, nackt herumliefen und unter dem Mistelzweig absurde, vielleicht gar obszöne Riten praktizierten. Sie kannten keine Künste und keine Literatur, und wenn ihnen die Zeit lang wurde, türmten sie große Grabhügel und Steinringe auf. Sind dies die Denkmäler, die wir bewahren sollen? Und sollen zu diesem Zweck Privateigentümer gezwungen werden, ihre Rechte zu verteidigen?[48]

Die Vorstellung eines kulturellen Erbes schreibt sich offenkundig in eine komplizierte politische Geschichte ein. Zur Wahrheit gehört auch, dass sie sich erst im Frankreich der Restauration durchsetzen konnte, wo die Monarchie, als wollte sie den Ikonoklasten nachträglich recht geben, das Konzept des kulturellen Erbes natürlich genau zu dem Zweck einsetzte, ihre Herrschaft durch die Konstruktion einer Tradition zu legitimieren, die in Bauten und Kunstwerken eine materielle und pompöse Gestalt annahm. Das kulturelle Erbe wurde zu einer Einrichtung der Restauration. Der Abbé Grégoire hatte genau die gegenteilige Absicht. Nicht nur sah er in der Kunst vielmehr eine Quelle der Freiheit denn eine Legitimierung von Herrschaft. Auch verstand er unter Bewahrung nicht das Einfrieren zu Zwecken der Bewunderung. Das kulturelle Erbe betrachtete er vielmehr als eine «ergiebige Mine, die es zu erschließen gilt».[49] Das Erbe ist für Grégoire das Substrat, aus dem eine fortbestehende und sich weiterentwickelnde Kultur ihre Nährstoffe bezieht.

Und was hat dies alles mit Müll zu tun? Kunst ist das Beste, was die Menschheit je hervorgebracht hat, Müll das Schlechteste, möchte man einwenden. Das kulturelle Erbe ist, was wir schützen wollen, der giftige Müll hingegen, wovor wir uns schützen müssen. Das kulturelle Erbe verkörpert den Wert, Müll den Unwert. Vielleicht war die Rede vom Wert aber auch irreführend. Achten wir lieber auf die Gemeinsamkeiten: Wert und Unwert sind beide menschengemacht. Beide ereilen uns aus der Vergangenheit als ein Erbe, beide «gehen uns an». Im Gegensatz zur Kunst, bei welcher uns kulturübergreifende Maßstäbe der Bewertung suspekt geworden sind, ist das Müllerbe sogar in einem nahezu handgreiflichen Sinne universell, da die giftigen Substanzen unsere biologischen Körper, nicht unser kulturell geformtes ästhetisches Urteilsvermögen betreffen. Im positiven Sinn mag das Erbe etwas sein, was wir selbst ererbt oder hervorgebracht haben mögen und weitergeben wollen. Der Müll ist ein Erbe, das wir ererbt oder hervorgebracht haben und weitergeben müssen. 1794 sollten wir keine Ikonoklasten sein, im Anthropozän dürfen wir es nicht mehr. Aber beide Begriffe des Erbes lassen sich auf einen Nenner bringen: Das Erbe ist dasjenige, womit wir uns zukünftig auseinandersetzen müssen, wenn wir überleben wollen und verstehen wollen, wer wir sind und wie wir dazu geworden sind. Wie lasen wir noch bei der UNESCO? Kultur- und Naturerbe «sind unsere Prüfsteine, unsere Orientierungspunkte und die Bausteine unserer Identität». Dies stimmt auch für den Müll.

Seistu verflucht – Sapere aude, think we must

Wir sind mit dieser Diskussion noch nicht am Ende und werden in den folgenden Kapiteln mehrfach auf diese Fragen zurückkommen. Im Augenblick ging es nur darum, ein wenig Bewegung in die erstarrten Begriffe zu bringen und uns auf diese Weise die geistige Offenheit zu verschaffen, die der Müll uns abverlangt. Halten wir für den Moment also lediglich fest: Auch Bitterfeld ist Weltkulturerbe, in einem bestimmten, noch zu erforschenden Sinne. Und dasselbe gilt auch für Tschernobyl, Fukushima, Nowaja Semlja, Hazaribagh, Linfen, Kalimantan, Sukinda, Kabwe, Ranipet, und wie die vergifteten Orte der Welt alle heißen mögen.[50] Der Begriff der *multi-contaminated megasite* räumte mit der Illusion auf, dass wir die Probleme dieser Orte einfach aus der Welt schaffen können. «Wir müssen lernen, mit ihnen zu leben», hieß es in dem zitierten Artikel. Der erste Schritt dazu besteht darin, diese neuen Landschaften kennenzulernen, sie zu beobachten und die immer drohende Katastrophe provisorisch abzuwenden. «*W*ater, *E*nvironment and *L*andscape *M*anagement in *CO*ntaminated *M*egasites», so hieß ein großes Forschungsprojekt, welches genau dieses Ziel verfolgte: *WELCOME* – willkommen![51]

Und plötzlich weiß ich, welche Inschrift auf dem Tor steht, dessen geöffneten Flügel den Weg zur Welt des Mülls freigeben und unseren Blick auf die vor uns liegenden Abfalllandschaften des Anthropozäns fallen lassen. «Willkommen» steht dort, in verblüffender Einfachheit, aber auch in unerbittlicher Härte. Willkommen in der Welt, die ihr euch selbst bereitet habt und die ihr fürderhin bewohnen sollt, um darin nach eurem Glück zu streben:

> Weil du solches gethan hast / Seistu verflucht fur allem Vieh vnd fur allen Thieren auff dem felde / Auff deinem Bauch soltu gehen / vnd erden essen dein leben lang.

«Willkommen» ist die Einladung zu einer Zukunft, die wir nicht ausschlagen können. «Willkommen» ist aber auch eine Aufforderung, uns den berühmten Wahlspruch von Immanuel Kant neu anzueignen: «*Sapere aude*! Habe Muth, dich deines eigenen Verstandes zu bedienen!»[52] Es war die Philosophin Donna Haraway, die eine der heutigen Zeit angemessene Fassung dieser Maxime der Aufklärung lieferte.[53] «Willkommen!» heißt in ihren Worten: Lerne, hinzuschauen. Lerne, auf die Details zu achten und die Zusammenhänge zu sehen. Lerne, in welche Art von Weltprojekt (*worlding*) dein eigenes Handeln eingebunden ist. Lerne, Verantwortung zu übernehmen, *response-ability*, nämlich die Tragweite des eigenen Handelns zu ermessen und die Welt dabei nicht bloß als einen passiven Gegenstand unseres technischen Handelns und Erkennens zu betrachten, sondern als ein Gegenüber, dem wir «antworten» können und Antwort schuldig sind: «We must think. Think we must.» «Willkommen!» heißt somit auch: werde erwachsen! Nachdem uns die industrielle Moderne über Jahrzehnte zu kindischen Narzissten degradiert hat, ist es Zeit, unsere Würde als selbstbestimmte Menschen wiederzufinden, so gut dies in den Landschaften des Anthropozäns noch möglich ist.

Haraway führt an einem konkreten Beispiel vor, worin diese Haltung bestehen kann. In dem Text «Awash in urine», überschwemmt von Urin, gereicht ein synthetisches Östrogenpräparat, das ihrem Hund verschrieben wird, zum Ausgangspunkt einer haarsträubenden Detektivgeschichte über die industrielle Moderne. Jahre zuvor, entsinnt sie sich, hatte sie selbst ein Östrogen-Produkt eingenommen, welches damals noch aus dem Urin schwangerer Stuten gewonnen wurde. Sie selbst hat sich somit mit ihrem Handeln, ihrem Konsum und auch dem eigenen Körper auf den Komplex aus Pharma- und Agroindustrie eingelassen, dessen Porträt sie nun nachzeichnet, mit allen hässlichen Details: ignorierte Studien, Häufungen von Krebsfällen, Schlachtungen von Überschuss-Fohlen, usw. usf. «Hatte ich es vergessen, niemals gewusst, nicht hingeschaut – oder war es mir einfach egal?»[54] «Willkommen!» heißt: Entsinne dich, schaue hin, sei nicht gleichgültig, übernehme Verantwortung. Haraway schaute hin, nahm den Faden auf und rekonstruierte die Herkunft der künstlichen und natürlichen Östrogene in den Produkten der Pharmaindustrie. Sie erzählt uns eine Geschichte, spinnt eine Geschichte von Zusammenhängen, für die sich niemand interessierte. Aber auch diese Geschichte ist nur die eine Hälfte, nämlich die der Herkunft unserer Konsumprodukte. Die andere Hälfte fehlt indes. Haraway erzählt uns die Geschichte von dem Stutenurin, aus dem ihre Medikamente gewonnen wurden. Aber welchen Weg gingen ihre eigenen Ausscheidungen, als die Hormone ihren Körper wieder verließen? Welches Klärbecken hat sie aufgenommen, in welchem Faulturm wurden sie fermentiert, durch welche Leckagen sickerten sie wieder in das Grundwasser, wo in der Umwelt haben sie sich angereichert, im Halbdunkel welcher Tümpel darben die Amphibien und Fische, die sie haben steril werden lassen? Diese Geschichte steht noch aus, die ihres letzten Bestimmungsortes, die Geschichte des Mülls und Abfalls, die Geschichte, die für uns in «B.» beginnt. Also, willkommen!

Swaantje Güntzel, *Arctic Yoghurt*, 2021

«Am 2. Dezember 2021 habe ich um 12:04 Uhr einen Joghurt gegessen und den Plastikbecher in den Ofotfjord (Norwegen) geworfen.»
Foto von Jan Philip Scheibe.

2

Der unheilbare Riss

Kunde von der Neuen Welt

Nun haben wir also das Tor durchschritten, unsere Reise kann beginnen. Wo befinden wir uns? In bekannten Gefilden, in Landschaften, in denen wir unser gesamtes Leben verbracht haben. Nur unser Blick hat sich verändert. Ich nehme diese neue Stellung mit Erleichterung zur Kenntnis. In meiner Jugend war ich begeisterter Leser von Reiseliteratur. Mit Alexander von Humboldt machte ich mich auf die Suche nach der geheimnisvollen Bifurkation des Orinoco in den Tiefen des Amazonas, mit Georg Forster begleitete ich James Cook auf seiner zweiten Weltumsegelung, mit Carsten Niebuhr lernte ich die arabische Welt kennen, Antonio Pigafetta zeigte mir die Gestade des unwirtlichen Feuerlands, Adelbert von Chamisso eröffnete mir den nördlichen Pazifik, mit Hermann von Pückler-Muskau verging mir der Atem beim Anblick der gewaltigen ägyptischen Ruinen. Und vergessen wir nicht die utopische Reiseliteratur! «Eine Weltkarte, auf der das Land Utopia nicht verzeichnet ist, verdient nicht einmal einen flüchtigen Blick», befand einst Oscar Wilde.[1]

Allein, dass die Epoche dieser Entdecker und Romantiker vorbei ist, zeigte sich schon vor fast einhundert Jahren. Als sich der französische Ethnologe Claude Lévi-Strauss 1934 auf seiner ersten Forschungsreise dem brasilianischen Festland nähert, ist es, noch bevor die Küstenlinie sichtbar wird, ein Geruch, der ihn empfängt, wie ein Versprechen des Exotischen:

Die Neue Welt – dem sich ihr nähernden Schiffsreisenden bietet sie sich zunächst als ein Duft dar, der sich deutlich von dem unterscheidet, was seit der Abreise aus Paris der bloße Klang der Worte erwarten ließ, und der demjenigen, der ihn nicht selbst geatmet hat, schwer zu beschreiben ist. Im ersten Moment scheint es, als würden die Seegerüche der vergangenen Wochen nicht mehr frei strömen; sie stoßen gegen eine unsichtbare Mauer und geben derart die Aufmerksamkeit für Gerüche anderer Art frei, Gerüche, die durch keine frühere Erfahrung beschrieben werden können: Eine Waldbrise im Wechselspiel mit Gewächshausdüften, die Quintessenz des ganzen Pflanzenreichs, deren einzigartige Frische so verdichtet wurde, dass sie sich in einem olfaktorischen Rausch entlädt, die letzte Note eines mächtigen Akkords, der, wie beim Harfenspiel, so intoniert wird, als ob er die nacheinander einsetzenden Fruchtaromen zugleich trennen und verschmelzen wollte.[2]

In der Erwartung der Küste kommt Lévi-Strauss Christoph Kolumbus in den Sinn, der sich vierhundert Jahre vor ihm dem Kontinent näherte. Der Ethnologe zitiert aus Kolumbus' brieflichen Nachrichten aus der neuen Welt:

Die Bäume waren so hoch, dass sie den Himmel zu berühren schienen, und sie verlieren, wenn ich recht verstanden habe, nie ihre Blätter. Ich habe sie tatsächlich im November so grün und frisch gefunden, wie sie in Spanien im Mai sind. Manche blühten gar, während andere schon Früchte trugen. Und wohin ich mich auch wandte, sang die Nachtigall, begleitet von tausend anderen Vögeln verschiedenster Arten.

Die Realität, die Lévi-Strauss in Brasilien erwartet, ist eine andere. Die mächtigen Küstenurwälder sind einer ärmlichen

Sekundärbewaldung gewichen, die *capoeira*. Das Hinterland findet er weitgehend verwüstet vor. Wie ein Buschfeuer hat sich eine Raubwirtschaft – getrieben vom Hunger nach Gold, Zucker und Kaffee – durch die Landschaft gefressen und zerstörte Gebiete zurückgelassen, die der Erosion anheimgegeben wurden. Aus dem alten Europa bringt Lévi-Strauss zwei Erwartungen mit: einerseits den Traum einer unberührten Natur und andererseits die wirkliche Erfahrung einer Landschaft, die im Zuge einer jahrhundertelangen Kultivierung zu einem harmonischen Gleichgewicht gefunden hat – wie in Frankreich vor der Industrialisierung der Landwirtschaft. Die Realität des amerikanischen Kontinents fügt sich diesen Erwartungen nicht:

> Für den europäischen Reisenden ist diese Landschaft, die in keine seiner traditionellen Kategorien passt, ein Schock. [...] Im bewohnten Amerika [...] haben wir nur die Wahl zwischen einer Natur, die so schonungslos zugerichtet wurde, dass sie eher zu einer Freiluftfabrik als zu einer Landschaft geworden ist (ich denke an die Zuckerrohrfelder in der Karibik und die Maisfelder im Corn Belt), und einer anderen – wie die, die ich gerade betrachte –, die vom Menschen lange genug in Beschlag genommen wurde, um ihm Zeit zu geben, sie zu verwüsten, aber nicht lange genug, um sie durch ein langsames und beständiges Zusammenleben in den Rang einer Landschaft erhoben zu haben. [...] Ödland, groß wie eine Provinz, vom Mensch einst für kurze Zeit besessen, dann ist er weitergezogen. Er hinterließ ein zerschundenes Relief, das vom Wirrwarr seiner Spuren durchzogen ist. Und auf diesen Schlachtfeldern, auf denen er sich einige Jahrzehnte lang mit einem unbekannten Boden abmühte, wächst nun langsam wieder eine monotone Vegetation heran, in einer Unordnung, die umso trügerischer ist, als sie unter der Maske einer falschen Unschuld die Erinnerung und die Gestalt der Kämpfe bewahrt.[3]

Das Schicksal der Landschaft spiegelt dasjenige seiner indigenen Bewohner. Ihre Anzahl ist stark dezimiert, die pockennarbigen Gesichter der versprengten Überlebenden zeugen von dem durchlebten Leid. Man weiß heute, dass die Eroberung der Neuen Welt nicht einfach mit punktueller Gewalt, sondern einem echten Genozid einherging – sicherlich durch unwissentlich eingeschleppte Krankheiten, aber auch durch gezielte Infektion und Exzesse kriegerischer Gewalt. Etwa 60 Millionen Menschen lebten schätzungsweise auf den beiden amerikanischen Kontinenten zum Zeitpunkt des ersten Kontakts mit den Europäern. Bald darauf sollten es 90% weniger sein. Das Nachwachsen der Wälder infolge des Zusammenbruchs der südamerikanischen Landwirtschaft ließ die globale atmosphärische CO_2-Konzentration 1610 auf ein historisches Minimum sinken, das sich noch heute in Eisbohrkernen nachweisen lässt und bisweilen als geologischer Marker für den offiziellen Beginn des Anthropozäns vorgeschlagen wurde.[4] Auf der Antilleninsel Hispaniola – heute Haiti und Dominikanische Republik –, die zu den Entdeckungen von Kolumbus' erster Reise von 1492 gehört, sollen von einer Bevölkerung von ursprünglich etwa einer Million Menschen nach fünfzig Jahren nur «ein paar hundert traumatisierte Individuen» übrig gewesen sein.[5] Diese Menschen haben die Apokalypse erlebt, die indes nur der Auftakt einer heute noch andauernden Leidensgeschichte sein sollte. Eine freundliche Nuance in der dunklen Geschichte sei am Rande erwähnt: Der schwarze Freiheitskämpfer Jean-Pierre Boyer bot 1818 als haitianischer Präsident keinem anderen als dem Abbé Grégoire den Posten des Bischofs von Port-au-Prince an, was dieser aber – hochbetagt – ablehnte. Aber echte Geschichten gehen nicht gut aus. Schon 1802 hatte Napoléon die Sklaverei wieder legalisiert, und Haiti versinkt heute in Chaos und Gewalt.

«Traurige Tropen» überschrieb Claude Lévi-Strauss seinen

Reisebericht folgerichtig. Es ist damit klar: Die Reisen der vergangenen Jahrhunderte bieten uns kein Modell. Es hat keinen Sinn, sie zu wiederholen, da sie uns nicht in die Fremde führen, sondern nur zu den Spuren unserer eigenen Untaten, dem «Kulturerbe», wie wir es seit B. verstehen. Schlimmer noch, wir könnten diese Reisen heute nurmehr als Touristen antreten. Schon in der Reihe von Alexander von Humboldt zu dem keine zwanzig Jahre jüngeren Hermann von Pückler-Muskau ist der schleichende Übergang von der Reise zum Tourismus spürbar. Aber: «Der Tourist ist kein Reisender», wie der französische Philosoph des Urbanismus Thierry Paquot einst festhielt.[6] Bei der organisierten Reise wird peinlich darauf geachtet, dass die gesuchte Begegnung mit dem Anderen vermieden wird. Diese Kritik ist nicht neu. Das Reisen hatte sich kaum im Massentourismus demokratisiert, als die Literaten bereits eine Salve der Kritik abfeuerten. 1958 schon, frisch im Wirtschaftswunder, formulierte Hans Magnus Enzensberger in dem schönen Essay «Vergebliche Brandung der Ferne» seine Theorie des Tourismus:

[Die Wurzeln des modernen Tourismus] liegen in der englischen und deutschen Romantik. Sie hat die Freiheit, die in der Wirklichkeit der beginnenden Arbeitswelt und in der politischen Restauration zu ersticken drohte, im Bilde festgehalten. Ihre Einbildungskraft hat die Revolution gleichzeitig verraten und aufbewahrt. Sie verklärte die Freiheit und entrückte sie in die Fernen der Imagination, bis sie räumlich zum Bilde der zivilisationsfernen Natur, zeitlich zum Bilde der vergangenen Geschichte, zu Denkmal und Folklore gerann. Dies, die unberührte Landschaft und die unberührte Geschichte, sind die Leitbilder des Tourismus bis heute geblieben. Er ist nichts anderes als der Versuch, den in die Ferne projizierten Wunschtraum der Romantik leibhaftig zu verwirklichen. Je mehr sich die bürgerliche Gesellschaft schloß, desto angestrengter versuchte der Bürger, ihr als Tourist zu entkommen.[7]

Reisen unter der modernen Bedingung des Tourismus erscheint Enzensberger kurz als eine «Flucht vor der selbstgeschaffenen Realität». Ziehen wir all diese Diagnosen zusammen, ist die Schlussfolgerung unvermeidlich: Reisen hat heute keinen Sinn mehr, und im Grunde ist dies auch allen bekannt.

Aber just an dieser Stelle springt uns der Gedanke des Anthropozäns helfend bei. Das «Willkommen» am Tor zu den Landschaften des Anthropozäns nötigt uns die Einsicht ab, dass es die Fremde nicht mehr gibt und wir uns zugleich unsere eigenste Welt entfremdet haben. Haben wir dies verstanden, öffnet sich das Tor indes – und lässt uns wieder reisen und entdecken. Es gibt keine unberührten Landschaften mehr. Aber deshalb sind uns diese Landschaften noch lange nicht bekannt. Sie bleiben zu entdecken. Endlich zeichnet sich eine Möglichkeit ab, das Erbe anzutreten, das die Entdeckungsreisen der Vergangenheit anzubieten haben. Im Anthropozän ist die Welt ein zweites Mal zu entdecken. Reisen ist dann auch keine Flucht mehr vor der selbstgeschaffenen Realität, sondern im genauen Gegenteil die volle Konfrontation mit ihr – wenn man nur, wie die alten Entdecker, den Mut dazu aufbringt. Der britische Soziologe Zygmunt Bauman schrieb einst über unser Verhältnis zu den Müllhalden:

> Wir suchen diese Berge nicht auf, weder leiblich noch gedanklich, so wie wir auch nicht durch Problemviertel, zwielichtige Straßen, Großstadtghettos, Flüchtlingslager und andere No-Go-Areas spazieren. Wir meiden sie sorgfältig (oder werden von ihnen weggelotst) in unseren zwanghaften Urlaubsfluchten. Wir entsorgen die Hinterlassenschaften auf die radikalste und effektivste Weise: Wir machen sie unsichtbar, indem wir nicht hinsehen, und wir machen sie undenkbar, indem wir nicht denken.[8]

Nun kehren wir das Verhältnis um. Wie die früheren Entdecker suchen auch wir das Andere – das Andere unserer Selbst –, aber wir stellen es nicht mehr als das Exotische vor, wie es auf einer Insel hockt und auf uns wartet. Es geht uns vielmehr um das Andere unserer Selbst, das wir erst zu einem solchen machen, indem wir es nicht sehen wollen, uns abwenden, Augen und Nase verschließen, es verstecken. Der Müll wird mein Amazonas sein, mein Feuerland, meine Südsee, mein Alaska. Es gibt dort unglaublich viel zu entdecken – Menschen, Orte und Geschichten, die alle von uns selbst handeln. Vom exotischen Imperativ befreit, können wir mit dieser Entdeckungsreise auch gleich vor Ort beginnen. Es ist nicht einmal nötig, das Flugzeug zu verwenden. Als bevorzugtes Reisemittel kann ich die Bahn benutzen, die auch historisch im übertragenen wie im wörtlichen Sinne die Lokomotive des Tourismus war, auch wenn sie im Augenblick – nach Jahrzehnten ideologisch verblendeten Missmanagements – gerade nicht so gut funktioniert. Nur gelegentlich, wenn es in dünn besiedelte Gebiete geht, muss ich auf einen Mietwagen ausweichen.

Der Fluss unter dem Fluss

Unser erstes Ziel – ich sage hier «unser», weil ich selbst die Reise unter dem Diktat praktischer Rücksichtnahmen in einer anderen Reihenfolge gemacht habe und hier nach Maßgabe der Entwicklung eines Gedankens die Stationen frei rekonstruiere – unser erstes Ziel also liegt im Ruhrgebiet. Ich habe von einem technischen und architektonischen Meisterwerk gehört, würdig, sich mit den sieben Weltwundern zu vergleichen: die hängenden Gärten von Semiramis, der Koloss von Rhodos, die Pyramiden von Gizeh … und nun: ein Fluss unter einem Fluss. Genauer: ein gigantischer Abwasserkanal, und zwar der größte und modernste Europas, der sich unterirdisch unter einem Fluss erstrecken soll.

Um diesem Geheimnis auf den Grund zu gehen, begebe

ich mich nach Essen, zur Emschergenossenschaft Lippeverband, Deutschlands größte Betreiberin von Kläranlagen. Sie hat ihren Sitz in einem dunklen, wuchtigen Backsteinbau aus dem Jahr 1910, der das Wagnis eingeht, industrielle Moderne und ein die mittelalterliche Trutzarchitekur verklärendes deutsches Kaiserreich zusammenzuführen, indem er das Monumentale als ihren gemeinsamen Nenner bestimmt. Ich bin hier mit Uli Paetzel verabredet, Vorstandsvorsitzender der Emschergenossenschaft und Präsident der Deutschen Vereinigung für Wasserwirtschaft, Abwasser und Abfall. Ob er sein Büro in dem Turmzimmer hat, welches, gekrönt von einer gewaltigen Bronzespitze, den gesamten Eckbau überragt und durch die schmalen, hohen Fenster, einem Reiterstandbild Kaiser Wilhelms gleich, einen gestrengen Blick auf die Stadt und das Treiben zu seinen Füßen zu werfen scheint? «Am festgesetzten Tage und zur bestimmten Stunde fanden wir uns ein», hob Francis Bacon einst die Schilderung der Audienz mit dem Vater des Hauses Salomons auf Nova Atlantis an, einer utopischen Insel der technologischen Wunderwerke, in denen Natur und Technik verschmelzen – wie eben jener Fluss unter dem Fluss, auf dessen Suche wir sind. Jetzt, da ich am Schreibtisch sitze, meine Notizen ordne und auf das Erlebte zurückblicke, drängt sich mir die Parallele auf. Und nun sollen wir den Herrscher des utopischen Reiches also kennenlernen:

> Wir trafen ihn in einem prächtigen Raume, der mit herrlichen Vorhängen ausgestattet und mit Teppichen ausgelegt war ohne jede Erhöhung zu dem Armstuhl, auf dem er saß. Es war dies ein niedriger, prächtig geschmückter Lehnsessel. Über seinem Haupte spannte sich ein Thronhimmel von blauer Seide, reich mit Gold durchwirkt. Das Zimmer war menschenleer, außer daß auf beiden Seiten des Lehnstuhles ehrenhalber ein weißgekleideter Diener stand.[9]

In gespannter Erwartung betrete ich also den Bau, hindurch durch eine gewaltige Eisenpforte zwischen glatten, abweisenden Säulen. Die ganze Architektur ist groß, düster und kalt. Aber irgendetwas stimmt nicht. Im Vorübergehen werde ich einiger knallbunter Gewerkschaftsplakate gewahr. Sie hängen allerdings nicht verschämt an einem der Belegschaft überlassenen Wandbord in einem Seitengang, sondern prangen hochoffiziell beiderseits der gewaltigen Freitreppe im weitläufigen Foyer, gerade so, als gehörten sie dorthin. Der Aufstieg in Begleitung des Empfangspersonals führt – fast zu meiner Enttäuschung – nicht in das Turmzimmer, sondern endet schon im ersten Stock, wo ich nach kurzer Wartezeit im sonnendurchfluteten Büro des Vorstandsvorsitzenden empfangen werde. Erneut fesselt ein verblüffendes Detail meine Aufmerksamkeit: Entlang der Längsseite des Zimmers läuft ein langes, halbhohes Bücherregal, und darin finden sich die gesammelten Hefte zweier Zeitschriften: links das legendäre, einst von Hans Magnus Enzensberger herausgegebene *Kursbuch*, rechts das *Argument*, das Hausblatt des marxistischen Philosophen Wolfgang Fritz Haug, und mittig dazwischen auf einem kleinen Ständer, das Cover gut sichtbar in den Raum gedreht, ein Exemplar von Adornos *Minima Moralia*, den «Reflexionen aus dem beschädigten Leben», mit deutlichen Lesespuren. Bin ich hier richtig, ist dies das administrative Zentrum des Mülls? Aber die Bände bilden nur den Hintergrund. Im Vordergrund des irritierenden Bildes wartet der Vorsitzende auf mich:

Er trug ein weites, ärmeliges Gewand aus Kamelhaar von herrlicher blauer Farbe, weit glänzender, als wir sie in Europa haben. Sein Unterkleid dagegen war grün, ebenso seine Kopfbedeckung, die in der Art eines geschmackvoll gebundenen Turbans gearbeitet, jedoch nicht so übergroß war, wie es gewöhnlich die türkischen sind. Die Locken seines Haupthaares quollen unter dem Rande des Turbans hervor.

Aber nein, Francis Bacon hat mir einen Streich gespielt. Vor mir sitzt, dem Amt entsprechend in dunklem Anzug und Krawatte, ein gut gelaunter Uli Paetzel, bereit, mir geduldig alle meine Fragen über Abwassermanagement im Ruhrgebiet zu beantworten.

Das Ruhrgebiet – wieder begegnen wir einer Landschaft mit Tücken. Sie ist der westliche Zwilling des Chemiedreiecks um Bitterfeld, wie aus den Worten Heinrich Bölls aus dem Jahr 1958 deutlich wird:

> Hundert Jahre lang ließ man, ohne sich die geringsten Gedanken darüber zu machen, Staub und Ruß auf [den Arbeiter im Ruhrgebiet] herabregnen, machte die Landschaft, in der er lebte, zur Büßerlandschaft, ließ Dämpfe auf ihn los, knebelte ihm das Klima, raubte ihm jährlich einen ganzen Monat Sonne; man schuf ‹Industrielandschaft›, doch dieser Begriff, der so nüchtern klingt, ist nur eine romantische Verbrämung der Tatsache, daß die Industrie hier die Landschaft getötet hat, ohne eine neue zu bilden.[10]

Was Lévi-Strauss in der neuen Welt beobachtete, ist längst nach Europa heimgekehrt. Aber was verbirgt sich hinter dem Wort «Industrielandschaft», die, nehmen wir Bölls Worte ernst, so etwas wie den bewohnten Leichnam einer echten Landschaft darstellen muss? Das Ruhrgebiet ist das am dichtesten besiedelte Gebiet Europas. Die ursprünglichen städtischen Zentren haben vollkommen an Kontur verloren und sind zu einem zusammenhängenden Betonmoloch aus Schnellstraßen, Eisenbahntrassen, Fabriken, Industriebrachen, Gewerbegebieten und Arbeitersiedlungen verwachsen, der mehr als viertausend Quadratkilometer bedeckt. Der Schlüssel zu einer philosophischen Bestimmung ihres Wesens offenbart sich allerdings nicht dem laienhaften Blick eines Reisenden. Rückt man ihr mit den digitalen Methoden moderner geografischer Forschung zu Leibe, kommt man ihrem Geheimnis näher, denn die Computeranimation zeigt eine zutiefst gestörte, wie von Riesenhand verformte Erdoberfläche.[11] Das Ruhrgebiet verdankt seine Entwicklung dem Vorkommen von Steinkohle. Wie in Mitteldeutschland waren es auch hier subtropische Sumpfwälder, die mit mächtigen Torfschichten die Grundlage für die Inkohlung legten.[12] Allerdings geschah dies hier bedeutend früher, schon vor etwa 300 Millionen Jahren, und auch war es nicht das Meer, sondern einfach ablaufendes Oberflächenwasser, welches in Zeiten größerer Erosion die Torfvorkommen mit Sedimenten überdeckte. Dank der langen Zeitspanne konnte sich der Prozess mehrfach wiederholen. Auf den Sedimenten wuchsen neue Wälder empor und bildeten neue Torfschichten, die wiederum überlagert wurden, bis die Schichtenfolge schließlich mehrere tausend Meter maß. Der tektonische Druck presste die unteren Torfschichten erst zu Braunkohle und ließ schließlich Steinkohle entstehen, die hier Flöze von bis zu drei Metern Dicke bildet. Wo die Flöze aufgrund von Geländeverwerfungen an die Oberfläche treten, werden sie schon in der vorrömischen Eisenzeit genutzt. Im 19. Jahrhundert setzt die Ausbeutung im industriellen Maßstab ein, wobei die tief liegende Steinkohle anders als die Bitterfelder Braunkohle nicht im Tagebau gefördert wird, sondern in unterirdischen Minen abgebaut werden muss. Infolge des einhundertjährigen Abbaus von Steinkohle in unterirdischen Minen, die sich kreuz und quer durch den Untergrund fraßen, haben sich große Teile des Ruhrgebiets abgesenkt – stellenweise mehr als 25 Meter, wie die digitale Rekonstruktion deutlich werden lässt. Flüsse änderten in der Folge ihre Fließrichtung, in Senken bildeten sich Seen, große Teile des Ruhrgebiets liegen mittlerweile unterhalb des angrenzenden Rheins. Das heutige Ruhrgebiet bildet eine Polderlandschaft, wie man sie aus den Niederlanden kennt, nur dass Dammbauten und Drainage hier nicht ausreichen. An über 300 Stellen laufen Tag und Nacht Pumpwerke, ohne die sich große Teile des Ruhrgebiets und der in ihm beherbergten Großstädte in einen gewaltigen See verwandeln würden. Man spricht in diesem Zusammenhang von «Ewigkeitslasten», und das Schlimme an diesem Wort ist, dass es nicht als Metapher gemeint ist. Vielleicht beschreibt es noch drastischer, was ich im vorangegangenen Kapitel als «Erbe» zu fassen suchte. Vor allem aber verweist es auf den eigentümlichen Charakter dessen, was wir hier als Industrielandschaft vor uns sehen. Es handelt sich nicht eigentlich um den Leichnam einer Landschaft, wie Böll versuchsweise befand, sondern eher – um in der von ihm beschworenen Bilderwelt zu bleiben – um eine Landschaft im Koma, die nur mehr von Maschinen am Leben gehalten wird. In der Form, wie sie heute noch bewohnt werden kann, ist sie mit den Maschinen verwachsen, ein Hybridobjekt, eine Technolandschaft, halb Maschine, halb Landschaft. Das Wuppertalinstitut spricht von «Naturinfrastrukturen», der Philosoph Jens Soentgen in der Analyse eines ähnlichen Beispiels von einem «Cyborg».[13] Ich verstehe solche Wörter nicht als wissenschaftliche Begriffe, sondern eher als Merkzettel, die anzeigen, dass hier noch ein gedankliches Problem zu bewältigen ist. Wie können wir Natur und Technik zusammen denken, wie die Landschaften verstehen, die wir fürderhin bewohnen werden?

Mitten in dieser Technolandschaft liegt auch das wundersame Bauwerk, um dessentwillen ich die Reise unternommen habe: der Fluss unter dem Fluss. Auf der Erdoberfläche kann indes kaum ein Verdacht aufkommen, welch bemerkenswertem Bauwerk man sich nähert. Die Emscher – so der Name des Wasserlaufs, der in der Nähe von Dortmund entspringt, um nach Durchquerung des gesamten Ruhrgebiets bei Dinslaken in den Rhein zu münden – wirkt streckenweise so idyllisch, wie dies in einer stark besiedelten und industriell intensiv genutzten Landschaft nur möglich ist. Der natürlich anmutende Flusslauf verbirgt indes eine dramatische Geschichte von rücksichtsloser Nutzung und rigorosem Umbau. Wir verdanken dem Autor und Journalist Stefan Klein eine plastische Zusammenfassung in seinem literarischem Essay *Emscher I*, aus dem ich ein ganzes Blatt in mein Reisealbum einfügen möchte:

Östlich von Dortmund, am Rande der Gemeinde Holzwickede, steht der Hixterwald. Zwischen Farnen und Moosen und beschattet von alten Bäumen finden sich dunkle, feuchte Stellen am Boden. Es sind Sickerquellen, der Ursprung der Emscher. Hier hat sie sich vor langen Zeiten aufgemacht zu ihrer 108 Kilometer langen Reise an den Rhein. Als fischreiches Gewässer floss sie in verschwenderischen, großen Schleifen gemächlich durch die Heimat von Wollnashorn, Mammut und Höhlenbär, irgendwann grasten an ihren Ufern Wildpferde.

Menschen siedelten sich nur spärlich an im Emscherbruch, das Gebiet war sumpfig, und der Fluss war gefürchtet, weil er aufgrund des sehr geringen Gefälles immer wieder über die Ufer trat. Das hatte oft schlimme Folgen, aber schlimmer wurde es, als man an den Ufern der Emscher die Erde aufzugraben begann, um den schwarzen Schatz zu heben, der sich darin befand: Der Kohleabbau, die Industrialisierung, der Zuzug Hunderttausender von Arbeitern – das alles ging zu Lasten der Emscher und ihrer Nebenbäche, die fortan gewaltige Schmutzwassermengen aus Bergwerken, Eisenhütten und Haushalten aufzunehmen hatten.

Überschwemmungen lösten nun immer öfter tödliche Epidemien aus, die Menschen starben an Typhus, Cholera und sogar Malaria. Bergsenkungen taten ihr Übriges. Wo gewühlt wird im Untergrund, senkt sich das Land, ganze Stadtteile im Ruhrgebiet sackten ab, zehn Meter, zwanzig Meter, Flüsse flossen plötzlich rückwärts, bildeten stinkende Tümpel, und die hygienischen Verhältnisse wurden immer unerträglicher.

Abhilfe musste geschaffen werden, aber wie? Unterirdisch ließ sich keine Kanalisation verlegen, die Erde war in Bewegung, Rohre wären gebrochen. Es blieb nur die oberirdische Lösung. Die war brutal, aber für das Überleben dieser Industriegesellschaft unvermeidlich. Im Jahr 1899 organisierten sich die Städte des Reviers in der Emschergenossenschaft, und die machte aus einem Fluss und den allermeisten seiner 35 Nebenbäche offene, stinkende Abwasserkanäle. Es sollte schnell weg, das Dreckszeug, unterwegs würde man es oberflächlich klären, und dann ab in den Rhein.

Die Nebenbäche wurden zu betonierten Schneisen, auch die Emscher bekam am Oberlauf ein betoniertes Korsett. Ihrer Schleifen wurde sie beraubt, der direkte Lauf zur Mündung machte die Emscher um 25 Kilometer kürzer. Man legte sie tiefer und verschaffte ihr mehr Gefälle. Man deichte und zäunte sie ein. [...] Während man weiter südlich die Ruhr, die Namensgeberin der Region, zum Trinkwasserlieferanten umschulte, wurde aus der Emscher ein verbotener Fluss.[14]

Die Emscher galt nun als «der schmutzigste Fluss Deutschlands», oder zumindest Westdeutschlands, als der kapitalistische Zwilling der Mulde in Bitterfeld.[15] Ein «verbotener Fluss»? Gerade haben die Vereinten Nationen das Ziel festgelegt, bis zum Jahr 2030 30% der Land- und Meeresfläche unter Naturschutz zu stellen und somit einer Art «Tabu», einem Berührungsverbot zu unterstellen.[16] Die Emscher wurde nicht nur genutzt, sondern solchermaßen übernutzt, dass sie in einem neuen Sinne zu einem verbotenen Fluss wurde, unnahbar aufgrund seines Gestanks – die Dialektik der *wastelands*.

Davon ist heute an der Emscher nichts mehr sichtbar. Aber der Fluss birgt eben sein unsichtbares Geheimnis, seinen unterirdischen Doppelgänger, der Fluss unter dem Fluss. Der verbotene Fluss wurde aufgespalten in ein klares, helles Biotop zu Tage, einen befreiten Fluss, der mäandernd sein Bett wieder selbst bestimmen darf, ein offener Fluss, den der zurückkehrende Artenreichtum umgehend wieder erobert, ein erlaubter Fluss, an dessen Ufern die Menschen wieder aufatmen können – und einen der größten und modernsten Abwasserkanäle untertage: 73 km Betonröhren mit einem Durchmesser bis zu 2,8 m in 8 bis 40 Metern unter dem Erdboden, insgesamt 214 000 Tonnen Stahlbeton. Ein Wartungsroboter, der irgendwo dort unten in der Finsternis auf einsamer Wanderschaft ist, überwacht den Zustand der Röhren aus säureresistentem Spezialbeton. Da die Röhren zum ungestörten Abfluss der Kloake ein gewisses Gefälle haben müssen, das den geringen Abfall des Geländes zum Rhein hin übertrifft, muss ihr Lauf auf der 50 km langen Strecke gelegentlich durch gewaltige Pumpwerke unterbrochen werden, die das Abwasser aus 40 Metern Tiefe wieder an die Oberfläche befördern, um es auf dem nächsten Abschnitt wieder abschüssig in die Tiefe laufen zu lassen. Ein solches Pumpwerk an der Kläranlage Bottrop mit ihren drei weithin sichtbaren, eierförmigen Faultürmen aus glänzendem Stahl, in deren Innern der Klärschlamm – also die festen Bestandteile des Abwassers wie Fäkalien, Essensreste und Papier (Primärschlamm) gemeinsam mit der wuchernden Masse von Mikroorganismen aus der biologischen Klärstufe (der Überschuss des Belebtschlamms) – fermentiert wird, kann ich später am Tage besichtigen.

«Wir haben große unterirdische Höhlen von verschiedener Tiefe. Die tiefsten von ihnen sind bis zu sechshundert Klafter vorgetrieben», heißt es in *Nova Atlantis*. «Habemus», «Wir haben» – mit dieser Formel hebt jede Etappe der Führung durch die wundersame Insel an. «Wir haben sehr hohe Türme», «wir haben viele Brunnen und künstliche Quellen», «wir haben auch Laboratorien oder Offizien», «wir haben auch Öfen», «wir haben optische Werkstätten», usw. usf. In den «Regionen der Tiefe» bilden sie natürliche Mineralien nach und züchten neue, künstliche Metalle. So ließe sich auch das Neue Atlantis an der Emscher beschreiben: «Wir haben Pilotprojekte zur Rückgewinnung des Phosphors», «wir haben Gewächshäuser mit Düngung aus der Kläranlage», «wir haben ein Windrad und Biogasanlagen», «wir haben die größte solarbetriebene Anlage zur Trocknung von Klärschlamm», «wir haben eine Imkerei und Weinberge» – vor allem aber: «Wir haben den Fluss unter dem Fluss», «wir haben gigantische Pumpwerke unter der Erde». Wir steigen nun in die Tiefe des gewaltigen, in seinen Dimensionen fast kathedralenhaften Betonrundes. Auf seinem Grund versetzen acht mit Elektromotoren betriebene Turbinen die einströmende Kloake in eine solche Geschwindigkeit, dass sie sodann aus eigener Kraft den meterhohen Aufstieg durch die massiven, senkrechten Stahlrohre bewältigen kann. Die vier Turbinen in der gegenüberliegenden Kammer laufen ferne summend auf Hochtouren und versetzen das Bauwerk in eine kaum merkliche Vibration. Mit einem Male setzt sich auch in unserer Kammer eine Turbine in Gang, da die Sensoren einen größeren Zustrom von Abwasser melden, fährt kurz mit einem lauten Surren auf Höchstleistung hoch, um sich alsbald bei mittlerer Last einzupendeln. Ich lege die Hand an das kalte, dickwandige Stahlrohr und spüre die Gewalt der strömenden Massen. Nichts erinnert in diesem Moment daran, dass es Abwasser ist, welches dort strömt, die gesammelten und kondensierten Ausscheidungen von über einer Million Menschen im Einzugsgebiet der Emscher: Abwasser, Urin, Kot, Erbrochenes, Menstruationsblut, was weiß ich noch alles. Nicht die Spur eines üblen Geruchs liegt in der Luft. Wenn überhaupt, riecht es ganz leicht hohl und feucht nach frischem Beton. Überhaupt erweist sich das schlagende Herz des Schmutzes, welches den Urstrom von Fäkalien durch die Venen der Zivilisation pumpt, als ein sauberer und aufgeräumter Ort. In der Ecke steht eine Werkbank für Reparaturen bereit, wie ich sie aus den Kindertagen am Stadtrand vom Herumstreunen auf dem benachbarten Bauhof eigentlich als den Inbegriff des Schmutzes kenne: das Holz der Arbeitsfläche malträtiert und speckig, die Ritzen und der umgebende Fußboden überzogen vom schmierigen Sediment aus Maschinenöl und Metallspänen, aber darüber der strahlende, herausfordernde Blick des barbusigen Pinup-Girls auf knittrigem Zeitschriftenpapier. Hier nichts dergleichen. Die Werkbank wirkt wie eine Illustration im Katalog, wenn nicht gar wie die blitzblanke Arbeitsfläche eines Sushi-Restaurants im Geschäftsviertel der Stadt. Die beiden Bücher, die ich als Reiselektüre mitgenommen habe und auch hier unten in meiner Mappe bei mir trage – Christian Enzensbergers *Größerer Versuch über den Schmutz* von 1968 und Dominique Laportes *Geschichte der Scheiße* von 1978 –, helfen mir als Reiseführer nicht weiter. Großzügige Weiten aus Beton umgeben mich – ein monumentales, aber mit Bedacht arrangiertes Ensemble stählerner Röhren, die automatisierten Turbinen, die in bescheidener Selbststeuerung uns Menschen kaum zu stören wagen. Ein ganzes Zauberreich, durch eine viele Stockwerke zählende Tiefe von der Welt getrennt. Nun, nicht ganz. Die Jahreszeiten, wie mir der Techniker erzählt, reichen auch hier hinunter und machen sich auf geheimnisvolle Weise bemerkbar. Wenn die sommerliche Hitze Unruhe in die Atmosphäre bringt und die Sommergewitter den sonst steten Strom des Abwassers unberechenbar werden lassen, dann werden auch die Maschinen hier unten nervös, und ihre Unruhe lässt etwas von den Vorgängen über dem Erdboden erahnen.

Blumige Wiesen, üppiges Gras, Quendel, Thymian, Salbei

Abwasserkanäle sind für das Thema Müll ein neuralgischer Punkt. Mit den Fäkalien begegnen wir einer der wichtigsten Arten von Abfall. Von den Fäkalien und ihrer Entsorgung aus erschließt sich, wie wir gleich sehen werden, rasch unsere ganze Welt: die Naturgeschichte, wenn wir über die Grundprinzipien des Lebens, der Organismen und der Biosphäre nachzudenken genötigt sind, und auch die Kulturgeschichte von den ersten menschlichen Siedlungen bis hin zu der Toilettenkultur der bürgerlichen Gesellschaften und der Architektur moderner Städte. Abwasserkanäle zeigen uns ziemlich schnell, dass es hier im Grunde um alles geht. «Pourquoi il y a plûtôt quelque chose que rien – wieso existiert überhaupt etwas und nicht vielmehr nichts?», bestimmte Leibniz einst als die erste Frage der Metaphysik.[17] Wieso sind die Dinge so und nicht anders? Nirgends wird man einer Antwort näherkommen als im Abwasser zwischen Schmutz und Fäkalien. Wer sich allerdings angeekelt abwendet, wird all dies verpassen. Vergessen wir es nicht: *Sapere aude!*

Nähert man sich dem Problem von seiner praktischen Seite, leuchtet sofort ein, dass die Geschichte der Abwasserkanäle mit derjenigen der Herausbildung urbaner Siedlungen verschränkt ist. Schon im Rom des sechsten vorchristlichen Jahrhunderts, als die Stadt noch nicht mehr als 100 000 Einwohner gezählt haben dürfte, wurde ein großer Abwasserkanal angelegt. Diese *Cloaca maxima* gilt als das älteste noch in Nutzung befindliche Gebäude der Welt.[18] Im Europa nach dem Niedergang des Römischen Reiches setzt sich die Kanalisation erst einmal nicht durch. Der Dreck und Gestank der mittelalterlichen Städte ist beinahe sprichwörtlich. Vom französischen König Philippe Auguste (Philipp II.) heißt es, ihm sei, als er im Jahr 1184 am Fenster sitzend die am Louvre vorbeifließende Seine betrachtete, von dem aus dem Straßenkot aufsteigenden Geruch übel geworden, woraufhin er die Pflasterung der umliegenden Wege befahl. Ludwig IX. soll Mitte des 13. Jahrhunderts gar auf dem Weg zur Messe Opfer der Unachtsamkeit eines Studenten geworden sein, der seinen Nachttopf aus dem Fenster leerte.[19] Er selbst war es denn auch, der verfügte, dass die Einwohner der Stadt durch den zuständigen Beamten zur Reinigung der Straßen und Plätze verpflichtet werden konnten. Ludwig XII. richtet 1506 eine organisierte, durch eine Steuer finanzierte Abfuhr der Fäkalien und Abfälle ein. François I. verdonnert wenig später die Bewohner der französischen Hauptstadt dazu, ihren Schmutz bis zur Abholung in Körben zuhause aufzubewahren. Für ein formelles und endgültiges Verbot, den Nachttopf in die Straße zu leeren, müssen wir allerdings die Herrschaft Ludwig XVI. abwarten, der dieses 1780 erlassen wird. Zu dieser Zeit gab es auch schon ein rudimentäres System von einigen gemauerten oder offenen Abwässern. Eine moderne Schwemmkanalisation erhält die Stadt aber erst in der Restaurationsepoche, als der Kaiser Napoléon III. 1853 den Baron Haussmann zum Präfekten von Paris ernennt und mit der rigorosen Modernisierung der Stadt beauftragt. Bis heute sichtbarstes Zeichen seiner Tätigkeit sind die das Stadtbild prägenden großen Boulevards, die Haussmann als Schneisen durch das Gewimmel der mittelalterlichen Gassen schlagen ließ. Aber auch unterirdisch entfaltet der umtriebige Präfekt seine epochemachenden Aktivitäten. In einem Memorandum entwirft er 1854 seine Vision einer sauberen Stadt:

> Die unterirdischen Leitungen, die Organe der großen Stadt, würden wie die des menschlichen Körpers funktionieren, ohne an der Oberfläche sichtbar zu werden; reines und frisches Wasser, Licht und Wärme würden darin zirkulieren wie die verschiedenen Flüssigkeiten, deren Bewegung und Unterhalt dem Leben dienen. Die Ausscheidungen würden auf verborgene Weise erfolgen und die öffentliche Gesundheit aufrechterhalten, ohne die rechte Ordnung der Stadt zu stören oder ihre äußere Schönheit zu beeinträchtigen.[20]

Der Traum wird bald Wirklichkeit. Die Stadt wird sauber, schön, hell und wohlriechend. Wohlhabende Bürger flanieren auf den weiten Boulevards und frequentieren die neu eröffneten großen Warenhäuser. Die größte Müllkippe der Stadt,

Montfaucon, verschwindet unter der romantischen Kunstlandschaft des Parc des Buttes-Chaumont. Anlässlich der Weltausstellung von 1889 schmückt sich Paris mit dem Eiffelturm und nimmt somit weitgehend die Gestalt an, die die heutigen Touristen noch kennen und lieben. Im Hintergrund, das wissen wir bereits, laufen still die Maschinen und pumpen, von Besuchern unbehelligt, unermüdlich das Dreckwasser.

Die Geschichten der französischen Metropole und ihrer Erfahrungen mit dem Dreck sind bekannt und durch die Quellenlage gut gestützt. Kein Buch zum Thema spart sie aus. In Augenblicken wie dem jetzigen, da ich diese Zeilen schreibe und Paris aufgrund eines Streiks der Müllabfuhr im eigenen Müll erstickt, finden sie sogar ihren Weg auf die Seiten der großen Zeitschriften und stoßen auf ein allgemeines Interesse.[21] Dass die Geschichte der Kanalisation allerdings nicht mit weniger Pomp auskommt, sondern eine ganze Reihe französischer Könige aufmarschieren lassen muss, sollte stutzig machen. Und, wo wir schon ins Grübeln kommen, ist es wirklich plausibel, dass Philippe Auguste der Gestank der Pariser Straßen erst auffiel, nachdem er in der neugebauten Stadtresidenz das Fenster öffnete? Und bedurfte es dazu eines Königs? Sollten nicht die leidenden Bewohner der Stadt selbst ihre fordernde Stimme erhoben haben? Die Wahrheit, die sich in diesen Geschichten ausdrückt, scheint mithin nicht die der historischen Begebenheit, sondern eine ganz andere zu sein. Der Müll-Philosoph Cyrille Harpet bringt uns auf eine andere Spur.[22] Wenn plötzlich dem König vom Gestank des Unrats übel wird, dann geht es nicht einfach um ein praktisches Problem, welches schon seit Jahrhunderten bestand. Es steht mehr auf dem Spiel. Der Körper des Königs ist betroffen, die Inkarnation der Souveränität. Es ist nicht übertrieben, zu sagen, dass es hier nicht um eine praktische Schwierigkeit in der Organisation des urbanen Lebens geht, sondern um ein ganzes Zivilisationsprojekt.

Um welche Art Zivilisationsprojekt es sich hier handelt, müssen wir herausarbeiten. Am deutlichsten zeigt sich die Wahrheit bisweilen in der Krise, und das uns interessierende Zivilisationsprojekt geriet schon in eine Krise, bevor es technisch vollendet war. 1862 brachte der Chemiker Justus von Liebig die Dramatik der Stunde in den folgenden Worten zum Ausdruck: «die Erhaltung des Reichtums und der Wohlfahrt der Staaten und die Fortschritte der Cultur und Civilisation [ist] von der Entscheidung der Kloakenfrage der Städte abhängig».[23] Was kann der Gelehrte hier meinen? Das Ereignis, auf welches sich seine Worte beziehen, hat, obgleich offenbar von existenzieller Bedeutung, keine Spuren im kollektiven Gedächtnis hinterlassen. Dabei handelt es sich um ein Ereignis, genauer eine Krise, die im 19. Jahrhundert zwar noch notdürftig abgewendet, aber niemals wirklich abgegolten wurde und daher seitdem im Hintergrund weiter schwelt. Im Essener Hauptquartier der Emschergenossenschaft weiß man von ihr. Sie lauert hinter einem bürokratischen Wortungetüm: der «Verordnung zur Neuordnung der Klärschlammverwertung vom 27. September 2017», welche «in Verbindung mit § 67 des Kreislaufwirtschaftsgesetzes vom 24. Februar 2012 (BGBl. I S. 212)» mit Geltung ab dem 1. Januar 2019 verfügt:

> Der Klärschlammerzeuger hat den in seiner Abwasserbehandlungsanlage anfallenden Klärschlamm möglichst hochwertig zu verwerten, soweit dies technisch möglich und wirtschaftlich zumutbar ist. Hierbei sind eine Rückgewinnung von Phosphor und eine Rückführung des gewonnenen Phosphors oder der phosphorhaltigen Klärschlammverbrennungsasche in den Wirtschaftskreislauf anzustreben.[24]

Hier stoßen wir unmittelbar auf das Ereignis, welches Europa aus seinem Gedächtnis getilgt hat, obwohl es das Ausmaß einer existenziellen und auch niemals gelösten Zivilisationskrise angenommen hat. Im 19. Jahrhundert ereilte es Westeuropa in

Form einer schleichenden Produktivitätskrise der Landwirtschaft. Im Laufe der Jahrhunderte hatten die Böden allmählich an Fruchtbarkeit eingebüßt, während die Bevölkerung zugleich rasant wuchs, sich nämlich im 18. und 19. Jahrhundert jeweils verdoppelte, von etwa 100 auf 200 und schließlich auf 400 Millionen Menschen. Die Einführung der Kartoffel als Feldfrucht aus Amerika hatte die Krise noch eine Weile abmildern und verdecken können. Aber im frühen 19. Jahrhundert mehrten sich die Anzeichen einer echten Subsistenzkrise. Liebig zieht als Indikator das sächsische Militärmaß für die Rekruten der Armee heran, welches von 178 Zentimetern im Jahr 1780 auf bloß noch 155 Zentimeter im Jahr 1862 fällt. Die Bevölkerung weist Anzeichen einer chronischen Mangelernährung auf, was ein Grund für die großen Auswanderungswellen der Zeit ist, die sich in den durch Genozid geräumten amerikanischen Kontinent ergießen. «Die Entsorgung der menschlichen Abfälle, die in den ‹modernisierten› und sich immer noch ‹modernisierenden› Teilen der Welt anfielen, war der eigentliche Sinn von Kolonisierung und imperialistischer Eroberung», erläutert der Soziologe Zygmunt Bauman.[25]

Als Ursache der schwelenden Krise identifizierte Liebig die «Erschöpfung des Bodens durch den Raubbau».[26] Die Bodenfruchtbarkeit, so zeigt sich plötzlich, ist das geheime, unsichtbare Fundament einer jeden Kultur. Gelehrte und Landwirte nahmen leichtfertig an, die Fruchtbarkeit würde sich von selbst regenerieren, wenn man die Äcker nur regelmäßig brachliegen lässt. Dieser Irrglaube, wähnt Liebig, hat schon in der Geschichte ganzen Weltreichen den Garaus gemacht. Er habe schon dem römischen und dem spanischen Weltreich ein Ende bereitet, und auch das moderne Europa befinde sich in einem «Proceß der Selbstvernichtung».[27] Seine junge Humusdecke verdankt der europäische Kontinent den Jahrtausenden seit der letzten Eiszeit, während derer ihn weite Wälder bedeckten. Nur die Wälder kennen eine ausgiebige Humusneubildung, wie die Pionierin der Bodenkunde Annie Francé-Harrar erläutert:

Entgegen den ukrainischen und südungarischen Böden, die niemals eine [von vollständigem Humusverlust begleitete] Eiszeit kennengelernt hatten, war im übrigen Europa nur solange eine *wirklich ausgiebige, natürliche Humusproduktion* vorhanden, als es eben dort noch die ausgedehnten Wälder, d. h. Urwälder gab. Als sie fielen, war es sehr bald zu Ende mit der Humusneubildung, und die Felder, kaum oder doch nur ganz unzulänglich gedüngt, verschlangen unwiederbringlich den Vorrat an fruchtbarer Erde. Er zerging wie Schnee an der Frühlingssonne.[28]

Liebig prophezeite eine schaurige Zukunft: Sind die Böden erschöpft, werden sich die Völker in grausamen Kriegen zerfleischen und die Mütter werden «die Leiber der erschlagenen Feinde nach Hause schleppen, um mit ihrem Fleische den Hunger ihrer Kinder zu stillen».[29]

Im frühen 19. Jahrhundert beginnen die Wissenschaftler allmählich zu verstehen, wie das Pflanzenwachstum auf der chemischen Ebene vonstattengeht. Die Pflanzen benötigen zum Wachsen Nährstoffe, die sie dem Boden entziehen, allen voran Phosphor, Stickstoff und Kalium. Den Kohlenstoff gewinnen sie in Form von CO_2 aus der Luft und verarbeiten ihn in der Photosynthese. Entgegen dem verbreiteten Irrglauben werden diese mineralischen Stoffe im Boden nicht durch natürliche Verwitterungsprozesse des Gesteins ersetzt. Mit jedem Scheffel Korn werden dem Boden unwiederbringlich Nährstoffe entzogen. «Keiner weiß, wie groß der Vorrath an Pflanzennährstoffen im Boden ist, und nur der Thor glaubt, daß er unerschöpflich sei.»[30] Liebig versteht – und versucht seiner Zeit verständlich zu machen –, «daß die Zukunft der europäischen Staaten keine feste, breite Basis hat, sondern auf der Spitze einer Nadel schwebt».

Im Europa des 19. Jahrhunderts, da die Auslaugung der Äcker allmählich deutlich wird, setzt ein verzweifelter Kampf um die Nährstoffe ein, die dem Boden zur Wiederherstellung seiner Fruchtbarkeit zugeführt werden müssen. Besonders hoch im Kurs stehen Knochen tierischen und auch menschlichen Ursprungs, wie Liebig in einer haarsträubenden Szene, die indes in keinem Geschichtsbuch verzeichnet sein dürfte, berichtet:

> Großbritannien raubt allen Ländern die Bedingungen ihrer Fruchtbarkeit, es hat die Schlachtfelder von Leipzig, Waterloo und der Krim bereits nach Knochen umgewühlt und die in den Katakomben Siciliens angehäuften Gebeine vieler Generationen verbraucht, und zerstört jährlich noch die Wiederkehr einer künftigen Generation von drei und einer halben Million Menschen; einem Vampyr gleich hängt es an dem Nacken Europas, man kann sagen der Welt, und saugt ihr das Herzblut aus, ohne zwingenden Grund und ohne dauernden Nutzen für sich.

Die Länder gehen tatsächlich dazu über, die Äcker mit menschlichen Knochen zu düngen, die zu diesem Zweck aus Friedhöfen und Schlachtfeldern ausgegraben, gehandelt und zu Mehl zermalen werden. Allein, diese verzweifelten Maßnahmen sind «ohne dauernden Nutzen», weil sie an die eigentliche Ursache des Problems nicht rühren. Und worin liegt diese? «Die ganze ungeheure Menge von Düngstoffen, welche England jährlich einführt, fließt zum bei weitem größten Theil wieder in den Flüssen dem Meere zu», erläutert Liebig. Und damit sind wir bei unserem Thema, der Kloakenfrage. Die Wurzel allen Übels liegt – in der Kanalisation! Liebig erläutert:

> In […] größeren Städten, namentlich solchen, die an Flüssen liegen, bestehen seit Jahrhunderten unterirdische Abzugscanäle und Kloa-

ken, welche darauf berechnet sind, die Excremente des Menschen, die als Düngstoffe den meisten Werth haben, als Schädlichkeiten von der Stadt ab- und den Flüssen zuzuführen.

Hier sind wir am Kern des Problems angekommen. Liebig spricht von einem «Eingriff in den Kreislauf des Lebens», womit schon das 19. Jahrhundert einen ernsthaften ökologischen Gedanken fasst. Liebigs Alarmruf verklang auch nicht ungehört – zumindest nicht bei denjenigen seiner Zeitgenossen, die Ohren hatten, zu hören. Victor Hugo greift Liebigs Ideen in seinem Roman *Les Misérables* von 1862 auf, ein geheimer Schlüsseltext der Müllliteratur, der uns nun immer wieder begegnen wird:

Paris wirft jährlich fünfundzwanzig Millionen Franken ins Wasser. Und zwar ist dies keine bloße Redensart. Wie? Tag und Nacht. Zu welchem Zweck? Zu gar keinem. Was denkt es sich dabei? Nichts. Mittels welches Organes? Mittels seiner Eingeweide, seiner Kloaken. [...]

Die Haufen Unrath an den Zäunen, die abscheulichen Abfuhrtonnen, die des Nachts durch die Straßen gefahren werden, der widerwärtige Koth, der unter dem Pflaster weggeschwemmt wird, – wißt Ihr, was für Kostbarkeiten mit diesem Schmutz verloren gehn? Blumige Wiesen, üppiges Gras, Quendel, Thymian, Salbei, allerhand Wild, Vieh, duftiges Heu, goldne Kornähren, Brod, warmes Blut, Gesundheit, Freude, Leben! So will es das geheimnißvolle Schöpfungsgesetz, das auf Erden beständigen Wechsel und im Himmel die Verklärung bewirkt.

Gebt den Unrath dem großen Kreislauf der Natur und unermeßlichen Reichthum werdet Ihr wiederbekommen. Freilich dürft Ihr, wenn es Euch so beliebt, diesen Reichthum Euch entgehen lassen und mich obendrein noch auslachen. Aber damit würdet Ihr nur Eure ungeheure Unwissenheit kund thun.[31]

Einen anderen sehr aufmerksamen Leser fand Liebig in niemand anderem als Karl Marx, der zur selben Zeit wie Hugo an seinem Hauptwerk, *Das Kapital*, schrieb. Liebigs Ausführungen mussten Marx unmittelbar einleuchten, weil er ja im Grunde dasselbe Phänomen, das Liebig im primären Sektor der Landwirtschaft beschrieb, im sekundären Sektor der industriellen Produktion analysierte: Raubwirtschaft, Ausbeutung von Mensch und Natur. Zudem hängen beide Phänomene im Kapitalismus des 19. Jahrhunderts direkt miteinander zusammen. Als die verarmende Landbevölkerung in die Städte floh, um sich dort in den neu entstehenden Fabriken zu verdingen, wächst die urbane Bevölkerung schlagartig an. Kanalisationen werden notwendig, um die großen Mengen an menschlichen Exkrementen zu evakuieren. Marx sieht den Zusammenhang und benennt ihn in einem rhetorischen Donnerschlag:

> das große Grundeigenthum [reduciert] die agrikole Bevölkerung auf ein beständig sinkendes Minimum und setzt ihr eine beständig wachsende, in großen Städten zusammengedrängte Industriebevölkerung entgegen; es erzeugt dadurch Bedingungen, die einen unheilbaren *Riß* hervorrufen in dem Zusammenhang des gesellschaftlichen und durch die Naturgesetze des Lebens vorgeschriebnen Stoffwechsels, infolge wovon die Bodenkraft verschleudert und diese Verschleuderung durch den Handel weit über die Grenzen des eignen Landes hinausgetragen wird.[32]

In Klammern setzt Marx hinzu: «Liebig.» Der «unheilbare Riß». Ein «Eingriff in den Kreislauf des Lebens». Damit ist eine zentrale Gedankenfigur des Nachdenkens über den Müll in die Welt gesetzt, die bis heute nichts an Aktualität eingebüßt hat. «Kreislaufwirtschaftsgesetz», «Klärschlammverwertung» und «Phosphatrückgewinnung» zeugen davon. Aber worin genau besteht der von Liebig benannte «Kreislauf»?

Hier stoßen wir tatsächlich auf das letzte Element, welches uns für unser Nachdenken über den Müll noch fehlt und das uns übrigens auch erlauben wird, den Begriff des Anthropozäns vollends zu durchdringen.

Biß er sich ißt gantz und speyt,
sich tödt und das Leben schafft

Der Kreislauf, von dem Liebig spricht, besteht, wie wir schon erraten konnten, in dem Umlauf der für das Pflanzenwachstum unabdingbaren chemischen Elemente. Dass eine Pflanze, der die Nahrung genommen wird, verkümmert, ist leicht einzusehen. Der schwierigere Teil besteht in der Frage, wie der Kreislauf in einem intakten Ökosystem funktioniert. Was treibt ihn an – und welches sind seine Zahnräder und Transmissionsriemen?

Die erste Frage ist noch recht leicht zu beantworten, und bei meinen Müll-Studien kommt mir hier die Ausbildung als Physiker zugute. Der Motor allen Lebens auf der Erde ist die Sonne. Die Sonne versorgt unseren Planeten ständig mit Energie in Form von Licht. Was wir davon haben, ist allerdings schon wieder eine schwierigere Frage. Atmosphäre und Materie absorbieren einen Teil der einfallenden Strahlung, wärmen sich auf – und geben diese Energie ihrerseits in Form von Wärmestrahlung an den unseren Planeten umgebenden kalten, leeren Weltraum ab. Die Erde bezieht unterm Strich also gar keine Energie von der Sonne, sondern befindet sich, wie man in der Physik sagt, in einem Strahlungsgleichgewicht. Sie ist lediglich ein Knotenpunkt im Energiestrom zwischen Sonne und Weltall, ein Durchflusspunkt. Allein, hier lässt sich schon eine Gemeinsamkeit mit dem Rätsel des Lebens ausmachen. Auch wir Menschen sind ja bloß solche Durchflusspunkte. Wir sind einen Gutteil unserer Zeit damit beschäftigt,

Energie und Materie aufzunehmen, nur um diese wieder an die Umwelt abzugeben, nämlich in Form von mechanischer Arbeit, Abwärme und Fäkalien. Leben ist kein Anhäufen von Energie, sondern ein Fließen derselben, ein Durchfließen durch unseren Körper. Dies ist allerdings noch nicht die ganze Wahrheit über das physikalische System von Sonne, Erde und Weltall. Die Energie verändert im Durchfluss durch den Planeten, aber auch durch unsere Körper, ihre Form. Sie erreicht den Planeten als Licht und verlässt ihn als Wärme. Sie erreicht unseren Körper in Form von Nahrung – komplexe Kohlenstoffverbindungen – und verlässt ihn als Kot. Es hat viele Jahrhunderte gedanklicher Anstrengung gebraucht, bis man im 19. Jahrhundert verstand, dass Wärme, Arbeit, Elektrizität und bestimmte chemische Zustände eigentlich nur Formen ein- und derselben ihnen zugrundeliegenden Energie sind. Wenn Wasser ein Mühlrad antreibt, verwandelt sich seine sogenannte potenzielle Energie – also die Höhe im Schwerefeld der Erde – in kinetische Energie, nämlich die Rotation des Rades. Wo im Räderwerk der Mühle Holzteile aneinander reiben, verliert man von dieser Bewegungsenergie in Form von Wärme. Dies ist der sogenannte erste Hauptsatz der Thermodynamik, der heute als Prinzip der Energieerhaltung durchaus physikalische Allgemeinbildung darstellt: Energie entsteht nicht und vergeht nicht, aber kann ihre Form verändern. Zugleich verstand man aber auch – und hier entfernen wir uns schrittweise von der physikalischen Allgemeinbildung –, dass sich solche Transformationen nicht beliebig vornehmen lassen. Bewegung oder Elektrizität können Wärme erzeugen, aber Wärme nicht ohne Weiteres Bewegung und Elektrizität. Dazu benötigt man hohe Temperaturen, wie man sie in einem Kraftwerk erzeugt. Aber die Wärmeverluste im Mechanismus der Mühle oder die Umgebungswärme in der geheizten Wohnung sind für die weitere Verwendung wertlos.

Um diesen Sachverhalt beschreiben zu können, prägte man

den Begriff der Entropie. Die Entropie beschreibt, wie gut sich die Energie in einem Zustand nutzen und transformieren lässt. Entscheidend dafür ist sozusagen die Dichte oder Konzentration der Energie in den Mikrozuständen ihres Mediums. Im einfallenden Sonnenlicht – um auf das uns eigentlich interessierende Beispiel von Erde und Biosphäre zurückzukommen – ist die Energie in einem ziemlich scharfen Spektrum konzentriert. In der Wärmestrahlung, welche die Erde in das Universum entlässt, ist genau dieselbe Menge Energie enthalten, aber über ein weites Spektrum von Wellenlängen verteilt und damit nicht mehr zugänglich. Die Geschichte vom Aschenputtel mag dies illustrieren. Ob die Linsen nun gelesen sind oder nicht, ändert nichts an ihrem Nährwert. Aber zugänglich ist dieser erst, wenn die guten Linsen in einen Behälter gelesen worden sind, während sie in der Durchmischung mit den schlechten erst einmal unbrauchbar bleiben.

Ein ehernes Naturgesetz, welches wir alle aus mühseliger Alltagserfahrung kennen und das uns das Aschenputtel als kleine Schwester des Sisyphos zur Personifizierung der menschlichen Existenz werden lässt, nämlich der zweite Hauptsatz der Thermodynamik, besagt, dass in allen Prozessen die Entropie immer zunimmt. Die Energie verteilt sich immer mehr, verschwimmt in den Mikrozuständen und wird immer unzugänglicher, aber niemals konzentriert sie sich, zumindest nicht von allein. Das Aschenputtel und ihre boshafte Stiefmutter wissen dies nur zu gut: Unordnung entsteht von allein, für Ordnung muss man sorgen. Dass das Aschenputtel Ordnung herstellen kann und sich die guten von den schlechten Linsen trennen lassen, beweist, als Naturgeschehen betrachtet, nicht das Gegenteil. Das Aschenputtel muss viel Energie in die Arbeit investieren, die sie in Form von hochwertiger (niederentropischer) Nahrung ihrem Körper zugeführt hat und in Form von niederwertiger (hochentropischer)

Abwärme während der Arbeit an die Umgebung abgibt. Ein solcher Prozess ist immer unökonomisch. Für das bisschen Ordnung im Linsenglas verursacht das Aschenputtel unverhältnismäßig viel Unordnung in ihrer Umwelt in Form von Wärme und Fäkalien. Und warum können wir das Geschäft unseres Lebens mit einer solch miserablen Bilanz überhaupt führen? Weil es auf Erden in Wahrheit keinen Grund zur Sparsamkeit gibt, weil nämlich die Sonne jeden Morgen aufgeht und uns freigiebig mit Energie in ihrer hochwertigsten Form versorgt, auf dass wir sie verschwenden mögen.

An dieser Stelle sind wir nun ganz zwanglos an den absoluten theoretischen Nullpunkt des Mülls gelangt. Hier offenbart sich der kosmologische Kern des Mülls. Die Erde empfängt hochwertige Energie und gibt sie als niederwertige Energie wieder ans Universum ab. In energetischer Hinsicht hat sie dabei nichts gewonnen noch verloren. In entropischer Hinsicht stellt sich dasselbe Geschehen indes ganz anders dar: Die Erde entwertet die Energie. Sie erzeugt in ihrem Innern gewaltige Mengen Entropie, die sie ins Universum ablädt. Der bloße Energiedurchfluss entpuppt sich als reinigender Strom, als gewaltiger Mechanismus der Entropieabfuhr. Nutznießer ist – das Aschenputtel, nämlich das Leben auf Erden. Es kann – scheinbar entgegen der Forderung des zweiten Hauptsatzes der Thermodynamik – in immer komplexeren Strukturen gedeihen, weil hinter seinem Rücken das Strahlungsgleichgewicht der Erde die Entropie abführt. Die Entropie entpuppt sich somit als der kosmische Kern des Mülls. Ohne diesen Müll kein Leben.

Müll hat also auch eine «natürliche» Seite, nämlich eine naturhistorische Realität. Folgt daraus, dass Müll natürlich ist und das Müllproblem mithin gar nicht besteht? Wir werden bald sehen, dass die Dinge komplizierter sind. Aber es ist sehr nützlich, von dieser naturhistorischen Facette zu wissen, da in der umfangreichen kulturwissenschaftlichen Literatur eine genau umgekehrt vereinseitigende Tendenz besteht, den Müll rein kulturell zu betrachten, nämlich auf ein bloßes Wert- oder Geschmacksurteil zu reduzieren, wie bei einem aus der Mode gekommenen Möbel- oder Kleidungsstück, welches wir wegwerfen, weil wir keinen Gefallen mehr an ihm finden.

Zugleich mit dem kosmischen Kern des Mülls haben wir – nicht zufällig – das Grundprinzip des Lebens kennengelernt. Leben basiert auf der Bildung von Strukturen dank dem Durchfluss von Energie und Materie, die zugleich eine Abfuhr von Entropie gewährleisten. Die basalste Struktur ist die lebende Zelle. Ihr augenfälligstes Merkmal ist die Zellwand, die sie von der übrigen Umwelt trennt. Wo zuvor ein kontinuierliches Fließen und Strömen von Materie war, grenzt sich plötzlich ein Innen gegen ein Außen ab – ein «inneres Milieu» gegen ein «äußeres» oder «kosmisches Milieu», wie der französische Physiologe Claude Bernard im 19. Jahrhundert sagte.[33] Das Geheimnis dieser Struktur liegt in ihren Selbststabilisierungsmechanismen, die Bernards US-amerikanischer Kollege Walter B. Cannon auf den Namen der Homöostase taufen sollte. Cannon sprach bei diesem Grundprinzip des Lebens von der «Weisheit des Körpers», und diese Worte, die esoterisch anmuten können, sind nicht unpassend gewählt, da wir hier tatsächlich in die Weisheit der Natur Einblick erhalten und von ihr lernen können.[34] Der Homöostase gelingt das kleine Wunder, Lebewesen, die aus der sehr empfindlichen organischen Materie bestehen, in einem Universum bestehen zu lassen, dessen ruppige Kräfte eigentlich nur das Schlimmste ahnen lassen. Das Erfolgsgeheimnis der Natur liegt dabei darin, die Schwäche der organischen Materie nicht durch Zusatzvorrichtungen wie etwa einen Panzer zu kompensieren, sondern die Schwäche selbst zu einer Stärke zu machen. Es ist ja gerade die Empfindlichkeit dieser Materie, die dazu führt, dass sie den auf sie einwirkenden Kräften nicht einfach ausgesetzt ist – um dann sehr schnell zerdrückt, zerstrahlt, zerkocht oder zu Eis gefroren zu werden –, sondern auf diese *reagieren* kann, und zwar in einer der Ursache genau entgegengesetzten Weise. Hitze gart uns nicht, sondern aktiviert die Schweißdrüsen, die den Körper über die Verdunstung ihrer Sekretionen kühlen. Helligkeit lässt die Pupille sich kontrahieren, wodurch die Netzhaut geschützt wird. Organismen verhalten sich damit nicht wie passive physische Objekte. Ein Stein heizt sich in der Sonne auf, um in der Kühle der Nacht die Wärme wieder zu verlieren. Er folgt damit den Parametern, die seine Umwelt vorgeben. Ein Lebewesen kühlt sich in der Mittagshitze, während es sich in der Kälte durch Zittern zu wärmen beginnt. Es erreicht damit eine Stabilisierung der inneren Temperatur gegen äußere Schwankungen. Bedingung dafür ist der Austausch von Energie und Materie mit der Umgebung, also der sogenannte Stoffwechsel oder Metabolismus.

Es mag scheinen, also würden wir uns mit diesen Ausführungen vom Thema Müll ungebührlich entfernen, aber dem ist nicht so. Müll ist ein Problem, und wir studieren gerade, wie die Natur ihre Probleme löst. In der Bewertung moderner Mülltechnologien werden wir also dankbar auf diese Einsichten zurückgreifen können. Aber auch für die begriffliche Bestimmung dessen, was der Müll eigentlich ist, wird sich die Vorarbeit, die wir hier leisten, als wichtig und fruchtbar erweisen. Wir werden insbesondere sehen – wie ich hier nur andeuten will –, dass Müll sehr viel mit der Trennung zu tun hat, die wir als Grundtatsache des Lebens kennengelernt haben, nämlich der Trennung zwischen innerem Milieu und äußerer Umwelt. Müll passt nicht in die Trennungen, und er überschreitet die Trennlinien. Unsere Gesellschaft stößt Materie aus ihrem Innern aus, die dann zu Müll wird. Sie stößt durch Exklusion Menschen aus, die ihren sozialen Abfall darstellen. Aber auch bei unserem eigenen Körper ist der Grenzübertritt ein kritischer Moment, in welchem was eben noch körpereigen war, eine eigene Existenz als das andere unserer selbst erlangt: Fäkalien, Schweiß, Speichel, Blut – aber durchaus auch ein Kind bei der Geburt. Diese Zusammenhänge werden wir noch genauer zu erforschen haben.

Mit der einzelnen Zelle haben wir aber auch den Punkt erreicht, von dem aus wir uns endlich erschließen können, was Liebig mit dem «Kreislauf des Lebens» meinte, den nach Marxens Diagnose die Moderne zerrissen hat. Die einfachsten Lebewesen bestehen bloß aus einer Zelle, nämlich die Einzeller wie Bakterien und manche Pilze und Hefen, und sie spielen eine entscheidende Rolle im Kreislauf des Lebens. Wir sind ihnen bereits einmal begegnet, in Bitterfeld, wo die Braunkohle von dem unerwarteten Ausmaß ihres Wirkens zeugte. Ist die Sonne der Antriebsmotor des Kreislaufs des Lebens, so sind es die Bakterien, die seine Zahnräder und Transmissionsriemen bilden. Wollen wir ihr Wirken verstehen, verabschieden wir uns allerdings aus der Physik und müssen uns für einen Moment der Mikrobiologie zuwenden. Im Rahmen meines Müllstudiums habe ich auch einige Bücher über die Mikrobiologie zur Hand genommen, allgemeine Einführungen wie auch zu Spezialgebieten wie der Mikrobiologie der Umwelt und der Böden. Für diese Lektüre war ich durch meine wissenschaftliche Ausbildung indes schlecht vorbereitet. Als Physiker habe ich gelernt, auf Strukturen zu achten und auch im Komplizierten nur das Ergebnis des Wirkens einiger einfacher Grundprinzipien zu suchen. Aber die Wissenschaft der Mikrobiologie entspricht dieser Erwartungshaltung nicht. Schon nach wenigen Schritten verliert man sich in einem verwirrenden und völlig unübersichtlichen Sammelsurium aus Einzeltatsachen. Dieser Zustand ist dabei nicht etwa der schlechten Arbeit der Wissenschaftlerinnen und Wissenschaftler geschuldet, sondern spiegelt einfach die Verfassung seines Gegenstands wider. Wir kennen heute etwa 10 000 Arten von Bakterien, die damit nur ein halbes Prozent der beschriebenen Lebewesen ausmachen. Die wirklichen Verhältnisse dürften aber genau umgekehrt sein. Man geht von einer Zahl zwischen 200 Millionen und über 5 Milliarden verschiedener Arten von Bakterien in der Welt aus, die somit bis zu 90% der Biodiversität und ungeachtet ihrer Winzigkeit immerhin noch etwa 15% der globalen Biomasse ausmachen, nämlich 70 Gigatonnen von den insgesamt 550 Gigatonnen, von denen mit 80% das Gros auf das Pflanzenreich entfällt.[35] Das Reich der Mikrobiologie schäumt mithin vor Vielfalt über. Wo man hinschaut, gibt es Neues und Einmaliges zu entdecken, womit das Einzelne und Besondere den Sieg vor dem Allgemeinen davonträgt.

Vielleicht ist dies ein Zugeständnis an das Anthropozän, welches von uns verlangt, uns auf das Einzelne einzulassen, allen voran diese eine Erde mit ihren Bewohnern. Die Wissenschaft wird im Anthropozän dann nicht mehr unhinterfragt dem Ideal der Physik mit ihren allgemeinen Prinzipien und universellen Gesetzen folgen, sondern eher wie die Geologie oder eben die Mikrobiologie aussehen. Wer weiß. An dieser Stelle müssen wir gleichwohl aus rein praktischen Gründen versuchen, uns an die allgemeinen Prinzipien im Leben der Mikroorganismen und ihrem Wirken in der Biosphäre zu halten.[36]

Mikroorganismen sind in mehrfacher Hinsicht der Sockel, auf dem das komplexere Leben in der Biosphäre beruht – evolutionär wie auch systematisch.[37] Sie sind winzig – Bakterien messen nur einen millionstel Meter (oder einen Mikrometer), Pilze etwa das Zehnfache. Aber die Größe schränkt sie in ihrer Aktivität nicht ein. Im Gegenteil, je kleiner ein Organismus, desto aktiver der Stoffwechsel, desto höher die Atemfrequenz und der Puls, und desto größer auch das Verhältnis von Körperoberfläche und -volumen. Mikroorganismen haben im Verhältnis zu ihrer Masse eine millionenfach größere Kontaktfläche zur Umwelt, in welcher sie mit enormer Geschwindigkeit ihre Aktivitäten entfalten – oder umgekehrt gesagt: Den Mikroorganismen müssen wir Menschen wie in sich selbst zurückgezogene, schlafende Riesen vorkommen. Die Aktivität reduziert sich, von rudimentären Fähigkeiten der Lokomotion abgesehen, auf den Stoffwechsel. Während aber Pflanzen und Tiere je einen sehr ähnlichen Stoffwechsel haben – z. B. die Veratmung von Sauerstoff zu CO_2 bei uns Tieren –, kennen Bakterien hier eine erstaunliche Vielfalt. Sie können sich eine enorme Menge an verschiedenen Substanzen als Nährstoffe erschließen, weshalb sie sich auch als Bioremediatoren in verseuchten Böden eignen. Die ersten Bakterien, die auch die ersten Lebewesen bildeten, waren «litho- und phototroph», bezogen ihre Energie also aus dem Licht oder ernährten sich von Mineralien. Ihren Stoffwechsel betrieben sie ohne Sauerstoff, «anaerob», schlicht weil es in der Uratmosphäre keinen solchen gab. Noch heute finden sich solche Bakterien auf der Erde, z. B. am Rande von heißen Quellen in der Tiefsee. Auch in den Wurzeln der Bäume herrscht eine absolute Armut an Sauerstoff. Wie wir schon früher gelegentlich erwähnten, waren es allerdings auch Bakterien, namentlich die Cyanobakterien oder Blaualgen, die vor etwa 2,4 Milliarden Jahren auf der Erde die «Große Sauerstoffkatastrophe» auslösten. Die phototrophen Cyanobakterien, die damals neu entstanden, stießen als Stoffwechselprodukt Sauerstoff aus. Über lange Zeit wurde der Sauerstoff von der Lithosphäre absorbiert, indem zum Beispiel elementares Eisen zu Rost oxidierte (womit die vordem schwarze Erde vorübergehend rot wurde). Schließlich aber reicherte sich der Sauerstoff in der Atmosphäre an – für das damalige Mikrobiom der Erde eine Katastrophe, da der Sauerstoff für die obligat anaeroben Bakterien tödlich war. Sie sind an den Ausscheidungen ihrer Mitbewohner zugrunde gegangen.

Die Cyanobakterien verursachten somit vermutlich eines der großen Massensterben in der Erdgeschichte, schufen zugleich aber mit der sauerstoffhaltigen Atmosphäre die Voraussetzung für die Entstehung von Lebensformen, wie wir sie heute kennen und zu denen wir selbst zählen. Die Prinzipien von Nischenkonstruktion und Koevolution lassen sich hier bilderbuchartig studieren. Es entstanden neue Bakterienstämme, die Sauerstoff veratmen können, mit der Zeit aber auch Pflanzen und höherentwickelte Tiere, die Sauerstoff atmen. Für sie ist der Sauerstoff keine giftige Ausscheidung mehr, sondern eine lebensspendende Frucht. Als neue Nahrungsquelle erschlossen sie sich sogleich auch das organische Material der Pflanzenwelt – sie wurden «organotroph» oder «heterotroph» (weil sie sich nicht mehr nur von totem Material, sondern den Resten anderer Lebewesen ernähren). Die heterotrophen Bakterien machen sich die Menschen in vielen Prozessen der Veredelung und Konservierung von Lebensmitteln zunutze. Man denke an die – anaerobe – Vergärung von Zucker zu Alkohol im Wein, die aerobe Veratmung desselben zu Essig oder die wiederum anaerobe Fermentierung von Weißkohl zu Sauerkraut.

An dieser Stelle sind wir endlich auch in der Lage, die Leistung der Bakterien im «Kreislauf des Lebens» zu ermessen. Die Biosphäre kennt Kreisläufe von vielen Stoffen – Kohlenstoff, Stickstoff, Phosphor –, die von Pflanzen aufgenommen werden und später als totes organisches Material wieder in den Boden eingehen. Die chemischen Umwandlungen, denen die Stoffe unterliegen, sind oft keine automatisch ablaufenden Reaktionen, sondern werden an vielen Stellen von Bakterien betrieben. Bakterien sorgen dafür, dass die Stoffe Formen annehmen, in welchen sie wieder von den Pflanzen aufgenommen werden können.

Aus mülltheoretischer Sicht sind dabei zwei Merkmale besonders interessant. Das erste ist der geschlossene Stoffkreislauf. Die Erde ist ein energetisch offenes System, wie wir sahen. Materiell aber sind die Erde und die mannigfaltigen Ökosysteme in ihr weitgehend geschlossen. Die Natur verdaut sich also permanent selbst. Man mag an das Bild des «Ouroboros» denken, des sich selbst verzehrenden Schlangentiers, das in vielen Mythologien der Welt auftaucht: «Biß er sich ißt gantz und speyt / sich tödt und das Leben schafft», wie der Alchemist Michael Maier einst schrieb.[38] Richtiger wäre es lediglich, die Schlange sich nicht in ihren eigenen Schwanz beißen, sondern sich von ihrem eigenen Kot ernähren zu lassen. Dann hätte man ein recht gutes Bild von einem Ökosystem – bis auf ein Detail: ein solcher Selbsternährer oder Autophage würde ein *perpetuum mobile* darstellen, das seine Lebensenergie aus dem Nichts bezieht, was für Ökosysteme natürlich nicht zutreffen kann. Sie werden vom Sonnenlicht durchflutet und angetrieben. Aber dies ist, physikalisch betrachtet, der einzige Unterschied.

Eine erste Schlussfolgerung liegt auf der Hand: Nahrung ist durch Sonnenlicht gereinigter Kot. Müll im strengen Sinne ist in der Natur weitgehend unbekannt. Entropie fließt ins Universum ab, Materie wird umgehend recycelt. Daran ändert auch die Tatsache nichts – eine zweite Korrektur am Bild des Ouroboros –, dass die Schlange in verschiedene Organismen zerfällt. In der Mythologie kennt man auch das Bild von zwei Schlangen, die sich gegenseitig in den Schwanz beißen, was der Wirklichkeit näherkommt: Das Tier ernährt sich von den Früchten der Pflanze, die auf seinem Kot wächst, wobei die Unterscheidung von Frucht und Kot hier eben eigentlich obsolet wird. Die verschiedenen Lebewesen ordnen sich in Ökosystemen zudem zu komplexen Hierarchien: Pflanzen, die Photosynthese betreiben, Herbivore, die diese Pflanzen essen, Karnivore, die wiederum die Herbivore essen. In der aufsteigenden Kette wird die Nahrung schrittweise zu tierischen Proteinen und Fetten veredelt, aber ihren unverzichtbaren Anfang hat sie in der Photosynthese. «Wir sind alle Kinder der Sonne», befand der sowjetische Geochemiker und Biosphärenforscher Vladimir Vernadsky.[39]

Nicht weniger wichtig ist eine zweite Struktureigenheit von Ökosystemen, die man als Verschachtelung bezeichnen könnte. Die Organismen sind nicht einfach hintereinandergeschaltet, sondern vielmehr auch ineinander. An wichtigen Relaispunkten sitzen die Mikroorganismen, und diese besiedeln die anderen Organismen und wandern in sie ein. Wir kommen hier auf das Mikrobiom des Menschen zu sprechen. Schon in rein quantitativer Hinsicht sind die Verhältnisse beeindruckend. Der menschliche Körper besteht aus ca. 30 Billionen Zellen. (Zur Einordnung: Unsere Galaxie, die Milchstraße, umfasst wohl mehrere Hundert-Milliarden Sterne, also hundertmal weniger als es Zellen im Körper gibt. Allerdings ist die Milchstraße nur eine kleine von geschätzten einer Billion Galaxien im Universum.) Das Mikrobiom des Menschen setzt sich zugleich aus etwa 3,8 Billionen Mikroorganismen zusammen – Bakterien, Pilze, Viren und Protozoen in einer Vielfalt von fast 3000 Arten. Auch wenn diese nur auf ein Gesamtgewicht von 200g kommen, besteht ein Mensch mithin aus mehr «fremden» Bakterien denn aus eigenen Zellen. Für das Erbgut ist das Verhältnis noch beeindruckender: Den etwa 23 000 eigenen Genen stehen etwa drei Millionen Gene des Mikrobioms gegenüber. Die quantitative Diagnose wird durch die qualitativen Verhältnisse aber noch übertroffen. Zwischen Tieren und ihrem Mikrobiom hat sich im Laufe der Evolution eine Symbiose eingespielt, die so eng ist, dass sie für alle Partner zu einer Lebensnotwendigkeit wurde. Wir können nicht ohne das Mikrobiom in unserem Körper leben, welches seinerseits in einem solchen Grade auf unseren Darm als Biotop spezialisiert ist, dass es außerhalb davon nicht überleben würde. Organismus und Mikrobiom haben sich zu einer Einheit verschweißt, die von der Evolution auch nur noch als solche wahrgenommen werden kann, sprich: Die natürliche Auslese kann nicht den einen ohne den anderen selektieren. Es wurde jüngst in der Biologie daher vorgeschlagen, solche

Lebensgemeinschaften als Kollektivindividuen zu betrachten, die man als «Holobiont» bezeichnet.[40] Schon 1950 schrieb Annie Francé-Harrar visionär: «Einen Teil der Arbeit übernehmen vom Menschen bis zu den Insekten die Symbionten, die überall die Eingeweide bewohnen. Man müßte sie von Rechts wegen irgendwie in den Organismus mit einrechnen, denn sie gehören in einem erweiterten Sinne mit dazu. Ihr Dasein ist etwas wie eine Parallele zum Dasein ihrer Wirte.»[41] Wir sind mithin Wesen, die nur im Kollektiv existieren. «Um überhaupt ein Einzelnes sein zu können, müssen wir ein Viele sein», fasste Donna Haraway zusammen.[42] Illusionen von Autonomie, wie sie die wunderbare Fähigkeit der Homöostase provoziert haben mag, werden hier postwendend zurückgewiesen: Wir hängen von der Sonne ab und von den Bakterien und Pilzen, die uns bevölkern. Jede und jeder einzelne «schwebt auf der Spitze einer Nadel», wie es schon Liebig für unsere gesamten Gesellschaften formuliert hatte. Allein, inmitten von Milliarden Organismen, die alle auf der Spitze einer Nadel stehen, sich aber gegenseitig stützen – von Außen wie sogar von Innen, in Ökosystemen wie als Superorganismen –, steht man außerordentlich fest. Die müllphilosophische Bedeutung dieses zweiten Aspekts zeichnet sich hier schon ab: Wir leben nicht nur im und vom Dreck, sondern er schreibt sich auch auf vertrackte Weise in unsere Identität und Autonomie als Lebewesen ein.

Wie die Gipfel eines schneebedeckten Gebirges

Besondere Bedeutung kommt dem Mikrobiom natürlich beim Stoffwechsel zu, also an der Kontaktfläche zwischen dem Organismus und den Nährstoffen aus der Umwelt. Diese Kontaktfläche muss für eine gute Aufnahme der Nährstoffe möglichst groß sein. Die stationären Pflanzen benutzen dazu ihr

Wurzelwerk, welches sich in immer feineren Verästelungen in die nährstofftragende Erde gräbt und dabei enorme Ausmaße annimmt. Einem Lehrbuch der Pflanzenwissenschaft entnehme ich, dass eine ausgewachsene Roggenpflanze «über 10 Mrd. Wurzelhaare aufweist, deren Gesamtlänge 10 000 km erreicht und deren Gesamtoberfläche einem Quadrat von 20 m Seitenlänge gleichkommt».[43] Bei Sträuchern und Bäumen übertrifft die Oberfläche des Wurzelwerks damit die des Laubwerks. Wir ortsbeweglichen Tiere haben eine andere Strategie gewählt und stülpen keine Wurzeln nach außen aus, sondern ein Verdauungssystem nach innen ein.[44] Man muss dafür – mülltheoretisch relevant und brisant – gar nicht zwischen Mund und After unterscheiden, und manche einfache Lebewesen wie Seeanemonen verfügen tatsächlich nur über eine einzige Öffnung zu der inneren Verdauungsmulde, durch welche Nahrung aufgenommen und Kot ausgestoßen wird. Die Gründe für die Evolution eines durch den Organismus hindurchreichenden Verdauungssystems mit voneinander getrenntem Mund und Anus ist eine in der Biologie nicht vollständig geklärte Frage.[45] Wie die Wurzeln der Pflanzen kommt auch der Darm durch die Ausstülpung in sogenannten Darmzotten auf eine große Oberfläche, beim Menschen bei einer Länge von 5 m mehr als 30 m^2.[46] Diese Oberfläche ist eng besiedelt mit Milliarden von Mikroorganismen, die, in Symbiose mit unserem Körper lebend – d. h. *uns* helfend, indem sie *sich* von unserer Nahrung ernähren –, wichtige Funktionen ausüben: In einem komplexen Zusammenspiel mit den körpereigenen Enzymen fermentieren sie nicht nur Nährstoffe und spalten komplexe Kohlenhydrate, Proteine und auch Fette in kleine Einheiten auf, die vom menschlichen Organismus absorbiert und verwertet werden können; sie schützen auch unseren Körper vor pathogenen Mikroorganismen und spielen eine Rolle in der Regulierung des Immunsystems.[47] Die toten Mikroorganismen scheiden wir mitsamt allen anderen

Resten aus, womit wir endlich auch einen wissenschaftlichen Begriff vom Kot als einer der wichtigsten Formen des Abfalls erhalten:

Das ist ein buntes Gemisch von nicht mehr gebrauchsfähigen Dingen: Eingedickte Reste der notwendigen Sekrete, welche die chemische Verdauung gesteuert haben, also Galle, Pankreassaft, Darmsäfte, Speichel, Cholesterine, Pepsin, Salzsäure, Trümmerwerk von Blutzucker und Darmschleim. Dazu der Tribut der täglichen Organabnützung in Form von abgeriebenen und ausgestoßenen Epithelzellen der Darmwände, von zerfallenen roten und weißen Blutkörperchen, von Bausteinen aus den Nierenkanälen und der Feinstruktur der Leber. Das alles mischt sich mit den unverwertbaren Nahrungsresten, als da sind: harte Pflanzen- und Muskelfasern, unaufgeschlossenes Bindegewebe, Stärkekörner, meist nur anverdaut, überschüssige Fetttropfen, auch Kristalle irgendwelcher Art, oft die dunklen, oxalsauren Salze, die nicht mehr aufgelöst werden. An ihnen haften die Substanzen, die aus der unentbehrlichen Darmfäulnis herrühren, ohne die kein Bissen verdaut werden kann und die nur Halbprodukte der Aufspaltung sind: Schwefelwasserstoff, Methan, Skatol, Indol und alle die Stinkgase, die dem Dickdarm entstammen. Das Bilirubin der Galle entwickelt sich zu Sterkobilin und färbt die Masse in allen braunen Tönen, sie zugleich bis zu einem gewissen Grad desinfizierend. […] Und dieses ganze Wirrsal von Resten verschiedenster Art ist nun durchsetzt mit Bakterien, die an seiner Aufspaltung von Anfang an beteiligt waren. Vor allem der äußerst wichtige Coli (*Bacterium coli commune*), das Kohlehydrate verzehrende *Bacterium lactis aerogenes* und das schon erwähnte *Bacterium putrificum*, das sich über halbzersetzte Eiweiße hermacht. Zu alledem kommt noch ein Wassergehalt von 75–85 Prozent.[48]

Im Wurzelgeflecht der Pflanzen treffen wir dieselben Verhältnisse an wie im Darm. Bekannt ist die als Mykorrhiza bezeichnete Symbiose von Pflanzen und Pilzen in der Rhizosphäre, dem Reich der Wurzeln. Der Pilz liefert der Pflanze mineralische Nährstoffe wie etwa Phosphat und erhält im Gegenzug Energie in Form von Kohlenhydraten. Auch bei der Zufuhr von Stickstoff können Pflanzen von Mikroorganismen profitieren, die das extrem reaktionsträge Element für die Pflanzen in Ammoniak verwandeln. Dies ist etwa bei den Leguminosen oder Hülsenfrüchtlern der Fall (Linsen, Bohnen, Erbsen, Kichererbsen). Die Bakterien finden ihre Wohnstätte dabei innerhalb der Wurzeln. Es handelt sich dabei im Grunde um eine bakterielle Infektion der Wurzeln, kenntlich an den charakteristischen Wurzelknöllchen, von der die Pflanzen profitieren.

In den Mikroorganismen erkennen wir nunmehr die Zahnräder der großen Stoffkreisläufe des Erdsystems, die durch die Sonnenstrahlung in Gang gehalten werden. Sie sind es, die an den Relaispunkten arbeiten – an der Versorgung der Pflanzen mit Nährstoffen wie beim Abbau toten organischen Materials im Boden. Auf dieser Basis sind wir nun auch in der Lage, einen einigermaßen präzisen wissenschaftlichen Begriff dessen zu bilden, was man ungeachtet einiger philosophischer Bedenken eben das Anthropozän nennt. Mit dieser erdgeschichtlichen Diagnose ist ja nicht die Allgegenwart menschlicher Spuren gemeint, sondern die Tatsache, dass der Mensch konstitutiv in die Dynamik des Erdsystems eingreift. Die Stoffkreisläufe bieten dafür einen Maßstab, an welchem wir auch die Mengen an Müll messen können, die ich im ersten Kapitel zitiert hatte, ohne dass es schon möglich war, sie sinnvoll einzuordnen. Und nun zeichnet sich auch schon eine Grunddiagnose für die Müllmoderne ab: Kreisläufe werden durch lineare Stoffströme ersetzt, die sich an der Quelle aus Wertstoffextraktionen speisen und an ihrem Ende unverwertbaren Müll in die Biosphäre entlassen.

Werfen wir hier einen kurzen Blick auf einige wichtige Kreisläufe, damit wir ein Gefühl dafür bekommen, wie groß im Verhältnis die menschlichen Eingriffe sind. Stickstoff und Phosphor werden uns interessieren, aber schauen wir zunächst auf die Zirkulation von Kohlenstoff. Der meiste Kohlenstoff der Uratmosphäre wurde durch schalenbildende Lebewesen im Gestein fixiert, wo unglaubliche 8 Millionen Gigatonnen in Form von Carbonaten fest eingebunden lagern und den sogenannten biogenen Kalkstein bilden. Weitere Kohlenstoffreservoire sind: fossile Kohlenwasserstoffe (Kohle, Erdöl, Erdgas) mit 5000 bis 10000 Gt, das Wasser der Ozeane mit 40000 Gt, Pflanzen und Tiere mit 600 Gt, Streu und Humus mit 1600 Gt und weit abgeschlagen das Phytoplankton mit 3 Gt. Die Atmosphäre enthält etwa 800 Gigatonnen Kohlenstoff. Zwischen diesen Reservoiren findet aufgrund der Aktivität von Lebewesen ein steter Fluss statt. Gute 100 Gigatonnen werden jährlich durch Photosynthese im Pflanzenmaterial auf dem Festland und in den Ozeanen gebunden, und dieselbe Menge wird durch Atmung von Tieren und Mikroorganismen wieder an die Atmosphäre zurückgegeben. Bei dieser Umsatzrate durchläuft der Kohlenstoff der Atmosphäre also im Achtjahresturnus je einmal komplett den biosphärischen Kreislauf. Durch Verbrennung fossiler Brennstoffe, Abholzung und Brandrodung trägt der Mensch jährlich etwa 8 Gt Kohlenstoff in Form von CO_2 in die Atmosphäre ein. Das ist wenig verglichen mit dem Umsatz durch das Pflanzenwachstum, aber fast zwei Größenordnungen mehr als der Eintrag durch vulkanische Aktivitäten (0,1 Gt). Der Mensch wird hier schon als geologische Kraft sichtbar, deren Wirkungen nicht mehr durch die natürlichen dämpfenden Effekte (natürliche CO_2-Senken) kompensiert werden können. Der CO_2-Gehalt der Atmosphäre ist zwar immer noch gering, hat sich seit der industriellen Revolution aber bereits von etwa 300 auf über 400 ppm (Anteile pro Million) erhöht, was bei dem hochwirksamen Treibhausgas eine signifikante Größe ist.

Stickstoff bildet mit 80% den Hauptbestandteil der Erdatmosphäre, welche fast 4 Millionen Gigatonnen dieses Elements enthält. Nur winzige Bruchteile davon werden von Bakterien in Böden und Ozeanen in Form von Nitrat (NO_3^-) gebunden («Nitrifikation») bzw. als elementarer Stickstoff wieder an die Atmosphäre abgegeben («Denitrifikation»). Eine wichtige Rolle spielen die Cyanobakterien, die bis zu 30 kg Stickstoff pro Jahr und Hektar fixieren können. Bakterienstämme, die in Endosymbiosen mit Pflanzen leben, kommen sogar auf 200 kg, die sie in einer äußerst energieaufwändigen Reaktion in Ammoniak (NH_3) überführen. Stickstoff ist als Bestandteil von Proteinen, des Chlorophylls, der Stoffwechselenzyme und der DNA für das Pflanzenwachstum unentbehrlich. Eine künstliche Ammoniaksynthese aus dem reaktionsträgen Stickstoff ist im Haber-Bosch-Verfahren erst zu Beginn des 20. Jahrhunderts geglückt. In Form von Ammoniak steht Stickstoff für andere industrielle Produktionszweige zur Verfügung, vor allem zur Herstellung von Dünger und Sprengstoff. Industrielle Landwirtschaft und die großen, verheerenden Kriege des 20. Jahrhunderts haben mithin dieselbe historische und technische Wurzel. Angeblich wird heute ein Prozent des globalen Energieverbrauchs allein für die Ammoniaksynthese verwendet.[49] Die globale Flora und Fauna enthält etwa 15 Gigatonnen Stickstoff, Streu und Humus binden noch einmal 190 Gigatonnen. Der industrielle Umsatz von Stickstoff mag mit 0,12 Gigatonnen gemessen an den Reservoiren gering sein, liegt aber in derselben Größenordnung wie die mikrobielle Stickstoffbindung. Während im 19. Jahrhundert durch die Unterbrechung der Stoffkreisläufe in den Ackerböden ein Mangel an Stickstoff herrschte, wird heute der übermäßige Stickstoffeintrag durch Kunstdünger und Gülle aus der Massentierhaltung zu einem Problem, da der Überschuss als giftiges Nitrat in das Grundwasser gespült wird.[50]

Phosphor ist als Grundbaustein der DNS und des Moleküls Adenosintriphosphat (ATP), das als universeller Energieträger innerhalb der Zelle fungiert, wesentlich für alles Leben. Seinen Namen verdankt er der Eigenschaft, im Dunkeln zu leuchten, und früher soll man sich gefragt haben, ob durch den Energieumsatz beim Denken nicht das Gehirngewebe im Schädelraum bläulich zu leuchten beginnt.[51] Der für das Pflanzenwachstum unverzichtbare Phosphoranteil in den Böden – dem schon Liebigs Sorge galt – stammt allein aus der Verwitterung von Gestein und wird dem Boden durch die Verrottung toten organischen Materials zurückgeführt. Der Phosphorkreislauf in den Böden setzt jährlich 60 Millionen Tonnen um, die Meere 1000 Millionen Tonnen. Im Bergbau werden 12 Millionen Tonnen gefördert. Weltweit verlieren die Böden in ungefähr gleichen Anteilen große Mengen an Phosphor, und zwar durch Erosion und Entnahme organischen Materials – also der Ernte, der kein Rückfluss von Fäkalien entspricht (der Verlust von Phosphor beträgt ungefähr 5 kg pro Jahr und Hektar).[52]

Die historische (und provisorische) Lösung der Phosphatkrise des 19. Jahrhunderts nach den verzweifelten Plünderungen menschlicher Gebeine hängt – womit wir an den Ausgangspunkt des Kapitels zurückkehren – mit den romantischen Reisen in einer Welt vor dem Beginn des Anthropozäns zusammen. Alexander von Humboldt war es, der schon 1804 eine Probe des «Guano» mitgebracht hatte – jenes Vogelmists, der sich seit Jahrtausenden auf Felseninseln vor der südamerikanischen Pazifikküste – von der äquatorialen Sonne gebacken und keinem Regen ausgesetzt, der die Nährstoffe hätte ausspülen können – zu Schichten von 50 Metern Mächtigkeit aufgehäuft hatte und auch von den Inkas als Dünger geschätzt wurde. Ein portugiesischer Chronist des 16. Jahrhunderts berichtete:

> [Die Schwärme von Seevögeln] nisten auf unbewohnten Eilanden jener Küste und hinterlassen dort so viel Dung, dass es gleichermaßen

unglaublich anmutet, aus der Ferne nehmen sich die Dunghaufen wie Gipfel eines schneebedeckten Gebirges aus. Zur Zeit der Inka-Könige wurden jene Vögel ängstlich behütet, und in der Brutzeit war es bei Todesstrafe verboten, die Inseln zu betreten, damit die Vögel nicht aufgeschreckt und von ihren Nestern vertrieben würden.[53]

Nach seiner Ankunft in Europa wurde die Guanoprobe sogleich von Chemikern untersucht, musste aber noch einige Jahrzehnte in seinem Glasfläschchen schlummern, bevor sein Geist erkannt und entlassen werden sollte. Ab der Mitte des Jahrhunderts kam es dann in Europa zu einem regelrechten Guano-Boom. Kot wurde zu Gold, was einen prominenten Topos des Müll-Themas darstellt. Noch im letzten Kinofilm von Ruben Östlund aus dem Jahr 2022, *Triangle of Sadness*, stellt sich der lachende russische Oligarch, der sein Vermögen mit Dünger gemacht hat, mit den Worten vor: «I sell shit.» Die Folgen am anderen Ende der Welt sind verheerend. Für den Abbau von Guano wurden massenweise chinesische Gastarbeiter angeworben, die auf den unwirtlichen Felseninseln im pazifischen Ozean ein erbärmliches Dasein fristeten – ohne Schatten in erbarmungsloser Hitze und ständig den ätzenden Staub des getrockneten Vogelkots in Mund, Nase, Augen und Lunge. Viele der Arbeiter sollen vor Ablauf der mehrjährigen Arbeitsverträge, in denen sie in einer Art Schuldknechtschaft die Kosten für die Überfahrt abarbeiten mussten, den Tod im Ozean gesucht haben. Die exportierenden Länder Chile und Peru waren Ausbeuter, aber zugleich auch Ausgebeutete. Um überhaupt die für den Export des wertvollen Gutes notwendige Infrastruktur schaffen zu können, liefen sie in die Falle, die das reiche Europa ihnen gestellt hatte, und verstrickten sich – den chinesischen Arbeitern gleich – in eine ausweglose Schuldknechtschaft.[54] In der Literatur wird dies manchmal der «Fluch des natürlichen Reichtums» genannt: Die Fülle von natürlichen Rohstoffen in einem armen Land führt zu

Verschuldung, Armut und Krieg. Bauern und Bevölkerung in Europa freuten sich indes – ohne sich über die Herkunft des Guano zu sorgen – über den Segen, der wie das Manna fast kostenlos vom Himmel regnete und die Krise abwendete – vorerst zumindest. Die Guanoproduktion hat zwar inzwischen an Bedeutung verloren. Die heute jährlich gehandelten 12 000 Tonnen nehmen sich neben der Rekordeinfuhr in die USA von fast 180 000 Tonnen im Jahr 1854 gering aus.[55] Aber in Wahrheit wurde Guano lediglich durch Phosphat aus anderen endlichen Quellen ersetzt. Die wichtigsten Förderländer sind heute Marokko und China, die phosphathaltiges Gestein in riesigen Tagebauen fördern. Ohne diesen Zustrom von Phosphat würde die Landwirtschaft zusammenbrechen. Es handelt sich indes um eine endliche Ressource, die in einigen Jahrzehnten erschöpft sein könnte.[56]

Abschied aus Nova Atlantis

Liebigs Warnung hat also nicht an Bedeutung verloren. Noch immer steht unsere Zivilisation «auf der Spitze einer Nadel», ohne sich viel darum zu scheren. Der Chemiker beschrieb vor mehr als 160 Jahren, welche Schritte die modernen Gesellschaften nun unternehmen müssen:

> Die Magistrate [der europäischen Metropolen] haben den Bewohnern derselben schwere Opfer auferlegt zur Herstellung von solchen Einrichtungen [der Schwemmkanalisationen], welche die Aufsammlung dieser Düngstoffe so gut wie unmöglich machen, und das Nächste, was geschehen muß, ist die begangenen Fehler wieder gut zu machen. Der Staat muß Sorge dafür tragen, der thörichten Vergeudung dieser Stoffe überall, wo dies geschieht, ein Ziel zu setzen und Vorkehrungen veranlassen, die ihre Wiedergewinnung ermöglichen.[57]

«Wieder gut machen» – diesen Titel gab Liebig der drängenden Aufgabe. Mir war das Wort «Wiedergutmachung» vor allem als genauso befremdliche wie hilflose Vokabel im Umgang mit den Verbrechen des deutschen Faschismus geläufig, wo es einen biederen und rührseligen Klang annimmt. Eine kurze Internetrecherche zeigt indes, dass diese Wendung durchaus schon in der juristischen und theologischen Literatur der vergangenen Jahrhunderte als Synonym von Buße und Sühne auftaucht. Ein Theologe des 19. Jahrhunderts sah im Begriff der Wiedergutmachung geradezu den Kern der symbolischen Gestalt von Jesus Christus und der Namen, die er trägt: «Lebendigmacher von Todtgewesenen», «Gesundmacher von Kranken», «Befreier», «Ueberwinder der Macht des Teufels». Seiner Abhandlung stellte dieser schweizerische Pastor einen schlichten Vers aus dem Markusevangelium (1, 19) voran: «Sie flickten ihre Netze.»[58] Dieses heilsgeschichtliche Erbe erhält bei Liebig also einen ökologischen Sinn, wenn es gilt, den «Eingriff in den Kreislauf des Lebens» zu heilen.

In der Emschergenossenschaft ist man sich dieser Aufgabe, ihrer Größe und Bedeutung, bewusst. Die Phosphatrückgewinnung bis 2029 in großindustriellem Maßstab ist trotz einiger Pilotstudien illusionär. Aber so gut es geht, versucht man, die Netze zu flicken und die Kreisläufe zu schließen. 110 der 200 Gigawattstunden elektrischen Stroms, die die energiehungrigen Kläranlagen verbrauchen, werden bereits vor Ort gewonnen – neben Photovoltaik und Windenergie aus der Verstromung der Faulgase des Klärschlamms. 2027 sollen es 100% sein. Am Klärwerk der Emschermündung wird unter Verwendung von Abwärme und Nährstoffen aus dem Abwasser bereits in kleinem Maßstab eine Anlage zur Indoor-Kultivierung von Gemüse nach den Prinzipien der Hydroponik betrieben. Auch eine Imkerei ist dort angesiedelt, und rund um die neue Emscher entstehen zur Zeit Weinberge. Das größte Anliegen bestand indes darin, «den Menschen den

Fluss zurückzugeben». Als ich Uli Paetzel frage, wie es denn gelingen konnte, bei der Entscheidung über die Investition von nicht weniger als 5,3 Milliarden Euro die Belange von Ökologie und menschlichem Wohlergehen in die Wirtschaftlichkeitserwägungen zu integrieren – ein Thema, das mich in den vergangenen Jahren in Lehre und Forschung sehr beschäftigt hat, denn mit dieser Frage entscheiden sich die Weichenstellungen der Politik –, bekam ich eine verblüffende Antwort: Wirtschaftlichkeit sei schlicht nicht der Maßstab gewesen. Die Aufgabe der Emschergenossenschaft, so vermerkte ich in meinem Notizbuch, sei die «Grundversorgung außerhalb ökonomischer Zwänge».

Mit dieser Auskunft hatte ich nicht gerechnet. Es wird mir klar, dass ich einen Ort besuche, an dem so etwas wie eine Zukunftsvision entsteht – allerdings keine, die als Programm verkündet wird, sondern eine solche, die sich nonchalant in die Realität einschleicht, materielle Gestalt annimmt und somit die ewigen Zweifler vielmehr durch die Tat als durch das Wort eines Besseren belehrt. So stoße ich in meiner Reise in dem unscheinbaren Seitental des Rheins, das ganz von der missglückten Stadtlandschaft des Ruhrgebiets zugewuchert ist, auf ein Nova Atlantis, das kein Mensch hier erwartet hätte – ein Utopia, das mir allerdings auch Zugeständnisse abverlangt. Die «Lebendigmachung des Todtgewesenen» geschieht hier nicht als ein Zurück zur Natur, sondern – genau wie in der von Francis Bacon vor fünfhundert Jahren ersonnenen Insel Nova Atlantis – in Form einer großtechnischen Anlage. Das Biotop auf der Erdoberfläche war nur zum Preis des unterirdischen Betongiganten zu haben. Bacons Utopie ist einer der ersten Texte der Neuzeit, in welchem die alte, antike Dichotomie von Natur und Technik aufgehoben ist und «natürlich» und «künstlich» keinen Gegensatz mehr bilden. René Descartes notierte nur wenige Jahre später in seinen *Principia Philosophiæ*, dass es «keine Regeln der Mechanik gibt, die nicht auch zur Physik gehören».[59] Die Maschinen stehen nicht mehr wie bei Aristoteles der Natur als Inkarnationen menschlicher List gegenüber, sondern ziehen in die Natur ein, ja übernehmen in ihr das Regiment, weil nun die ganze Natur als große Maschine erscheint. Der Mensch, stellte Descartes zufrieden fest, schwingt sich damit «gleichsam zum Herrn & Besitzer der Natur» auf.[60] Bei Bacon, der von der Züchtung von künstlichen Mineralien und neuen Metallen in unterirdischen Kammern träumte, treffen wir zwar noch auf einen kräftigen Schuss Alchemie, aber wir sind schon im mechanischen Zeitalter.

Im unterirdischen Pumpwerk muss ich unwillkürlich an einen Fall denken, auf den ich in der vorbereitenden Lektüre gestoßen bin und der in einem merkwürdigen Kontrast zu der technischen Anlage steht. Das Bewässerungssystem des Hunza-Tals im pakistanischen Teil des Karakorum-Gebirges gilt als eine ingenieurstechnische Meisterleistung. Landwirtschaft ist unter den extremen Bedingungen auf mehreren tausend Metern Höhe mit nährstoffarmen Böden schwierig und hängt mangels Grundwassers und aufgrund sehr variabler Niederschlagsmengen vollständig von künstlicher Bewässerung ab. Schon im 18. Jahrhundert begann man mit einfachsten Werkzeugen, in schwindelerregender Höhe in die bisweilen fast senkrecht abfallenden Felswände Kanäle zu schlagen, die das Schmelzwasser der Gletscher den Gärten zuführen. Das Gefälle der Kanäle wurde genau austariert, um die optimale Fließgeschwindigkeit des Schmelzwassers zu erreichen – schnell genug, so dass sich die mitgeführten Sedimente nicht absetzen, sondern als Nährstoffquelle die Anbauflächen erreichen, andererseits aber nicht zu schnell, damit das reißende Wasser und mitgeführtes Geröll nicht die nur mit Lehm abgedichteten Kanäle beschädigen und somit den Aufwand an Reparatur und Unterhalt erhöhen.[61] Die einfallsreiche Vorrichtung hat in der unwirtlichen Umgebung eine Gartenlandschaft entstehen lassen, die sich auf Abbildungen paradiesisch ausnimmt.[62] Vor allem aber besticht das System durch eine praktische Klugheit, die eigentlich nichts von einer «Herrschaft über die Natur» an sich hat, sondern die man als «Komplizenschaft mit der Natur» beschreiben könnte – weil sie nämlich nicht gegen die Kräfte der Natur anarbeitet, sondern diese vielmehr auch noch dort, wo sie widrig erscheinen müssen, für die eigenen Zwecke einzusetzen weiß. Aus dem Betontrog des Pumpwerks heraus könnte man fast neidisch auf die Zustände im Hunza-Tal werden, aber ein Neidgefühl des geographisch und klimatisch verwöhnten Westeuropas auf eine der unwirtlichsten Gegenden der Welt nimmt sich merkwürdig aus. Der entscheidende Faktor sind gerade nicht die natürlichen Ausgangsbedingungen, sondern die Art und Weise des Umgangs mit ihnen. Kann die unterirdische Betonfestung der richtige Weg zu einer «Wiedergutmachung», einer Versöhnung mit der Natur sein?

Ein anderes Beispiel kreuzt während meiner Recherchen zufällig meinen Weg. Die Stahlbetonkonstruktionen der neuen Emscher sind für eine Haltbarkeit von 100 Jahren ausgelegt – das ist mehr als bei vergleichbaren Großprojekten, für die man eine Abschreibungsdauer von 60 Jahren veranschlagt, aber doch zugleich ziemlich wenig, wenn man sich entsinnt, es mit sogenannten Ewigkeitslasten zu tun zu haben. Auch 60 oder 100 Jahre vergehen, wie sich an dem allmählichen Verfall der einst von ewiger Haltbarkeit geglaubten Betonkonstruktionen der Nachkriegszeit studieren lässt. Bauwerke der römischen Antike trotzen derweil der Zeit, ungeachtet der klimatischen Umstände und seismischer Beanspruchung. Eine italienisch-amerikanische Forschungsgruppe ist jüngst ihrem Geheimnis auf die Spur gekommen.[63] Makroskopische Kalkeinschlüsse verleihen dem Mörtel, wie die Römer ihn aus vulkanischen Gesteinen herzustellen wussten, Selbstheilungskräfte. Bilden sich aufgrund der physischen Beanspruchung durch Gebrauch, seismische Aktivität oder Senkungen des Fundaments Risse im Mörtel, zerstört das eindringende Wasser nicht das Gebäude, sondern löst im Gegenteil chemische Prozesse aus, die den Riss wieder verwachsen lassen. Während die Ingenieure von heute nach Wegen suchen, den Beton vor widrigen Einflüssen zu schützen, kehrt der römische Mörtel diese Kräfte um und nutzt sie für seine Zwecke.

«Wir ahmen den Vogelflug nach und haben gewisse Stufen und Startplätze, um gleich geflügelten Tieren durch die Luft fliegen zu können. Wir ahmen die Bewegungen der Lebewesen in Nachbildungen nach, wie etwa in künstlichen Menschen, Vierfüßlern, Vögeln, Fischen und Schlangen», berichten die Bewohner von Nova Atlantis. Immerhin, wir ahmen in den Kläranlagen die natürlichen Prozesse der Selbstreinigung der Biosphäre nach. Auch hier, in der gewaltigen Stahlbetonmaschinerie, schimmert noch Komplizenschaft und Alchemie durch. Das Wunder des Flusses unter dem Fluss entlässt uns also mit vielen offenen Fragen für das Nachdenken über den Müll. Der Vater des Hauses Salomons verabschiedet sich nun:

> Es segne dich Gott, mein Sohn! Ebenso möge er den Bericht, den ich dir gegeben habe, segnen! Ich gebe dir die Erlaubnis, ihn zum Wohle anderer Völker zu verbreiten, da wir ja hier als ein den Fremden fast unbekanntes Volk im Schöße Gottes leben.

Das Büro von Uli Paetzel verlasse ich indes nicht, ohne dass doch noch der Satz fällt, der die ganze Zeit auf uns lauerte – auf den Seiten der *Minima Moralia*, die das Gespräch von ihrem Platze aus in gespanntem Schweigen überwachten und deren Schwerezentrum eben dieser Satz ausmacht: «Es gibt kein richtiges Leben im falschen.»[64] Als Uli Paetzel diesen Satz zitiert, scheint sich für einen winzigen Augenblick ein Hauch von Schwermut und Schicksalsergebenheit in sein beständig freundliches Lachen zu mischen. An den Gestaden der

Insel Nova Atlantis will er mir diese Botschaft noch mit auf den Weg geben – vielleicht, damit ich in meinem Reisebericht die Nachrichten von der Emscher nicht übertreibe.

Nachdem er so gesprochen hatte, entfernte er sich. Mir und meinen Gefährten hatte er aber ungefähr zweitausend Goldstücke als Geschenk angewiesen; denn die Väter sind, wohin sie auch kommen, äußerst freigebig.

Auch ich erhalte mein Gold, «Emscher Gold» natürlich, ein Glas des hauseigenen Honigs von der Kläranlage.

«Es gibt kein richtiges Leben im falschen.» Nova Atlantis ist eine Insel von dieser Welt, und auch dort kann nicht alles richtig sein. Aber was sagt dieser berühmte Satz Adornos überhaupt aus? «Es gibt aus der Verstricktheit keinen Ausweg», erläutert der Philosoph an anderer Stelle im Buch. Das Beste, was wir erreichen können, ist die Einsicht in unsere Verstricktheit in den Betrieb, alles andere ist Lüge, Selbsttäuschung und Ideologie. Uli Paetzel weiß um diese Wahrheit und will ihr nicht offen widersprechen. Es gibt halt kein richtiges Leben im falschen ... und dennoch – genau dies scheint mir die eigentliche Botschaft zu sein, die ich von der Emscher mit auf den Weg nehmen soll –, und dennoch, vielleicht lässt sich ja bewirken, dass das Falsche etwas weniger falsch ist? Vielleicht lässt es sich ein wenig «wieder gut machen»? Lassen sich die Netze flicken? Wir müssen dies auf der weiteren Reise herausfinden.

Swaantje Güntzel, *Bronzepferd*, 2021

Bronzepferd, gegossen nach der Vorlage eines Plastikpferds, das auf Midway Atoll (Nordwestliche Hawaii-Inseln) angeschwemmt wurde. Realisiert mit Hilfe von Kure Atoll Conservancy. Foto von Tobias Hübel.

3

Palläste der Nacht im Schooße der Erde

Blick über Europa

Der nachdenkliche Ton der letzten Seiten war schon eine Folge unserer Entscheidung, die Dinge unter dem Aspekt des Mülls zu betrachten. Normalerweise tut man dies nicht, und dann ist es nahezu unmöglich, sich die Geschichte unserer Gegenwart nicht als eine Fortschrittsgeschichte vorzustellen. Natürlich wissen wir um all die Gräueltaten und das Unheil, die die Moderne begleiteten. Aber begreifen wir sie nicht unwillkürlich als vermeidbare Unfälle einer großartigen Erfolgsgeschichte, der wir Neuerungen über Neuerungen, Erkenntnisse über Erkenntnisse und ein allgemeines Lebensniveau zu verdanken haben, von dem vergangene Zeiten nur träumen konnten? Die Geschichte des Mülls stellt sich oft, wenn man sie nur ernst nimmt, als dunkler Zwilling des Fortschritts dar – gleichsam als eine Vergeltung dieses Narrativs. Sie entfaltet sich wie eine Katastrophengeschichte, und damit meine ich nicht einfach eine zufällige Abfolge von Katastrophen, sondern eine negative Fortschrittsgeschichte, in welcher jede Katastrophe der auf sie folgenden den Grund bereitet, sie möglich macht und herbeiführt. Am Anfang stünde dann eine Art Urkatastrophe. Sie liegt zu lange zurück, als dass jemand ihr Zeuge hätte sein können. Aber wir sehen ihre Spuren und können versuchen, sie uns vorzustellen.

Am frühen Morgen des 28. Juli des Jahres 1836, als sich die Sonne an einem wolkenlosen Tag über den Horizont erhebt, stand der französische Geologe Élie de Beaumont auf dem Gipfel des Röti über Solothurn – unterwegs, um die erste geologische Karte seines Landes zu zeichnen. Von der knapp 1400 Meter hohen Bergspitze des Jura soll man bei klarem Wetter einen berauschenden Rundumblick haben. Im Süden kann man sogar im majestätischen, vom Weiß der Gletscher unterbrochenen Alpenpanorama den weit entfernten Mont Blanc erahnen. Der Blick des französischen Gelehrten ist jedoch wie gebannt nach Norden gerichtet. Linkerhand erkennt er am Horizont die Profillinie der steil abfallenden Vogesen. Rechterhand, getrennt durch den Rheingraben, den Schwarzwald, dessen Hänge ein perfektes Gegenstück zum französischen Nachbargebirge bilden. Vor seinem inneren Auge zieht Beaumont unwillkürlich eine imaginäre Linie zwischen beiden Erhebungen. Er stellt sich eine Steinmasse vor, die die beiden Gebirge zu einem flachen Gewölbe verbindet, das sich zur einen Seite hin sanft nach Lothringen neigt und zur anderen nach Württemberg ausläuft. Erste Risse sieht der Geologe entstehen, sie vertiefen sich, werden länger. Schließlich bricht das Gewölbe zusammen. Zu beiden Seiten bleiben einzig die alten Gewölbepfeiler stehen, die das Trümmerfeld als die einander gegenüberliegenden ruinenhaften Steilhänge flankieren, wie wir sie heute noch vor uns sehen. In der Mitte hat sich der Oberrheingraben aufgetan.[1]

Beaumont lag mit seiner Katastrophenvision nach heutigem Wissen gar nicht so falsch.[2] Wir müssen uns erneut in das Tertiär zurückversetzen, also jene Epoche, die wir schon als Entstehungszeit der Bitterfelder Braunkohle kennengelernt haben. Das Gebiet des heutigen Süddeutschlands läuft noch flach in einen Ozean aus, der sich in Richtung Afrika und Arabien öffnet. Aber von Süden her wird die apulisch-adriatische Platte an Europa herangeschoben. Der ganze Kontinent steht unter

Spannung und verzieht sich. Die Pyrenäen, Karpaten, der Apennin und die Alpen erheben sich unter dem Druck. Nördlich des Jura zerreißt im Untergrund der lithosphärische Mantel. Durch den Riss dringt Magma nach oben und drückt gegen die kontinentale Kruste. Die Vulkanruine des Kaiserstuhls zeugt von der gefährlichen Nähe des Magmas. An der Oberfläche ergibt sich ein Bild, wie wir es vom Brotbacken kennen: Die Kruste reißt, und es erheben sich zu beiden Seiten des Risses die Grabenschultern, während die sich auftuende Furche in der Mitte einsinkt. Der Oberrheingraben liegt nun vor uns, 300 km lang und etwa 40 km breit. Das ursprüngliche Profil ist schwindelerregend, denn die Grabenschultern haben sich, vor allem im äußersten Süden, bis zu 2,5 km in die Höhe gestemmt, während sich das Grabeninnere umgekehrt in 3 km Tiefe absenkte. Der Höhenunterschied ist heute weitaus geringer, da die Spitzen der Grabenflanken sofort der Erosion ausgesetzt sind, während sich im Grabeninneren Sedimente ablagern, und zwar durchaus auch marinen Ursprungs. Das Meer dringt mal von Norden, mal von Süden vor, mal bricht auch über das Pariser Becken Wasser aus dem Atlantik ein. Zeitweise verbindet der Oberrheingraben sogar die tief in das Land vorgedrungene Nordsee mit dem Paläomittelmeer, welches die neu entstandenen Alpen umspült. Zieht sich das Meer allmählich wieder zurück, trocknen die zurückbleibenden Senken aus und hinterlassen dicke Salzschichten, auf die man heute in großer Tiefe trifft, überdeckt von hunderten Metern späterer Ablagerungen.

Die obersten Sedimente bereiten die Landschaft vor, in welcher nach der letzten Eiszeit das aus den Alpen nach Norden ablaufende Schmelz- und Regenwasser seinen Weg suchen und somit vor gut zehntausend Jahren den Rhein bilden wird. Der 40 km breite, sanft abfallende Graben lässt dem Strom Platz für ein exzessives Mäandrieren, wie wir es schon von Mulde und Emscher kennen – nur noch einmal um das zigfache ausgreifender. Der Rhein hat es nicht eilig, zum Meer zu kommen, sondern fließt in einem weiten Bett voll tausender Inseln und nimmt seinen Weg in weiten Schlangenlinien. Wählerisch, kapriziös und gedankenlos erschafft er auf diese Weise ein Ökosystem mit reicher Flora und Fauna, zu Land wie zu Wasser, in welches sich irgendwann auch die Menschen einfügen werden, deren vielfältige Tätigkeiten die vielen Facetten des Naturraums widerspiegeln: Landwirtschaft, insbesondere der Anbau von Getreide, Obst und Wein, Holzwirtschaft, Fischfang – insbesondere Lachse –, Jagd auf Wasservögel, sogar Gold, das der Rhein aus den schweizerischen Alpen mitbrachte, wuschen sie aus seinen Sedimenten. Durch seine Kapriolen konnte sich der Rhein indes auch als schwieriger Nachbar erweisen. Die ständige Wanderschaft seines kurvenreichen Bettes zwang die Menschen immer wieder dazu, ihre Höfe zu verlassen oder sogar ganze Ortschaften aufzugeben, die hinter ihnen in die Fluten brachen und weggeschwemmt wurden. Plötzliche Hochwasser konnten ganze Landstriche unter Wasser setzen. Die geringe Wassertiefe des verwöhnten Flusses, der sich so viel Platz nehmen konnte, wie er wollte, und wandernde Sandbänke machten den Flößern und Schiffern das Leben schwer.

Seit jeher versuchte man, sich gegen den Rhein ein wenig Sicherheit zu verschaffen. Dämme wurden errichtet, und manchmal ein Durchstich unternommen, um eine ausgreifende Kurve abzukürzen. Aber dies blieben lokale und unsystematische Maßnahmen. Es verwundert nicht, dass irgendwann die Idee aufkam, den Strom in einem großen Wurf zu bändigen und in ein gerades Korsett zu zwingen. Es war dies der Plan des badischen Wasserbauingenieurs Johann Gottfried Tulla (1770–1828), dessen Geschichte der US-amerikanische Historiker David Blackbourn in einem Kapitel seines Buches *Die Eroberung der Natur* erzählt, einer faszinierenden Umweltgeschichte des modernen Deutschland.[3] Wirft man einen Blick in Tullas Denkschrift *Die Rectification des Rheins*, die er 1809 «zur Vertheilung an die Mitglieder der hohen Staatsregierung und beider Kammern der badischen Landstände» drucken ließ, kann man durchaus überrascht sein, einen Autoren sprechen zu hören, dessen Sorge zwar nicht gerade der Ökologie gilt, aber immerhin einem Gedanken der Nachhaltigkeit verpflichtet scheint. Ihn treibt vor allem die «Erhaltung der Fruchtbarkeit der Erdoberfläche» um, also der Schutz der landwirtschaftlich genutzten Flächen des Rheintals vor Erosion, und in dieser Absicht spart er nicht mit Kritik an bisherigen Eingriffen in die Natur, wie etwa der Abholzung ufernaher Baumbestände. Beobachtungen und Sorgen, die für unsere Ohren ökologisch klingen mögen, flüstern dem Ingenieur Tulla indes ein ganz anderes Vorhaben ein. «Der Rheinbau wurde bisher ohne Uebereinkunft der Ufer=Staaten, über ein System oder einen Operations=Plan geführt und beschränkte sich größtentheils auf Vertheidigungs=Werke», lautet seine Problemdiagnose.[4] Demgegenüber gilt es offenkundig, nicht nur einen «Operationsplan» zu entwerfen, der auf das Ganze des Oberrheintals zielt, statt nur lokal zu improvisieren. Vor allem scheint der Ingenieur – unzufrieden mit der reinen Defensivstrategie – gegenüber dem Strom *in die Offensive* kommen zu wollen. Der Ansatz ist klar: Tulla schwebt eine «hydrotechnische Behandlung dieses Stroms» und eine «Rectificirung des Flusses» vor, und zwar, wie er klarstellt, eine «vollkommene Rectificirung»: Je mehr sich der Lauf des Flusses einer geraden Linie nähert, desto gleichförmiger, berechenbarer und stabiler wird sein Verhalten sein. Eine Plakette am Grab Tullas auf dem Friedhof Montmartre in Paris offenbart das unterliegende Ideal: Sie zeigt unter einem Erdglobus, der in ein Gestell eingefasst auf einer Brücke ruht, zur Linken eine halb entrollte Karte, auf der der korrigierte Rheinverlauf das Wirrwarr seiner alten Mäander überlagert, und zur Rechten, die Karte überlappend, ein Lehrbuch der Geometrie mit ihren geraden Linien und idealen Figuren.

Am Ende steht die Utopie totaler Kontrolle, die Unterwerfung der Natur und die geometrische Form. Tulla verhehlt diese Vision nicht: «In der Regel sollten in kultivirten Ländern, die Bäche, Flüsse und Ströme, – *Kanäle* – seyn, und die Leitung der Gewässer in der Gewalt der Bewohner stehen.»[5] Heute würde man von einem «*Good Anthropocene*» sprechen: Unter den gestaltenden Händen des großtechnisch ausgerüsteten Menschen wird der Planet zu einem neuen Garten Eden, in dem Wetter, Klimazonen und Pflanzenwachstum unserer willentlichen Regulation unterliegen.[6] Und, erinnern wir uns, hatte nicht bereits Paul Crutzen, der Schöpfer des Wortes «Anthropozän», von einem Zeitalter geträumt, in dem «Wissenschaftler und Ingenieure vor der gewaltigen Aufgabe stehen, die Gesellschaft im Zeitalter des Anthropozäns zu einem ökologisch nachhaltigen Management zu führen», und zwar durchaus unter Rückgriff auf «international akzeptierte, groß angelegte Geo-Engineering-Projekte, zum Beispiel um das Klima zu ‹optimieren›»?[7] Was Tulla der Oberrhein war, gerät hier zum ganzen Globus, aber der technokratische Geist ist derselbe.

Unter Tullas Aufsicht beginnt in der Folge, so Blackbourn, das «größte Bauvorhaben, das jemals in Deutschland in Angriff genommen wurde». Dutzende Durchstiche verkürzen den Rhein zwischen Basel und Worms von 345 auf 273 km. Allein 2200 Inseln werden beseitigt. Es sollte schließlich mehr als das ganze Jahrhundert in Anspruch nehmen, um Tullas titanenhafte Pläne Wirklichkeit werden zu lassen. 1817 geschah der erste Durchstich in der Nähe von Karlsruhe. Als Beaumont 1836 die Gegend bereiste, acht Jahre nach Tullas Tod, hatte er noch gute Chancen, große Teile des alten Rheins vorzufinden. Erst um 1880 werden die Arbeiten weitgehend abgeschlossen sein. Insgesamt wirkt unsere Szenerie 1836, wenn wir den Blick vom Gipfel des Röti über Europa wandern lassen, tatsächlich noch wie die Ruhe vor dem Sturm. Die Chemiker in Paris haben die Guano-Probe aus Alexander von Humboldts Reisegepäck schon längst analysiert, aber der praktische Einsatz in der Landwirtschaft zieht sich hin. Der himbeerfarbene Porphyr von Shoksha, dem wir erst viel später begegnen werden, liegt noch – nur mehr für wenige Jahre! – unberührt an den Gestaden des Onegasees. Der Baron Haussmann hat sein Jurastudium beendet, muss sich aber noch als Unterpräfekt in dem südwest-französischen Provinzstädtchen Nérac beweisen, bevor sein Talent von Napoléon III. erkannt würde und er der Hauptstadt ein neues Gesicht verleihen sollte. Der einige Jahre jüngere Karl Marx hat seinen Abschluss der Rechtswissenschaften noch nicht in der Tasche. Im Sommer des Jahres 1836 ist er, bevor er von Bonn nach Berlin ziehen wird, für einige Wochen nach Trier zurückgekehrt, wo er seine Verlobung mit Jenny von Westphalen offiziell machen wird. Vom Gedanken des unheilbaren Risses trennen ihn noch dreißig Jahre anstrengenden, autodidaktischen Studiums unter den widrigen Umständen des Exils. Ein gewisser Friedrich Engelhorn steht zur selben Zeit, ein wenig rheinaufwärts, nachdem er 1834 das Mannheimer Lyzeum vorzeitig verlassen hat, vor dem Abschluss seiner Lehre als Gold- und Silberschmied. Und weiter im Osten, in Sachsen-Anhalt, sitzt Adolph Frank, den wir ebenfalls erst in Kürze kennenlernen werden, noch als zweijähriger Knabe im Kinderstuhl. Kaum zu glauben, dass er nur zwanzig Jahre später Müllgeschichte schreiben wird, als er sich im Schatten einer Abraumhalde Gedanken über das schlechte Wachstum der Zuckerrüben macht.

Lazurblau

Ahnte Beaumont, dass er inmitten einer Landschaft stand, die menschliche Anstrengung und Einfallsreichtum so gründlich umzugestalten im Begriff waren, wie dies vormals den geologischen Kräften vorbehalten war? Dass die geologischen Karten, die er zu zeichnen beauftragt war, schon keine «natürliche» Landschaften mehr darstellen würden? Der Rhein veränderte mit jedem Jahr weiter sein Gesicht. 1844 folgt nach zweijähriger Bauzeit endlich der «Oberhauser Durchstich» bei Speyer. Das weit geschwungene «S», das der Flusslauf hier einst bildete, wird von seinem Anfangs- zum Endpunkt mit einer schnurgeraden Linie durchgeschnitten, so dass rechts und links der neuen Hauptrinne zwei große, halbrunde künstliche Inseln entstehen. Auf der nördlichen, zur Stadt Speyer hin gelegenen Insel, genannt Flotzgrün, stehe ich nun in schweren Arbeitsschuhen, die ich im Keller gefunden habe, da sie in meiner Jugend einmal in Mode waren. Hinter mir parkt der klobige Land Rover, mit dem wir unter kräftigem Ruckeln den steilen Aufstieg auf diese höchste Erhebung im Umkreis geschafft haben. Das weite Panorama wird im Westen und Osten durch den Pfälzerwald und den Odenwald begrenzt, die heute unter dunklen Gewitterwolken liegen. Regen schlägt uns ins Gesicht, aber es ist der erste milde Schauer des Jahres. Die Luft duftet nach Feuchtigkeit, regennassem Laub und Frühling. Im Norden, jenseits der in jungem Grün strahlenden Bäume der idyllischen Rheinauen um den Altarm des Rheins mit seinem dunklen, erdig-grünen Wasser, erhebt sich der Kaiserdom von Speyer aus der Ebene. Als größte erhaltene romanische Kirche genießt er Schutz als UNESCO-Weltkulturerbe. Anders ergeht es seinem Zwilling im Süden. Auf der zweiten Rheininsel trotzt das AKW Philippsburg unter Aufbietung seiner ganzen Kraft dem Rückbau, der ihn schon die beiden Kühltürme gekostet hat.

Wir steigen wieder in den Geländewagen und setzen unsere Fahrt fort. Die Szene inmitten eines der europäischen «Natura 2000»-Gebiete zum Schutz gefährdeter wildlebender Tier- und Pflanzenarten wirkt fast wie eine Safari. Rehböcke springen vor uns ins grünende Gebüsch, ein echter Feldhase mit seinen charakteristischen langen Löffeln kreuzt den Weg, ein Rotmilan scheint unweit Beute gemacht zu haben. Ein verräterisches Detail stört indes die Idylle: Hin und wieder schauen Rohre aus dem Boden, an denen Zähler und eine komplizierte Mikroelektronik angebracht sind. Diese Anlagen überwachen das Erdreich – aus gutem Grund, schließlich stehen wir auf mehreren Millionen Tonnen hochgiftigen Sondermülls. Wie kommen diese Unmengen toxischen Mülls in ein Naturschutzgebiet?

Die Herkunft des Mülls – und damit meine ich nicht nur den Ort seiner Produktion, sondern seine gesamte Vorgeschichte – ist tatsächlich interessant, weil sie uns zeigt, dass Müll nicht einfach ein Ende markiert – wenn wir uns von etwas trennen und es wegwerfen –, sondern oft auch am Anfang typischer Müllgeschichten steht, also ihr Alpha und Omega bildet und recht besehen auch viele Momente zwischendrin bestimmt. Jetzt werden wir auch endlich bald den Mannheimer Goldschmied Engelhorn kennenlernen, nur noch eine Schleife unserer mäandrierenden Müllgeschichte trennt uns von ihm.

Hier also die vorletzte Kurve: 1814 führte London als erste europäische Stadt die Gasbeleuchtung ein. Rudimentäre Straßenbeleuchtungen waren in den großen Städten schon seit dem 16. oder 17. Jahrhundert einigermaßen verbreitet. Sie beruhten auf der Verbrennung von Pech, Pflanzenöl oder Talg, dem Eingeweidefett von Rindern, das als Schlachtabfall anfiel. Die an den Hauswänden fest montierten Pfannen können allerdings nicht mehr als ein Schummerlicht verbreitet haben. Die moderne Stadt will aber nicht nur schön und sauber, sondern auch hell sein. Dem Beispiel Londons folgen bald die Metropolen auf dem Festland: 1820 Paris, 1826 Berlin, 1845 Wien usw. Die moderne, hellere Gasbeleuchtung beruhte auf der Gewinnung von Leuchtgas aus Steinkohle – ein Prozess, den man schon seit langer Zeit kannte, aber nun großtechnisch zu beherrschen lernte. Durch den Zusatz von Wasserdampf zu aufgeheizter Kohle war es möglich, eine brennbare Gasmischung zu erhalten, die vor allem aus Wasserstoff besteht. Bei dieser industriellen Kohlevergasung fielen allerdings große Mengen von Steinkohleteer als Abfallprodukt an, eine zähflüssige schwarze Masse, mit der man – anders als in der Antike, als der Hunger nach Teer zur Abdichtung von Schiffen vielen Wäldern den Garaus machte – erst einmal nichts anzufangen wusste. 1833 erhält der Chemiker Friedlieb Ferdinand Runge, den man vielleicht dafür kennt, in einer Probe von Kaffeebohnen, die ihm 1819 kein Geringerer als Goethe persönlich überlassen und zur Untersuchung anempfohlen hatte, den Wirkstoff Koffein isoliert zu haben, dieser Runge also erhält, als er an der Chemischen Fabrik Oranienburg tätig war, eine folgenschwere Anweisung: Er soll prüfen, ob sich dem bei der Destillation von Steinkohle anfallenden, überschüssigen Teer der Berliner Gasanstalt, von der man Ammoniakwasser zur Herstellung von Salmiak bezog, nicht wenigstens der üble Geruch nehmen ließe, damit man ihn als billigen Firnis verwenden könne.[8] Wir kennen heute aus unserem Alltag die Verwendung des Teers im Straßenbau. Seit dem Verbot in Deutschland 1990 wird nurmehr Asphalt verwendet, dessen Grundbestandteil Bitumen als Nebenprodukt der Rohölverarbeitung anfällt. Nach Schätzung bedecken heute bereits 65 Gigatonnen Asphalt die Landmassen des Globus. Als Runge zur Lösung seiner Aufgabe den Steinkohleteer mit Chlorkalklösung aufschüttelte, erlebte er eine Überraschung: Die

Chemikalie nahm eine «lazurblaue Farbe» an, «von der Intensität und Schönheit des wässrigen schwefelsauren Kupferammoniaks».[9]

Chlor nimmt eigentlich nicht nur Gerüche, sondern wirkt auch bleichend. Hier aber brachte es im Gegenteil eine intensive Farbe hervor. Das tiefe, leuchtende Blau, welches Runge aus einem Abfall der Kohlevergasung gewonnen hatte, war das Vorzeichen einer Revolution, denn bis dato konnte man Farben allein aus pflanzlichen und tierischen Rohstoffen, in besonderen Fällen aus Mineralien gewinnen, allesamt langwierige und mühevolle Prozesse. Der aufmerksame Beobachter Karl Marx notierte etwas später:

> Das schlagendste Beispiel von Verwendung von Abfällen liefert die chemische Industrie. Sie verbraucht nicht nur ihre eignen Abfälle, indem sie neue Verwendung dafür findet, sondern auch diejenigen der verschiedenartigsten andern Industrien, und verwandelt z.B. den früher fast nutzlosen Gastheer in Anilinfarben, Krappfarbstoff (Alizarin), und neuerdings auch in Medikamente. [...] Die Bereitung des Alizarins oder Krappfarbstoffes aus Kohlentheer bringt in wenig Wochen, und mit der schon bisher für Kohlentheerfarben im Gebrauch befindlichen Fabrikeinrichtung, dasselbe Resultat zustande, das früher Jahre erforderte; ein Jahr brauchte der Krapp zum Wachsen, und dann ließ man die Wurzeln noch mehrere Jahre nachreifen, ehe man sie verfärbte.[10]

Was sich nun ankündigte, war die Herstellung von synthetischen Farben aus fossilen Farbstoffen, und damit nichts weniger als der Startschuss für die gesamte petrochemische Industrie: Farben, Plastik, Medikamente, Pestizide, usw. usf., – die Grundbausteine der industriellen Moderne und unser aller Leben darin.

Viele Chemiker der Zeit konzentrierten ihre Bemühungen auf das neue Feld, in welchem das Göttinger Labor des uns bereits gut bekannten Justus von Liebig, der in der organischen Chemie führend war, eine wichtige Rolle spielte. Auf diesen Zug sprang 1865 auch der Mannheimer Goldschmied Friedrich Engelhorn auf. Bereits nach den politischen Unruhen von 1848, in denen er eine höchst ambivalente Rolle gespielt zu haben scheint, hatte er seinen schlecht gehenden Lehrberuf an den Nagel gehängt und ein Gaswerk gegründet. Mit anderen Worten: Er war unabsichtlich Produzent eines Stoffes geworden, der sich nun vom Abfall zu einer wertvollen Ressource mausern sollte – z. B. zur Herstellung des Farbstoffes Anilin, also jenes tiefen Indigoblaus, auf das Runge gestoßen war. 1865 ging Engelhorn den nächsten logischen Schritt und gründete mit einigen Teilhabern die *Badische Anilin- & Soda-Fabrik*, die wir alle unter ihrer heute gängigen Abkürzung kennen: BASF.

Das Blutwunder in den Rheinauen

Und jetzt rückt die Insel Flotzgrün schon in greifbare Nähe. Nur noch eine Flussbiegung trennt uns von ihr, nämlich der Bombenhagel eines Weltkrieges. Die BASF soll schon früh angefangen haben, ihre chemischen Abfälle zu verbrennen, so dass die Deponierung lange kein drängendes Problem gewesen zu sein scheint. In der Mitte des 20. Jahrhunderts ändert sich dies. Hauptproblem sind Bodenaushub und Schutt, die bei Bauarbeiten am Heimatstandort Ludwigshafen in enormen Mengen anfallen – viel zu viel für die thermische Behandlung. Der Boden des Fabrikgeländes ist stark belastet, und zwar nicht nur aufgrund der nun bereits einhundert Jahre währenden Nutzung, die den Untergrund unweigerlich belastet haben muss, sondern auch und insbesondere aufgrund der massiven Bombardierung im Zweiten Weltkrieg. 42 000 Bomben sollen auf dem Werksgelände in Ludwigshafen niedergegangen sein, höre ich während meiner Besichtigung von Flotzgrün. Dieses Detail besitzt eine bittere Ironie, schließlich sind es, wie wir bereits gesehen haben, ihrerseits Erzeugnisse der chemischen Industrie, die nun – nachdem die Wissenschaft gelernt hatte, unter gewaltigem Energieeinsatz zu bewerkstelligen, was die stickstoffbindenden Bodenbakterien in der Rhizosphäre schon immer leise und unsichtbar leisteten – als zerstörerische Kraft vom Himmel über dem Rhein regnen.

1966 erhält die BASF die Genehmigung zum Betrieb der Deponie Flotzgrün, die keine 30 Flusskilometer weiter südlich liegt. Ein lokaler Verein für Naturwissenschaft und Landschaftspflege, der sich nach seiner Gründung 1840 zusehends der Ökologie widmete, notierte das Ereignis lakonisch in seinen Vereinsmitteilungen:

> Eines der schwierigsten Probleme ist nach wie vor die *Müllbeseitigung*. Nach langwierigen Verhandlungen konnte endlich die dringende Frage der Anlage einer geordneten Deponie für die BASF durch Ausweisung eines entsprechenden Geländes auf der Insel Flotzgrün gelöst werden. Freilich: eine ideale Lösung ist auch das nicht, weil es eben keine ideale Lösung gibt, aber man kam zu der Auffassung, daß die Anlage der BASF-Deponie auf der Insel Flotzgrün unter den vielen vorgeschlagenen Möglichkeiten die erträglichste ist.[11]

Die wackern Naturschützer wenden sich einem drängenderen Thema zu: dem «leidigen Kapitel der Außenreklame». Ungeachtet hochoffizieller Erinnerung an Landesbau- und Landschaftsschutzverordnungen «tauchen immer wieder die meist geschmacklosen, knallbunten Emailschilder an unseren Straßen, insbesondere an den Ortseinfahrten, auf und verunzieren das Landschaftsbild.» Ein halbes Jahrhundert später stellen sich die Dinge anders dar. Nicht nur kommen uns – im Lichte von riesigen selbstleuchtenden Werbetafeln in den vollkommen verschwimmenden Weichbildern von Städten, die an ihrer Peripherie immer mehr Land verschlingen, während sie wie schnellwachsende Tumore im Innern bereits absterben – die Emailschilder in einer kaum zersiedelten Landschaft mit stellenweise noch fast mittelalterlichen Ortsstrukturen heute geradezu idyllisch vor. Auch stellt sich die Frage neu, wie «erträglich» die Deponie Flotzgrün wirklich ist. Ich habe mich vor Ort begeben, weil ich herausfinden wollte, was für eine Art von Objekt eine Sondermülldeponie eigentlich darstellt: Handelt es sich einfach um einen inerten Haufen, der allmählich anwächst, oder um eine technische Anlage, die aktiv gemanagt wird? Aus Bitterfeld kennen wir bisher nur die technisch beschämende Form des bloßen Abkippens in ein zufällig vorhandenes Loch. Auf der Insel Flotzgrün erhoffe ich etwas über das Deponieren zu erfahren, wenn es als hohe Kunst betrieben wird. Das Besondere dieser Deponie – zum Vorteil meines Erkenntnisinteresses, aber eher zum Nachteil von Betreibern und Anrainern – besteht darin, dass der Ort auch die Fortschritte und Verbesserungen dokumentiert, die in der Deponietechnik während der vergangenen Jahrzehnte erzielt wurden. Von den bereits verfüllten Deponieteilen haben wir einen guten Ausblick auf den neuen Abschnitt mit der Nummer 8, der gerade präpariert wird. Mit großem Aufwand wird die Deponiesohle vorbereitet. Eine dicke Kunststoffschicht, die elektronisch auf Leckagen überwacht wird, ist bereits im Untergrund verschwunden. Über einer Schicht schützenden Feinsands bietet sich dem Blick nun ein Kiesmeer dar, welches wie auf einem kubistischen Gemälde Wellen in einem geometrisch exakten Zickzackmuster wirft. Auf diese Weise kann das Sickerwasser, welches anfällt, solange der Abschnitt nicht vollständig verfüllt und abschließend an seiner Oberfläche versiegelt wurde, kontrolliert abfließen und aufgefangen werden.

Als übergeordnetes Ziel des Deponierens entpuppt sich

rasch, die Materie zu stabilisieren und somit unter Kontrolle zu halten. Besonders gut sieht man dies am sogenannten Klärschlammfilterkuchen, der in den 1980er und 90er Jahren einen Gutteil des angelieferten Mülls ausgemacht hat. Bei dem Filterkuchen handelt es sich, wie ich erfahre, um ein «tixotrophes» Material, das die merkwürdige Eigenschaft hat, in Ruhe ziemlich zäh und fest zu sein, unter Belastung aber immer flüssiger zu werden. Es gibt Überlegungen, dass es sich bei dem «Blut des Heiligen Januarius» um einen tixotrophen Stoff handeln könnte.[12] Dreimal im Jahr wird im Dom von Neapel eine Phiole mit dem getrockneten Blut des Märtyrers zum Vorschein gebracht, welches sich manchmal, nach einer Reihe ritueller Handhabungen, vor den Augen der staunenden Zuschauer wieder verflüssigt – das Blutwunder von Neapel. Bekannter ist die Tixotrophie vom Treibsand, in dem man gerade durch die verzweifelten Rettungsversuche immer tiefer versinkt. In der alten Kanalisation von Paris konnte man auf solchen Untergrund stoßen, weshalb Victor Hugo in seinen *Misérables*, wo, wie wir noch sehen werden, dieser Ort eine besondere Rolle spielt, zur Illustration das Schicksal eines in den Treibsand geratenen Küstenwanderers in grausigen Farben ausmalt – als schauerliche Vision unserer Welt, die in ihrem Müll versinkt und mit jeder verzweifelten Geste das Falsche tut:

Er ruft, schwenkt seinen Hut oder sein Taschentuch; der Sand steigt höher, immer höher; [...] bei jeder Bewegung gräbt er sich tiefer ein; dann richtet er sich wieder auf und fühlt dabei, daß er noch weiter versinkt; er heult vor Angst, betet, ruft die Wolken an, ringt die Hände, verzweifelt. Jetzt steckt er mit dem Unterleibe im Sande; schon beengt es ihm die Brust. Er streckt die Hände empor, stöhnt wüthend auf, krallt seine Hände in den Boden, will sich festhalten, stemmt die Ellbogen auf, um sich emporzuschwingen, ächzt und tobt; der Sand steigt höher, immer höher, steigt bis an die Schultern, an den Hals; nun ist nur noch das Gesicht zu sehen. Er schreit wieder, der Sand dringt ihm in den Mund, er schweigt. Er rollt noch die Augen; auch diese überflutet der Sand und hüllt sie in ewige Nacht. Und höher steigt es, immer höher. Die Stirn, die Haare verschwinden. Da arbeitet sich eine Hand empor, fährt hin und her, – verschwindet. Welch grausige Vernichtung eines Menschenlebens![13]

Der Klärschlammfilterkuchen irgendwo unter unseren Füßen ist genau ein solches tixotrophes Ungeheuer. Um ihn am Ort zu halten, hat man ihn in eine riesige Wanne gegeben, die aus dem übrigen Giftmüll, also hauptsächlich verseuchtem Bauschutt, gebildet wurde. Um biologische Prozesse möglichst abzustellen, wurde der Klärschlamm zudem mit Kalk stabilisiert. Konstante Messungen zeigen den Erfolg der Maßnahme, da Fäulnisprozesse mit der Produktion von Gasen einhergehen würden.

Allerdings gibt der Klärschlamm weiter Wasser ab, so dass in diesen Deponieabschnitten der Oberflächenversiegelung zum Trotz immer noch Sickerwasser anfällt. Hier nähern wir uns dem Problem. Flotzgrün war für die BASF attraktiv, da sich die Abfälle mit dem Schiff anliefern lassen – zu überschaubaren Kosten und vor allem auf eine ziemlich geräuschlose und für die Bevölkerung vollkommen unauffällige Weise. Auf dem Landweg ist die Deponie tatsächlich nur über lange Feldwege zu erreichen, die in vollkommener Abgeschiedenheit verlaufen. Auf das Navigationssystem ist hier kein Verlass mehr, weshalb ich vor meinem Besuch ausführliche Anweisungen per E-Mail erhielt. Die Nähe des Rheins bedeutet aber auch die Nähe von Grundwasser. Bei Hochwasser wird, wie man mir auf Nachfrage bestätigt, die Deponiesohle tatsächlich nass. Um das eigentliche Problem zu benennen, bedarf es indes weder engagierter Umweltschützer noch investigativer Journalistinnen. Es genügt ein Blick in die Jahresberichte der Deponie, die in vorbildlicher Transparenz online veröffentlicht werden. Zwei Sätze stechen dort in die Augen. Erstens: «Im Abstrom des älteren Deponieteiles der Deponie Flotzgrün liegt im oberen Abschnitt des Mittleren Grundwasserleiters (MGWLo) bereichsweise eine auffällige Grundwasserbelastung vor.»[14] Die nachweisbaren Stoffe – Mecoprop, Bentazon, Naphtalin, Sulfonsäuren, 1,4-Dioxan, 1,3,5-Trioxan – gelten als so etwas wie der Fingerabdruck der BASF, das sprichwörtliche *smoking gun*. Wir sehen hier das gesamte Arsenal an Pestiziden, Insektiziden und Herbiziden. Die Beweislage ist so erdrückend, dass auch bei der BASF niemand auf die Idee käme, zu leugnen. Die Stoffe lassen auch ahnen, welche Abfälle hier in den ersten Jahren, aus denen es keinerlei Dokumentation der Einträge gibt, abgeladen wurden. In der Tabelle fällt mir noch die Bezeichnung «AOX» ins Auge, adsorbierbare, organisch gebundene Halogene, «Umweltstoffe mit besonderer toxikologischer/ökotoxikologischer Relevanz», wie ich an anderer Stelle lese: «Die Einführung von Halogenen, speziell von Chlor, in organische Moleküle erhöht im Allgemeinen deren Lipophilie sowie biologische Reaktivität und ist nahezu regelmäßig mit einer Verstärkung ihres toxischen Wirkpotentials verbunden. Halogenorganische Verbindungen neigen i.d.R. zur Akkumulation in der Nahrungskette. Sie werden meist nur langsam mikrobiologisch abgebaut.»[15] Die Brisanz der Situation ergibt sich aber erst aus dem zweiten Satz im Jahresbericht: «Nordwestlich der Deponie Flotzgrün befindet sich das Wassergewinnungsgebiet Speyer-Süd in einer Entfernung von rd. 1,5 km.»

Tatsächlich weist die kleine Kontaminationsfahne genau in Richtung auf die Trinkwasserbrunnen der Stadt Speyer. Diese Fahne dürfte es eigentlich nicht geben, auch nicht unter den ältesten Deponieteilen, die eine mangelhafte Abdichtung der Sohle aufweisen, denn unter der Deponie liegt eine wasserundurchlässige, natürliche Tonschicht – eines jener marinen Sedimente, deren Ursprung wir bereits kennengelernt haben –, und oberhalb hat man es, wie man mir versichert, im Grundwasser eigentlich mit einem äußerst berechenbaren Strömungsgeschehen zu tun. Mit nur zehn Metern pro Jahr bewegt sich das Wasser in den natürlichen Sand- und Kiesschichten des Untergrundes auf den Altrhein zu. Um das Rätsel zu lösen, sei ein dritter Satz aus dem Jahresbericht zitiert: «Im Bereich der Insel Flotzgrün verläuft eine markante Störungsbahn in Nord-Süd Richtung», und zwar, wie aus der Legende einer Karte hervorgeht, unterhalb der «Tiefenschicht II». Von einer Störung spricht man in der Geologie, wenn seismische Aktivitäten zu einer Verwerfung im ursprünglichen Gefüge der Sedimente und Gesteinsschichten geführt haben. Die dünne isolierende Tonschicht ist hier vermutlich beiderseits einer Fuge gegeneinander verschoben, womit sich für die aus der Deponie aussickernden Chemikalien ein Durchschlupf in die unteren Grundwasserleiter aufgetan hat und nun auch der tiefste Brunnen des Wassergewinnungsgebietes Speyer-Süd nicht mehr sicher ist. Ein dem Jahresbericht angehängtes Gutachten stellt lakonisch fest, dass sich der Förderanteil in Speyer-Süd, der früher bei 75 bis 80% lag, «zugunsten stärkerer Förderung in Speyer-Nord verringert» habe.[16] Der Brunnen Speyer-Flach wurde offenbar schon stillgelegt.

Den kausalen Zusammenhang müssen wir uns zu letzterem Satz hinzudenken. Und dann lässt sich dieser Satz, wenn man möchte, auch als Feststellung über das politische Kräfteverhältnis zwischen BASF und den Speyerer Stadtwerken lesen. Vor allem aber sehen wir, dass das ursprüngliche Ziel einer Stabilisierung der Altlasten plötzlich schwieriger wird. Die BASF ergreift tatsächlich umfangreiche Maßnahmen. Ein Netz von sogenannten Abschirmbrunnen wird gebohrt, wie wir dies schon aus Bitterfeld kennen. Jährlich werden etwa 130000 Kubikmeter Grundwasser abgepumpt. Dazu kommen noch etwa 27000 Kubikmeter Sickerwasser. Zusammen füllen sie 150 bis 160 Ladungen eines Tankschiffes, das zwischen der Deponie und Ludwigshafen pendelt, um das kontaminierte Wasser in die Werkskläranlage einzuspeisen. Als wir an der Entladestelle der Deponie stehen, gleitet der Tanker gerade lautlos in den idyllischen Altrhein. Auf meine wiederholte Frage, ob der Mehraufwand im Rahmen der üblichen Kosten eines Deponiebetriebes liegt oder durchaus etwa einen ökonomischen GAU darstellt, erhalte ich keine Antwort. Über Kosten darf mir keine Auskunft gegeben werden, gibt man mir zu verstehen. Aber es ist klar, dass die Deponie Flotzgrün, als technisches Objekt betrachtet, mit dieser Wendung erheblich an Umfang und Komplexität gewinnt. Entgegen den ursprünglichen Hoffnungen sind permanente aktive Maßnahmen erforderlich, um die Situation unter Kontrolle zu halten, und zwar auf lange Sicht. Der Jahresbericht der Deponie enthält eine Projektion des Eintrags von Mecoprop, einem Herbizid. Die Achse des Diagramms endet im Jahr 2167, zu welchem Zeitpunkt der Wert allerdings noch immer nicht auf null gefallen sein wird.

Cartesianische Ökonomie

Wir können an diesen ersten Beobachtungen schon ein wichtiges Gesetz des Müllwesens ablesen, welches uns auch erlaubt, die laxe Rede von der Katastrophengeschichte des Mülls auf feste Füße zu stellen. Wir haben Müll bereits als eine naturhistorische Tatsache kennengelernt, als unvermeidliche Folge der Entstehung komplexer Systeme und schließlich des Lebens im All. Rasch geriet allerdings auch eine spezifisch menschliche Dimension des Mülls in den Blick, die wir nun genauer bezeichnen können. Das Grundgesetz lautet schlicht, dass der Müll mit der menschlichen Kultur immer komplexer wird. Solange der Mensch noch ganz Naturwesen ist, produziert er dieselben Ausscheidungen wie alle ihm ähnlichen Säugetiere. Mit dem ersten Auftauchen von Kultur, nämlich in Form von Werkzeugen, verändert sich dies nur wenig: Knochen, Holz, behauener Stein, schließlich Asche und gebrannter Ton kommen hinzu. Letztere beiden tragen in sich schon den Keim all dessen, was folgen wird. Mit dem Feuer, welches wir vermutlich schon seit einer Million Jahren verwenden und mindestens schon seit 100 000 Jahren selbst entflammen können, aktiviert der Mensch zum ersten Mal in seiner Geschichte einen Energiestrom, den er nutzt – zur Härtung von Werkzeugen, insbesondere aber zum Garen von Lebensmitteln –, ohne ihn körperlich zu verzehren. Die in den Kohlenhydraten und dem Zucker der Pflanzen und Früchte gespeicherte Sonnenenergie absorbieren wir ja körperlich. Vom Garen der Lebensmittel profitieren wir zwar auch, da der Verdauungstrakt weniger Energie aufwenden muss, um sich den Energie- und Nährstoffgehalt der Nahrung zu erschließen, und sich somit die Energiebilanz zu unseren Gunsten neigt. Aber der effektive Energiestrom verläuft zur Gänze außerhalb unseres Körpers.

Damit ist eine völlig neue Organisationsform des Stoffwechsels in die Welt getreten – ein echtes Novum in der Naturgeschichte. Es ist praktisch, dafür auch einen eigenen Begriff zu haben. Der britische Chemiker Frederick Soddy, der 1921 für seine Arbeiten über radioaktive Stoffe mit dem Nobelpreis ausgezeichnet wurde, hat diese besondere Verfasstheit des menschlichen Stoffwechsels als eine «cartesianische Ökonomie» bezeichnet, weil in ihr – wie in Descartes' dualistischer Ontologie – zwei prinzipiell verschiedene Elemente zusammenspielen:

Was die Nutzung [der Energie] angeht, so muss man in der kartesischen Ökonomie sehr sorgfältig zwei Formen der Nutzung unterscheiden. Erstens gibt es die eigentliche metabolische Verwendung im Körper für den Lebensprozess, die ich der Kürze halber als «Lebensverwendung» bezeichnen möchte. Zweitens gibt es einen Ersatz für die Verrichtung von äußerer Arbeit oder menschlicher Arbeit im eigentlichen Sinne, die besser direkt durch unbelebte Energie verrichtet wird. Dies werde ich als «Arbeitsverwendung» bezeichnen.[17]

Für die Unterscheidung, die Soddy hier der Sache nach trifft, schlug der Mathematiker Alfred Lotka, der für die Anwendung von mathematischen und physikalischen Prinzipien auf die Evolution bekannt geworden ist, später die Bezeichnung «endo-» und «exosomatisch» vor, also inner- und außerhalb des Körpers.[18] Die Menschheit lernte es, außerhalb ihres Körpers ablaufende Prozesse in ihren Stoffwechsel einzubeziehen – oder, dasselbe umgekehrt gesagt: Teile ihres Stoffwechsels in äußere Prozesse auszulagern. Während selbstverständlich in einem Ökosystem die Stoffwechselprozesse aller Lebewesen miteinander verschränkt sind, wie wir schon ausführlich diskutiert haben, kommt hier das Besondere hinzu, dass wir es bei den exosomatischen Prozessen – wie dem Kochen auf Feuer – mit *kulturellen* Techniken zu tun haben, die, wie auch Lotka hervorhebt, eine *kumulative* Dynamik kennen: Neue Generationen müssen das sprichwörtliche Rad nicht neu erfinden, sondern erhalten es als Teil ihres kulturellen Erbes mit auf den Weg, um auf dieser Grundlage wiederum neue Erfindungen machen zu können. Dieser Mechanismus setzt eine Entwicklungsdynamik der sogenannten kulturellen Evolution in Gang, die einen wesentlich schnelleren Takt als die biologische Evolution aufweist und die Menschheit auf den Pfad einer exponentiell komplexer werdenden Kulturentwicklung bringt.[19] Auf den Gebrauch des Feuers folgt – sehr viel später, nämlich erst mit der neolithischen Revolution vor ca. 12 000 Jahren – der Einsatz von Last- und Zugtieren, und nun geht es auf dem exponentiellen Ast steil aufwärts. In der Antike folgen Wasser- und Windenergie in Form von Mühlen, in der industriellen Revolution explodiert der Gebrauch von fossiler Kohle, sodann folgen erst das Erdöl und schließlich auch die Kernkraft.

Diese Dynamik gilt indes nicht nur für die Sonnenseite der menschlichen Technologie, sondern spiegelt sich auch im Müll als ihrer dunklen Seite. Auch der Müll wird immer komplexer, und seine Katastrophengeschichte können wir nun mit einem Fachterminus als kulturelle Evolution bezeichnen. Müll-Philosophie macht somit die Bilanz der Moderne neu auf. Der Oberrheingraben ist kein schlechter Ort dafür. Von den Folgen der «Rectification» zeichnet Blackbourn ein trauriges Bild. Die Arbeiten ziehen den Verlust fast aller Rheinauen nach sich. Mit dem alten Baumbestand verschwindet auch der Artenreichtum der Flora. Der Fischreichtum bricht zusammen. Nicht nur der Lachs verschwindet, sondern fast alle der ursprünglich etwa 45 Arten. Am Ende verbleiben nur noch drei oder vier Universalisten wie der Zander, die auch mit der anwachsenden Strömung zurechtkommen. Mit den Fischen verschwindet auch der Otter. Im Grunde bricht das gesamte Ökosystem zusammen. Was übrig bleibt, ist nur ein trauriger Rest des ehemaligen Reichtums. Für die Menschen ist die Bilanz ebenfalls ambivalent. Im begradigten Lauf fließt das Wasser schneller und gräbt dadurch stellenweise sein Bett um viele Meter tiefer. Der Grundwasserspiegel sinkt und die umliegende Landschaft verödet. Bei Schneeschmelze oder ergiebigem Regen fehlen die Auenwälder, um den Wassermengen Platz zu geben. Verheerende Hochwasser sind die Folge ...

Auf dem Grunde des Zechsteinmeeres

Wir werden dem Müll auf seiner Verlaufsbahn steigender Komplexität noch weiter folgen, denn auf der Insel Flotzgrün sind wir noch nicht an ihrem Ende angekommen. Abfallrechtlich betrachtet, schreiten wir nun von der Deponieklasse III zur höchsten Klasse IV fort. Verbindliche Definitionen sind gar nicht so leicht zu erhalten, da hier Kreislaufwirtschaftsgesetz, Abfallverzeichnis-Verordnung und Deponie-Verordnung ineinandergreifen. Ersteres regelt die Klassifizierung von Abfällen als «gefährlich» – der Fachausdruck für Sondermüll – durch die «zuständige Behörde», die zweite liefert eine präzise Unterscheidung und Klassifizierung von 232 Abfallarten, wobei gefährliche Abfälle mit einem Sternchen markiert sind, während letzteres die Deponieklassen definiert und ihre Errichtung sowie ihren Betrieb regelt. Die Frage aber, was überhaupt ein «gefährlicher Abfall» ist, führt erst einmal im Kreis herum. Fündig wird man erst in Anhang III der europäischen Abfallrahmenrichtlinie 2008/98/EG, wo fünfzehn Gefährlichkeitskriterien aufgezählt werden: explosiv, brandfördernd, leicht entzündbar, entzündbar, reizend, gesundheitsschädlich, giftig, krebserzeugend, ätzend, infektiös, fortpflanzungsgefährdend (reproduktionstoxisch), mutagen, Abfälle, die bei der Berührung mit Wasser, Luft oder einer Säure ein giftiges oder sehr giftiges Gas abscheiden, sensibilisierend (Überempfindlichkeitsreaktionen bei künftiger Exposition), ökotoxisch, und schließlich Abfälle, die auf irgendeine Weise die Entstehung eines anderen, unter eine der genannten Kategorien fallenden Stoffes bewirken können, z. B. durch Auslaugung. Eine ungefähre Zuordnung dieser Stoffklassen zu den Deponieklassen findet sich wiederum in der Deponie-Verordnung. Ein klares qualitatives Kriterium lässt sich dabei allerdings nicht angeben. Vielmehr greifen qualitative und quantitative Ausschlusskriterien ineinander. Letztere sind einfach Grenzwerte der enthaltenen giftigen Substanzen. Erstere ergeben sich aus der Art der Deponierung. Auf einer Deponie der Klasse III dürfen z. B. keine flüssigen, explosiven, brandfördernden, ätzenden, infektiösen, nicht identifizierten oder stark riechenden Abfälle gelagert werden.

Der Klasse IV von Deponien gilt unser weiteres Interesse, womit auch das nächste Ziel der Reise bestimmt ist. Wenn wir nun dem für Deponien dieser höchsten Klasse bestimmten Müll nachforschen, stoßen wir wieder auf die typische Struktur der Abfallgeschichte, wie wir sie inzwischen gut kennen: eine Urkatastrophe, dann gebiert der Müll den Müll. Damit sich aber niemand langweilen muss, werde ich mich bemühen, diese Geschichte so zu erzählen, dass eher ihre Besonderheiten denn das altbekannte Schema in den Vordergrund rücken. Diesmal wirft uns der Epizykel der Müllhistorie in das Jahr 1851 zurück, denn hier beginnt der Salzbergbau im Königreich Preußen, welches den Eigenbedarf an Speisesalz bei weitem nicht mehr decken kann und daher große Mengen aus England und Portugal einführt. Man suchte also nach neuen heimischen Quellen. Schon 1843 war man nach vierjähriger Bohrungsarbeit nahe Staßfurt in Sachsen-Anhalt in 816 Fuß Tiefe (also in gut 300 Metern) auf Steinsalz gestoßen. Die Bohrarbeiten wurden noch sechs Jahre weitergetrieben, ohne dass man – nun bereits in einem Kilometer Tiefe – auf den Grund der Salzschicht gestoßen wäre. Ein mächtiges Salzvorkommen! 1851 wurde der Schacht eröffnet, um mit dem Abbau zu beginnen. Zur Enttäuschung der preußischen Autoritäten erwiesen sich die obersten Lagen des Vorkommens als ungenießbar. Das Salz schmeckte bitter und musste als Abraumsalz aufgehaldet werden, um an die darunterliegenden reineren Schichten vordringen zu können.

Die wachsende Halde neben dem Bergwerk kann uns nicht mehr erstaunen. Wir wissen ja schon, dass Bergwerksabraum noch heute vom reinen Gewicht her den Löwenanteil des gesamten Müllaufkommens ausmacht. Auch das Vorhandensein von Salz tief unter der Erdoberfläche und weitab von allen Küsten kann uns nicht mehr überraschen, schließlich kennen wir das Phänomen schon aus dem Rheingraben. Allein, diesmal war die Urkatastrophe vielleicht noch einmal etwas spektakulärer, und außerdem war diesmal nicht Pluto, der Herrscher der Unterwelt, samt seiner vulkanischen Kräfte federführend, sondern sein Bruder Neptun, der Gott des Meeres.[20] Die – im Vergleich zur oberflächennah lagernden Braunkohle Bitterfelds – große Tiefe von bis zu einem Kilometer weist uns natürlich in eine fernere Vergangenheit zurück (diesmal müssen wir uns übrigens nicht auf eine Zeitreise in Gedanken beschränken, sondern können sie in Kürze höchstpersönlich und körperlich antreten). Vor rund 275 Millionen Jahren durchbrachen die Wassermassen des durch Gletscherschmelze ansteigenden Urozeans zwischen Norwegen und Grönland die Barriere des zentraleuropäischen Beckens und ergossen sich von Nordwesten her mit Urgewalt in die tiefliegende Senke zwischen England und Polen, um dort das nur wenige hundert Meter tiefe Zechsteinmeer zu bilden. Im warmen Wasser entstehen Korallenriffe, zwischen denen sich Quastenflosser, Haie und Reptilien tummeln. Am Grund bildet sich früh ein Tonsediment, in dem sich später Kupfer aus submarinen, mineralhaltigen Quellen anreichert – wir werden diesem «Kupferschiefer» später noch einmal kurz begegnen. Darüber folgt in dem Becken, das immer wieder vom Zustrom frischen Meerwassers abgeschnitten ist, bald ein zyklisches Muster von verschiedenen Mineralien, Salzen und Tonschichten, wobei Schwankungen in Meeresspiegel und Temperatur für dieses Muster verantwortlich sind. Bei starker Verdampfung kann das Wasser die gelösten Substanzen nicht mehr halten, die verschiedenen Minerale fällen in der Reihenfolge ihrer Löslichkeit aus und schichten sich auf dem Meeresgrund: zuerst Kalk (Calcit, $CaCO_3$), dann die Calciumsulfate Gips und Anhydrid, schließlich die Salze, beginnend mit Kochsalz (Halit oder Steinsalz, NaCl), worauf die verschiedenen Bitter- oder Kalisalze folgen (Sylvin oder Kaliumchlorid, Carnallit, das auch Magnesiumchlorid enthält, und das Kalium-Magnesium-Sulfat Kainit). Die folgenden Jahrhundertmillionen decken schließlich alles ordentlich mit gigantischen Schichten von Buntsandstein und Muschelkalk zu, womit sie den preußischen Ingenieuren jahrelange Bohrarbeiten bescheren.

Und damit wären wir wieder auf der Erdoberfläche, wo sich bei Staßfurt die ungenießbaren Bittersalze anhäufen. Die kleine Stadt im Regierungsbezirk Magdeburg beherbergt auch die Rübenzuckerfabrik Bennecke, Hecker & Co., in welcher der junge Chemiker Adolph Frank angeheuert hat. Allerdings macht das Geschäft Sorgen, denn die Äcker erweisen sich als «rübenmüde», die Ernteerträge gehen zurück. Und nun ereignet sich eine einzigartige Volte in der Weltgeschichte des Mülls. Wie ein Magier in der Zaubervorführung vertauscht sie vor unseren Augen die Rollen: Was Müll war, wird Wert, was Wert war, wird Müll. Gut 170 Jahre nach Eröffnung des Staßfurter Schachtes stehe ich an einem klaren, kalten Spätwintermorgen an der Grenze zwischen Hessen und Thüringen, um die Scheiben des Mietwagens vom Eis zu befreien. Gerade wirft die Sonne einen prüfenden Blick über die weitgeschwungene Horizontlinie, und ihre ersten Strahlen lassen in zartem Rosa, welches sich in den nächsten Minuten, die ich trotz der beißenden Morgenkälte im Freien ausharre, über ein von violetten Schatten durchbrochenes Orange in ein Gelbgold wandeln wird, die Flanken eines Berges aufleuchten, der sich mir genau gegenüber mit geometrischer Exaktheit, ungeheuer und befremdlich aus einer von Feldern und Waldstücken geprägten, flachen Hügellandschaft erhebt. In steilem Winkel und gerader Linie steigen seine sanft ondulierenden Seiten, deren weißer Grundton stellenweise über grau bis ins Schwarze spielt, aus dem Ackerboden auf. In 260 Metern Höhe endet der steile Aufstieg abrupt, um einem weiten Plateau zu weichen. Gleich dem mythischen Uluru, den die englischen Siedler Ayers Rock nannten, liegt dieser Berg in der Landschaft – fremd und von einer unwirklichen, aber mächtigen Präsenz.

Auch die Größenordnungen sind fast dieselben. Mit einer Länge von 1650 Metern und einer Breite von 850 Metern ist er halb so groß wie der berühmte australische Inselberg, während er ihm an Höhe sogar nur um 80 Meter nachsteht. Am Vorabend habe ich die freie Zeit genutzt, um mich bis an den Rand voranzupirschen, was mir auch gelang, da das unbewachte Tor des eingezäunten Geländes offen stand, und so kam ich bis an seinen Fuß heran und konnte eine Hand auf seine schwärzliche, glatte, krustige Oberfläche legen, die an einen verrußten Gletscher erinnert. Wenn ich beim Kochen Salz verschütte, dann lese ich aus einer abergläubischen Anwandlung jedes Körnchen, jeden feinen Kristall einzeln auf. Hier aber wird mein Aberglauben ad absurdum geführt. Vor mir liegen 243 Millionen Tonnen Salz, 121,5 Millionen Kubikmeter, die stündlich noch um 1000 Kubikmeter anwachsen – und die schlicht und ergreifend Müll sind.

Tatsächlich handelt es sich hier um unser Speisesalz, Natriumchlorid, welches die Bergleute Halit nennen. Jenseits des Berges, der, wie man erraten haben wird, nichts anderes als eine Abraumhalde darstellt, liegt eine Kalimine der K + S Aktiengesellschaft, welche mich hierhergeführt hat, weil sie die weltgrößte Untertagedeponie für gefährliche Abfälle beherbergt. Der Schacht mit dem charakteristischen Fördergerüst verbirgt sich in einem Seitental der Werra. Das Grundstück, welches einem Parkplatz und einigen pittoresken Nutzgebäuden aus Backstein Platz bietet, ist nicht groß. Aber unterirdisch erstreckt sich die Mine auf einer Fläche, die ziemlich genau dem Münchner Stadtgebiet innerhalb des Autobahnrings entspricht. Aber wie ist es dazu gekommen, dass die Bittersalzhalde eines Steinsalzbergwerks der Steinsalzhalde eines Bittersalzbergwerks wich? Es hat natürlich mit den Zuckerrüben zu tun, die in ihren modernen Hochleistungszüchtungen mit gesteigertem Zuckeranteil dem Boden viele Mineralien entziehen. Es ist dies wieder die Geschichte des unheilbaren

Risses. Nur dass sich hier zufällig eine Lösung oder zumindest eine Zwischenlösung einstellte, ja geradezu aufdrängte, schließlich treffen Problem und Lösung in Staßfurt im wahrsten Sinne des Wortes aufeinander. Eine Zeitlang behalf man sich im Rübenanbau mit Pottasche (Kaliumcarbonat, K_2CO_3), die man durch Auswaschen aus Holzasche gewann. Aber auch Holz war in Preußen nicht im Überfluss vorhanden. Die sich in Staßfurt aufhäufenden, nutzlosen Bittersalze enthalten aber, wie der junge Adolph Frank begreift, genau das Kalium, welches den Rüben fehlt:

> Da ich überzeugt war, daß die im Staßfurter Salzwerke bis dahin unbenutzt ruhenden oder, soweit sie beim Abteufen gefördert waren, als wertlos auf die Halde gestürzten Abraumsalze sich zum Ersatz des den Rübenäckern entzogenen Kalis eigneten, so richtete ich meine Arbeiten zunächst darauf, diese Salze für die Rübendüngung verwendbar zu machen, und es gelang mir dies in den Jahren 1859–1860. [...] Die lang anhaltende geschäftliche Depression, die der schweren Finanzkrise von 1857 folgte, war aber der Begründung neuer industrieller Unternehmungen wenig günstig, und da ich selbst mittellos war, so gelang es mir erst nach vielen vergeblichen Bemühungen im Frühjahr 1861, das nötige Kapital zur Anlage einer kleinen Kalifabrik in Staßfurt zusammenzubringen, in welcher Fabrik ich am 1. Oktober 1861, also etwa 10 Jahre nach Beginn des Schachtbaues, den Betrieb mit einer täglichen Verarbeitung von 100 Zentner Abraumsalzes begann und mit Erfolg durchführte.[21]

Der Erfolg war so durchschlagend, dass sich das Verhältnis bald umdrehte und heute das Steinsalz als bloßes Nebenprodukt einer Bergbauunternehmung anfällt, die eigentlich dem Kali gilt. Wir befinden uns nun erinnerlich im Tal der Werra, im äußersten Osten Hessens, etwa 200 Kilometer südwestlich von Staßfurt. Die hiesigen Salzschichten sind etwas älter und liegen daher auch tiefer. Die Kaligewinnung läuft immer noch auf Hochtouren, da der unheilbare Riss noch offen klafft und die Landwirtschaft daher weiterhin von der Düngemittelindustrie abhängt. Das Steinsalz, welches hier anfällt, ist aufgrund von Gips- und Anhydridbeimengungen so unrein, dass es nicht einmal als Streusalz verwendet werden kann. Die Reinigung wäre technisch möglich, ist aber nicht ökonomisch und würde vermutlich auch Unmengen Energie verschlingen. Für den ausgebeuteten Salzstock indes hat sich eine praktische und auch einigermaßen gewinnbringende Zweitverwendung als Deponie ergeben. Die Endlagerung macht rund 10% des Umsatzes der aktiven Mine aus.

Diese Deponie nehmen wir nun in Augenschein. In der Sprache der Bergleute spricht man von einer «Befahrung». Ohne dass ich recht weiß, wie mir geschieht, stehe ich plötzlich im eisernen Förderkorb, am Leib die geborgte Bergmannskluft: ein altmodisches, blau-weiß gestreiftes Leinenhemd mit kleinem Stehkragen und halber Knopfleiste, darüber weiße Arbeitshose und -jacke, schweres Schuhwerk, natürlich ein Helm, ebenfalls in weißer Farbe. Um den Hals baumelt die Grubenlampe, und über der Schulter hängt der schwere Selbstretter, der mich im Fall der Fälle für 60 Minuten mit Sauerstoff versorgen wird, damit ich die letzte Stunde voll auskosten kann. Ich war nicht darauf gefasst, dass es so schnell losgeht, und komme erst im anfahrenden Förderkorb dazu, zu fragen, wie lange die Einfahrt eigentlich dauern wird. Fünf Minuten? Zehn? Etwa noch länger? Die Antwort des Grubenleiters ist im Lärm des Apparates kaum zu verstehen. Keine zwei Minuten! Mit zehn Metern pro Sekunde rauschen wir in die Nacht, bis auf 750 Meter Tiefe. Legt man die 250 Millionen Jahre, die die Sedimente und das Deckgebirge zur Entstehung gebraucht haben, näherungsweise linear auf die 750 Meter Tiefe um, so entspricht jeder Meter mehr als 300 000 Jahren. Unsere rappelnde und ruckelnde Low-Tech-Zeitmaschine – ein Korb am Drahtseil, das über die große, weithin sichtbare Umlenkrolle am Förderturm rauscht – führt uns also pro Sekunde 3 Millionen Jahre in die Vergangenheit!

Unten angekommen befinden wir uns mitten im Salz: Decke, Wände, selbst der Boden besteht aus dem Mineral. Die vollkommen trockene Luft hat 29 °C, es riecht staubig und leicht nach Dieselabgasen, ein leichter Windzug von der Bewetterung zerrt von hinterrücks an der Kleidung. Vor uns beginnt eine breite, flache Allee, die nach einigen beleuchteten Metern ins Dunkel führt. Der Grund ist nicht eben, sondern führt in weiten Wellenlinien, die dem Verlauf des tektonisch verformten Flözes folgen, so dass man niemals viel Sicht hat. Ein riesiges Straßennetz erstreckt sich hier unten. Auf der Karte wirkte der Aufbau noch übersichtlich, da das Salz sehr systematisch in einem rechtwinkligen Maschenmuster abgebaut wird. Es werden je etwa 25 Meter breite «Strecken» von etwa drei Meter Höhe in das Salz getrieben, sodann bleibt ein Abschnitt derselben Dicke als Pfeiler stehen, der die Last des herabdrückenden Deckgebirges stemmen muss. Im rechten Winkel dazu folgt dasselbe Muster, so dass sich eine regelmäßige Struktur ergibt. Auf diese Weise lässt sich nur etwa 40% des Salzes fördern, aber man spart den aufwändigen Bau einer Stützstruktur.

Gleich neben dem Förderschacht befindet sich ein unterirdischer Parkplatz, wo ein offener Jeep bereitsteht. Mit diesem werden wir nun eine Stunde durch die dunklen Gänge jagen. Schon nach wenigen Minuten habe ich vollständig die Orientierung verloren. Nach der Beleuchtung auf den ersten Metern, wo die Fahrzeuge parat stehen und auch die Grubenwehr untergebracht ist, wird es stockdunkel. Wir fahren ziemlich schnell, die Sicht begrenzt auf das enge Feld der Scheinwerferkegel. Immer wieder tauchen in der Dunkelheit riesige Förderlader auf, die aber aufgrund der geringen Deckenhöhe flach gebaut sind und sich zwischen ihren mächtigen Vollgummireifen wie Wildkatzen auf der Pirsch an den

Boden drücken. All dieses große Material wurde kopfüber, teilweise in demontierter Form, durch den der Frischluftzufuhr dienenden Bewetterungsschacht hinuntergelassen. Wände, First und Sole sind grau, wohl von Staub und Dieselruß. Einmal taucht an einer Ecke im Scheinwerferlicht ein offenbar recht frisches Stück Grubenwand auf, an welchem sich die verschiedenen Salzschichten an ihrem Farbenspiel erkennen lassen: Den grauen bis milchig weißen Hintergrund durchziehen mehrere rötliche Bänder, die an manchen Stellen das Blutrot ahnen lassen, welches das Carnallit als wichtigstes der Kalisalze bisweilen annimmt. Darüber leuchtet ein Band schönen Blaus in Schattierungen verschiedener Tiefe, bisweilen rein wie der der Himmel in Giottos Fresken in der Scrovegni-Kapelle, stellenweise aber auch mit einem Zug in ein tiefes, hypnotisches Violett. Es handelt sich in Wahrheit bloß um Steinsalz. Als Quelle des Farbeffekts vermutet man eine Störung in der Gitterstruktur des Halits aufgrund der natürlichen Radioaktivität des Kalisalzes, aber Gewissheit konnte die Wissenschaft in dieser Frage noch nicht erlangen.[22]

Während unserer chaotischen Fahrt – links, rechts, hoch, runter – tauchen beiderseits der Fahrbahn immer wieder alte Strecken auf, die vielleicht 30 oder 40 Meter in den Salzflöz getrieben wurden. Manche von ihnen werden einfach mit den Schlacken und hochbelasteten Rauchgasreinigungsrückständen aus Müllverbrennungsanlagen als «Bergversatz», also zur Stabilisierung der Kammern, verfüllt. Hier endet unser aller täglich Müll. In Deutschland werden heute Siedlungsabfälle kaum mehr deponiert, sondern der «thermischen Verwertung» zugeführt. Verbrennen heißt aber nicht zum Verschwinden bringen. Das Volumen reduziert sich drastisch, aber dafür sind die Rückstände umso stärker belastet. Hier unten erst endet die Geschichte dieses Mülls. Mein Interesse gilt indes vorrangig den gefährlichen Abfällen. 60 bis 70% stammen aus Deutschland, der Rest aus anderen europäischen Ländern.

Vor dem Tor habe ich bereits die LKWs zur Entladung in langer Schlange warten sehen. Fünfzig Stück treffen jeden Tag ein, bei meiner Ankunft gerade einer aus Slowenien. Als Erstes wird die Fracht chemisch kontrolliert, denn auch in einer Untertagedeponie der Klasse IV dürfen nicht alle Stoffe eingelagert werden: Flüssige, explosive, brandfördernde, ätzende, infektiöse Abfälle sind ausgeschlossen, auch organische Abfälle, da beim biologischen Abbau sich nicht nur das Volumen verringert, sondern auch Wasser austritt und unter Umständen Gas entsteht. Weiters sind Abfälle mit zu hohem Brennwert verboten und auch solche, die in Reaktion mit anderen Abfällen oder dem umgebenden Gestein zu Volumenvergrößerungen, Bildung selbstentzündlicher, toxischer oder explosiver Stoffe oder Gase führen, Abfälle, die explosionsgefährlich, hoch oder leicht entzündlich sind, stechenden Geruch freisetzen oder keine ausreichende Stabilität gegenüber den geomechanischen Bedingungen aufweisen.

Manche Abfälle werden in sogenannten Big Bags aus synthetischem Gewebe angeliefert, wie man sie manchmal auf Baustellen sieht. Das wird in der Deponie nicht gerne gesehen, denn sind die Beutel schlecht verfüllt, müssen sie auf Paletten verfrachtet werden, damit man sie in drei Lagen bis unter die Decke stapeln kann. Vor einigen Jahren sind solche Paletten unter eingelagerten Aluminiumschlacken in Brand geraten, was unter Tage eine ernste Situation darstellt. Es entwickelte sich eine solche Hitze, dass an Löschversuche nicht zu denken war. Es blieb nur, die Strecke zu vermauern, um den Brand zu ersticken. Am Vorabend habe ich über diesen Vorfall eine Sendung im Archiv des Deutschlandfunks gehört. Man ist darauf nicht so gut zu sprechen, und der Journalist hat damals auch keinen Zugang zum Bergwerk erhalten. Als ich ihn einige Wochen später durch einen bloßen Zufall und zur großen Erheiterung der Runde bei einem Abendessen am Comer See kennenlerne, haben wir uns viel zu erzählen, und bis tief in den Abend ist der Müll das beherrschende Gesprächsthema im Kaminzimmer der Villa Vigoni.

Noch aber sind wir untertage. Die meisten Abfälle kommen in Stahlfässern an, wie wir Laien sie sofort mit Sondermüll assoziieren. Im Fachjargon heißen sie Gebinde. Untertage angekommen wird der Müll fein säuberlich sortiert und in getrennten Strecken gelagert, um später Reaktionen zwischen den Chemikalien zu vermeiden. Etliche solche Lager schauen wir uns an, überall stehen die Fässer in verschiedenen Farben bis unter den First gestapelt. Auch die Stahlfässer können die Gerüche nicht zurückhalten, die sich in der stickigen Luft aufstauen und an denen der versierte Grubenleiter sofort die Art von Müll erkennt. Filterstäube riechen muffig, in der Umgebung von quecksilberhaltigen Abfällen liegt ein scharfer Ammoniakgeruch in der Luft. Allerorten dröhnen Ventilatoren, die die zugeführte Frischluft durch das Bergwerk leiten.

Ist eine Strecke verfüllt, wird sie zugemauert – bis knapp unter den First. Die verbleibenden Zentimeter werden mit Glaswolle verfüllt, denn die Decke senkt sich um etwa einen Zentimeter pro Jahr aufgrund der Last des Deckgebirges. Dieser Vorgang ist durchaus Teil des Konzepts «Endlagerung». In wenigen Jahrhunderten werden sich die Hohlräume des Bergwerks komplett geschlossen haben. Das absinkende Salz wird die Stahlgebinde einfach zerdrücken. Die Fässer dienen also – *sub specie aeternitatis* – nicht der Lagerung, sondern einzig dem Transport und der sicheren Handhabung. Am Ende wird nur das Salz selbst die giftigen Stoffe einhüllen. Steinsalz hat die besondere Eigenschaft, ein plastisches Gestein zu sein. Weder bricht es bei Belastung wie ein sprödes Material, noch baut es Spannung auf wie ein elastischer Stoff. Es verhält sich bei sehr hohem Druck vielmehr wie Knetmasse, die sich in beliebige Formen bringen lässt und diese dann beibehält. So wird sich das Salz dicht um die Abfälle schmiegen und sie für immer – so das Kalkül – in seinem Inneren einschließen. Die überliegende Tonschicht isoliert das Salz vom Grundwasser, denn seine geringe Löslichkeit stellt natürlich die Schwachstelle des Salzes dar. So soll der Müll unter dem 500 Meter mächtigen Deckgebirge für immer verschwinden.

Zum Abschluss unserer Rundfahrt halten wir ein letztes Mal und werfen einen Blick in den Probenraum – eine kleine, verschlossene Halle, die in einer Seitenstrecke errichtet wurde. Hinter der Stahltür warten beiderseits eines langen Ganges, der im Licht der aufflackernden Neonröhren erkennbar wird, dutzende Regale, viele von ihnen bereits gut angefüllt mit hunderten, tausenden kleinen Fläschchen, die Pulver und Granulate in allen erdenklichen Farben enthalten, zumeist Schattierungen von Grau und Braun, manchmal aber auch leuchtend blau, grün oder orangerot. Von jedem angelieferten Abfall wird hier die eingangs untersuchte Probe aufbewahrt, säuberlich beschriftet mit Inhalt, Ursprung und Lieferdatum. Fast das gesamte Periodensystem der Elemente ist hier versammelt. Was ist das für ein eigentümlicher Ort? Eine Alchemistenküche des 16. Jahrhunderts, wie ich ihre Überreste später am Tag im Hallenser Landesmuseum für Vorgeschichte sehen werde, als ich einen Zwischenstopp einlege, um die Himmelsscheibe von Nebra zu bewundern? Ein naturhistorisches Kabinett des 18. Jahrhunderts? Teylers Museum im nordholländischen Haarlem mit seinen wundervollen Holzvitrinen kommt mir in den Sinn, oder Goethes Mineraliensammlung in seiner Weimarer Heimstatt. Aber nein, wir sind im 21. Jahrhundert, und vor uns liegt vielmehr so etwas wie das Archiv unserer ökologischen Sünden (selbstredend sind auch Proben aus Bitterfeld dabei!). Ich habe vergessen, nachzufragen, vermute aber, dass man vor der endgültigen Versiegelung des Bergwerks diese Proben nicht bergen wird. Wozu auch? Es ist ja die Wette des Konzeptes Endlagerung, dass wir nicht wissen müssen, welche Stoffe hier unten in ihren Steinsalzmulden liegen und träumen. Ich versuche mir vorzustellen, wie unter der sinkenden Decke die Stahlpfosten der Regale einknicken, der Putz von den Wänden springt, die Probengläschen zu Boden fallen und schließlich zerdrückt werden, ohne dass jemals ein Mensch davon Zeuge wird.

Aber ich werde aus meinen Gedanken gerissen. Es ist Zeit, an die Erdoberfläche zurückzukehren. Auf den Anruf, um den Förderkorb zu bestellen, reagiert niemand. Ein Schreckmoment. Plötzlich kommt mir die Luft hier unten viel stickiger vor. Noch ein Versuch, ein fragender Blick. Dritter Versuch. Endlich kündigt lautes Klappern den Förderkorb an, und bald geht die rasende Fahrt wieder nach oben, durch 250 Millionen Jahre, zurück in die Gegenwart, an die Luft. Auf dem Parkplatz steht der Mietwagen bereit, ein nagelneuer, hässlicher SUV.

Die Zukunft der Schönheit

Haben wir mit dieser Reise den *ground zero* des Mülls erreicht? Die Wahrheit ist – und darin liegt ein Problem –, dass es diesen Ort nicht gibt. Aber wir können uns immerhin auf die Suche nach den Gründen seines Fehlens, seiner Nichtexistenz machen, indem wir den Platz besuchen, wo dieser Ort hätte sein müssen. An einem dunklen Winterabend treffe ich in Uelzen ein, einer kleinen, von der Geschichte vergessenen Hansestadt am Südrand der Lüneburger Heide. Die übrigen Fahrgäste, die hier aussteigen, sind offenbar Ortskundige, denn sie verstreuen sich umgehend in alle Winde, während ich mich einen Moment orientieren muss. So habe ich Gelegenheit, den Bahnhof auf mich wirken zu lassen, der im Jahr 2000 nach Plänen von Friedensreich Hundertwasser umgestaltet wurde. Ich habe zum Werk dieses Künstlers nie einen Zugang gefunden, muss nun aber zugeben, dass er etwas von seinem Handwerk versteht. Schließlich hat er eigentlich erst in Kapitel 6 seinen großen Auftritt, weiß als Profi aber, dass es für die Komposition klug ist, sich schon einmal kurz in Kapitel 3 zu zeigen. Wir erwidern also seinen Gruß!

Am nächsten Morgen geht die Fahrt im Mietwagen weiter. Ich breche in aller Frühe auf und fahre immer Richtung Osten, der aufgehenden Sonne entgegen, die sich an einem kalten Wintermorgen langsam aus einem Spinnennetz von Kondensstreifen in den milchigen Himmel erhebt, um die kahlen Alleen und reifbedeckten Wiesen und Felder in ihr karges Licht zu tauchen. Auf dem Weg liegen immer wieder idyllische Dörfer. Höfe aus Fachwerk und rotem Backstein, die Fensterrahmen weiß gestrichen, alter knorriger Baumbestand umsäumt die stellenweise noch gepflasterten Straßen. Im Radio denkt Friedrich Christian Delius in dem autobiographischen Text *Die Zukunft der Schönheit* über seine Herkunft aus der deutschen Provinz und seine frühesten Anfänge als Schriftsteller nach, derer er sich erinnert, als er im New York der 1960er Jahre, die Taschen voller Dollar der *Ford Foundation*, seinen ersten Erfolg genießen lernt.[23] Die 60er Jahre! Am 1. Januar 1961 war in Deutschland das *Gesetz über die friedliche Verwendung der Kernenergie und den Schutz gegen ihre Gefahren* in Kraft getreten, und bereits im Juni desselben Jahres speiste der erste kommerzielle Kernreaktor – das Kernkraftwerk Kahl in Bayern – Strom in das westdeutsche Netz ein. Das Atomzeitalter war angebrochen und versprach billige Energie im Überfluss. Die Dollars in den Taschen fühlten sich noch ungewohnt an, aber die Armut wirkte im Rückblick schon miefig und provinziell. Freundlich, aber bestimmt übertönt die dunkle, weibliche Stimme des Navigationssystems den Literaten im Radio: «Im nächsten Kreisverkehr die erste Ausfahrt, Richtung Gorleben.»

Gorleben ist ein besonderer Ort, weil die Menschheit hier durch ein spektakuläres Aufgebot all ihrer Tiefen und Untiefen kompensieren zu wollen schien, was eine vergleichsweise zahme Geologie uns an Dramatik vorenthält. Die Lithosphäre bietet in der Tat ein nahezu meditatives Bild. Die Ausgangslage entspricht ziemlich genau dem, was wir bereits aus dem Tal der Werra kennen: eine mächtige Salzschicht, tief vergraben unter Ton und einem Deckgebirge aus Buntsandstein, Muschelkalk und noch späteren Ablagerungen. Nun muss man aber wissen, dass eine solche tief vergrabene Salzschicht, physikalisch betrachtet, nicht einfach in sich ruht. «Alle Dinge sind an sich selbst widersprechend», lehrte Hegel, und «nur insofern etwas in sich selbst einen Widerspruch hat, bewegt es sich, hat Trieb und Tätigkeit.»[24] Beim Steinsalz ergibt sich der innere Widerspruch aus zwei Faktoren. Erstens ist das Salz in dem Maße der es überlagernden Gesteinsschichten einem stetig wachsenden, bald gigantischem Druck ausgesetzt, unter welchem es endlich, obgleich noch immer eigentlich ein Kristall, fließfähig wird. Nicht wie eine Flüssigkeit, wie wir sie uns normalerweise vorstellen. Aber bis zu 0,3 Millimeter pro Jahr kann das Salz unter diesen Umständen doch fließen. Dies lernten wir schon in Herfa-Neurode, wo das Salz den Müll ja schließlich fest umschießen soll. Der zweite Faktor besteht in der sogenannten «Dichteinversion» – vielleicht ein etwas groß gewähltes Wort, hinter dem sich kein komplizierter Prozess, sondern lediglich eine zufällige Tatsache verbirgt: Das Salz hat eine etwas geringere Dichte als das darüberliegende Gestein, so dass es wie ein Stück Holz, das man unter Wasser drückt, an die Oberfläche drängt. In der Summe sehen wir das Salz mithin in einer Lage, in welcher es sowohl den Willen als auch prinzipiell die Fähigkeit hat, an die Oberfläche zu steigen. Meist wird es vom Deckgebirge wirksam zurückgehalten. Doch geht das nicht immer gut. Sobald eine geologische Störung eine Gelegenheit bietet, gerät das Salz ins Strömen, unendlich langsam zwar, doch auch unaufhaltsam. Es sammelt sich, schwillt an, drängt nach oben. Meistens bildet das Salz auf diese Weise einen gewaltigen Dom, den sogenannten Salzstock. Bisweilen kann sich aber auch ein riesiger Tropfen von der zurückbleibenden Schicht lösen und allein aufsteigen – derselbe Effekt wie in einer Lavalampe, wie manche sie vielleicht noch aus den Zeiten vor der LED-Birne kennen, nur eben unendlich langsam. Aber auch 0,3 Millimeter pro Jahr addieren sich in einem Jahrtausend zu dreißig Zentimetern, in einer Jahrmillion zu 300 Metern ...[25]

An solchen Stellen dringt das Salz nah an die Oberfläche. Von den Menschen sind sie oft schon früh entdeckt worden, da die Ausbeutung des Vorkommens hier besonders einfach ist. Norddeutschland ist durchsetzt mit solchen Orten, deren Namen oft auf den Ursprung hinweisen: Salzgitter, Salzhausen, Salzwedel. Der Abbé Grégoire, um diesen wackeren Geistlichen nicht zu vergessen, den wir bereits im ersten Kapitel kennengelernt haben und der im letzten Kapitel noch einmal eine wichtige Rolle spielen wird, der Abbé Grégoire also stammte aus der unmittelbaren Nachbarschaft einer Gegend in Lothringen, die man als das *Saulnois* bezeichnet, das «Land des Salzes». Das Mineral wird hier tatsächlich vom Grundwasser bis an die Oberfläche gespült, um dort charakteristische Salzwiesen und -sümpfe zu bilden, die schon in prähistorischer Zeit zur Salzgewinnung dienten und später auch für die durchziehenden Römer wichtig wurden – mit dem einen Unterschied, dass wir es hier nicht mit einem Salzstock zu tun haben, sondern die Salzschicht durch tektonische Kräfte an die Oberfläche gedrückt wurde.

In Gorleben findet sich ein typischer Salzstock. Das aufstrebende Salz hat durch seinen mächtigen Druck die überliegenden Sedimente, insbesondere die Tonschicht, aufgewölbt und somit der Erosion preisgegeben. Von der Luft trennen den Salzstock nur einige jüngere Sedimente, unter denen er ungestört ruhte, bis er in den 1970er Jahren aufgrund der uns bereits bekannten Eigenschaften bei der Suche nach einem Endlager für radioaktive Abfälle die Aufmerksamkeit weckte.

Und damit schlagen wir ein weiteres Kapitel der Müllgeschichte auf. Weltweit sind heute mehr als 400 Atomkraftwerke in Betrieb. Allein die Menge des hochradioaktiven Abfalls – welcher den kleinsten, aber gefährlichsten Anteil der gesamten radioaktiven Abfälle ausmacht und somit das giftigste Material darstellt, welches die Menschheit je hergestellt hat und das für 100 000 bis 1 000 000 Jahre sicher gelagert werden muss – beläuft sich auf ungefähr 250 000 Tonnen.[26] Darunter fällt insbesondere das Spaltprodukt Plutonium, das in den Reaktoren als Abfall entsteht. Von diesem Element, welches in der Erdkruste nur in winzigsten Spuren vorkommt, hat der Mensch auf diese Weise inzwischen etwa 500 Tonnen künstlich hergestellt. Eine bloße Handvoll des tödlichen Stoffes würde derweil ausreichen, um unsere gesamte Gattung zu vernichten.[27] Allein, weltweit ist derzeit kein einziges Endlager für hochradioaktive Abfälle in Betrieb. Das Gros der ausgebrannten Uranbrennstäbe lagert in den wassergefüllten Abklingbecken der Kernkraftwerke, was technisch die ungünstigste Lösung ist, da permanent durch aktive Kühlung Wärme abgeführt werden muss. Fällt die Kühlung aus, droht ein Desaster wie in Fukushima. Finnland hat 2015 als erstes Land ein Endlager untertage errichtet, aber noch nicht in Betrieb genommen. Die Schweiz hat kürzlich einen Standort im Zürcher Unterland ins Auge gefasst, wo in dreißig Jahren ein Endlager entstehen könnte. Frankreich erkundet derweil unter heftigen Protesten den Standort Bure in Lothringen. Der aktuelle *World Nuclear Industry Status Report* für das Jahr 2022 blendet das Thema einfach aus.[28]

Gegebenenfalls aufsammeln

Natürlich war vom Beginn der Kernkraftnutzung an klar, dass sich das Müllproblem stellt. 1959 luden die Internationale

Atomenergie-Organisation IAEA und die UNESCO zur Konferenz nach Monaco, um über die offene Frage zu diskutieren. In seinem Eröffnungsstatement stellte der Direktor der IAEA fest, dass die Rede von «Müll» (*waste*) eigentlich irreführend sei. Es handele sich lediglich um Material, für das sich noch keine anderweitige Verwendung gefunden habe.[29] Die geladenen Experten sahen prinzipiell zwei Möglichkeiten der Lösung des Müllproblems. Die erste bestünde darin, den Müll hinreichend zu verdünnen, z. B. indem man ihn einfach in die Ozeane kippt, wo er sich in den gigantischen Mengen Meerwassers vermischen würde. Bis 1993 war dies durchaus eine verbreitete Praxis, die vor allem von den USA, der Sowjetunion und Großbritannien betrieben wurde. Die USA haben laut IAEA mindestens 90 000 Behälter unbekannten Gesamtgewichts in Nordatlantik und Pazifik versenkt. Für Sowjetunion und Russische Föderation summieren sich die Mengen auf weit mehr als 300 000 Kubikmeter. Allein sechs ganze Reaktoren ließ man auf diesem Wege verschwinden. Westdeutschland hat in einer einmaligen Operation 1967 – also unter dem Kabinett Kiesinger, der die erste große Koalition von CDU und SPD anführte – 480 Fässer mit einem Gesamtgewicht von 185 Tonnen unweit der portugiesischen Küste in den Tiefen des Atlantiks versenkt.[30] Auf der Konferenz von Monaco hatte ein US-amerikanischer Ozeanograph vorsorglich versichert, bei weiten Teilen der Weltmeere handele es sich um «richtiggehende Wüsten, die ohnehin keine Fischbestände in ökonomisch ausbeutbaren Größenordnungen beherbergen».[31]

Die zweite Schule der Experten bevorzugte eine möglichst vollständige Absonderung der hochradioaktiven Abfälle von der Biosphäre. Salzvorkommen gehörten zu den ersten Kandidaten, da das Material leicht zu bearbeiten ist und aufgrund hoher thermischer Leitfähigkeit die Abwärme des Atommülls gut aufnehmen und ableiten würde. Schon auf der Konferenz in Monaco wurden vage die Salzstöcke «im Nordwesten Deutschlands» erwähnt, aber man erwog auch andere Möglichkeiten. In einer der im Tagungsband dokumentierten Diskussionen meldet sich ein gewisser B. Philbert aus der BRD mit einem verblüffenden Vorschlag zu Wort: Man solle den radioaktiven Müll einfach in Behältern «wie Bomben» über den Festlandeisschilden Grönlands oder der Antarktis abwerfen. Schon beim Aufprall würden sie sich 10 bis 20 Meter in das Eis bohren und sodann durch die Abwärme des radioaktiven Zerfalls noch tiefer einschmelzen. Über ihnen würde das Schmelzwasser wieder gefrieren, so dass sie das Eis so fest und dicht umschlösse, wie man es auch vom Salz erhofft. Auf diese Weise seien die Abfälle für mindestens 20 000 Jahre sicher gelagert.[32]

Fast zwanzig Jahre später, im Jahr 1976, verteidigte Karl Philbert den Vorschlag seines Bruders Bernhard in Worten, die umso erstaunlicher sind, als man sie in einer Fachzeitschrift nicht erwarten würde. «Unser Schöpfer hat uns als Verwalter dieses Planeten eingesetzt», lesen wir auf den vergilbten Seiten der Zeitschrift *Polarforschung*. «Das ist eine Verpflichtung, die keine Kompromisse duldet, wenn es um die Gesundheit und die Existenzgrundlage unserer Nachkommen geht.»[33] Das Bekenntnis ist keine bloße Rhetorik. Die Gebrüder Bernhard und Karl Philbert, die auf eine ansehnliche Liste physikalischer Fachveröffentlichungen und Karrieren mit vielen internationalen Stationen zurückblicken können, gemeinsam über einhundert Patente an technischen Erfindungen halten sollen und mit ihren Vorschlägen zur Besteuerung von Mineralöl und Treibstoff zu den Vorreitern der Umweltgesetzgebung in Deutschland gehören, erhielten 1972 die Priesterweihe und agierten in einer wissenschaftlich-spirituellen Doppelrolle. 1976 kommt Karl Philbert anlässlich der Ölpreiskrise noch einmal auf die Frage der Atomkraft zu sprechen. Eine einfache Lösung der modernen Energiekrise sah er damals im Energiesparen. Allein bei Raumheizung und Verkehr, den größten Posten, ließe sich eine Reduktion um 50% erreichen, wenn man sich nur an eine niedrigere Raumtemperatur gewöhne und den «privaten Straßenkreuzer» zugunsten öffentlicher Verkehrsmittel stehenlasse. Vor dem weiteren Verbrauch fossiler Energieträger rät er dringend ab. Er befürchtet «eine Art Treibhauseffekt» durch den Ausstoß von Kohlenstoffdioxid, auf den das Klima möglicherweise sogar «mit instabilen Rückkopplungs-Vorgängen reagiert» (ich wiederhole: wir befinden uns im Jahr 1976, während der Begriff des Kipppunkts erst um 2008 in der Debatte auftaucht[34]). Auch der Atomkraft begegnet der Autor durchaus nicht naiv: «Die eigentlichen Gefahren der großtechnischen Kernenergie-Nutzung lassen sich in drei Stichwörtern zusammenfassen: Krieg, Sabotage, Abfall.» In schaurigen Worten beschwört er ihre Gefahren – um schlussendlich doch für ihre Nutzung zu plädieren und für die Abfallbeseitigung auf eben jenen Einfall seines Bruders zurückzugreifen, den er gegen Bedenken, die 1976 noch nicht unbedingt auf der Hand lagen, souverän verteidigt:

Selbst im allerschlimmsten Fall – einem katastrophalen, den Eisschild in einigen Jahrhunderten abschmelzenden Klimasturz und/oder einer gigantischen, die Hauptmasse des Eises wegtragenden Instabilität – würden die Abfälle die Biosphäre nicht verseuchen können. Sie gelangen nicht an die Boden-Eis-Grenzfläche oder ins Meer. Höchstens kommen sie nach Jahrhunderten zur Eisoberfläche und/oder werden sie nach vielen Jahrhunderten am Boden abgesetzt und können dort gegebenenfalls aufgesammelt werden.

«Gegebenenfalls aufsammeln» rät also der eigentlich ökologisch hochgradig sensibilisierte Autor in Ansehung des *worst case*. Wenn man in die Geschichte des Wissens und der Ideen abtaucht, wie wir es hier ansatzweise getan haben, muss man immer darauf gefasst sein, merkwürdigen Diskursen zu begegnen – in den Rezept- und Wunderbüchern der Renaissance, den Kosmologien der Antike usw. –, und die Merkwürdigkeit zeigt in der Regel nur an, dass man die charakteristische innere Logik, die für die Zeit bestimmend war, noch nicht richtig begriffen hat. Wir befinden uns hier aber bloß in der jüngsten Vergangenheit. (Karl Philbert ist ausweislich seiner Internetseite noch heute gelegentlich als Verfasser von Leserbriefen aktiv, worauf wir später kurz zurückkommen werden.) Es ist mithin die verstörende Logik unserer eigenen Epoche, die hier im Spiegel der seltsamen Fundstücke kenntlich wird.

Bernhard Philbert hat seine Pläne wohl auch im westdeutschen Atomministerium vorgestellt, soll dabei jedoch einen «fanatischen Eindruck» hinterlassen haben und auf taube Ohren gestoßen sein.[35] Aber die Politik agierte mitnichten rationaler als die Wissenschaft, im Gegenteil: Gorleben bietet die Bühne für ihr vollständiges Versagen. Ich will es kurz machen, da der Fall gut dokumentiert ist. Vielleicht reicht schon ein Zitat aus dem Klappentext von Lothar Hahns und Joachim Radkaus Dokumentation der deutschen Atomgeschichte: «Tarnen und Täuschen: Unter diesem Motto ließe sich die kurze, aber ereignisreiche Geschichte der Atomwirtschaft zusammenfassen. Ob Adenauers Atombombenpläne oder das Festhalten an angeblich sicheren Endlagern – immer wieder wurde die Öffentlichkeit gezielt belogen oder desinformiert.»[36] Bereits seit 1966 wurde probeweise in dem Salzstock Asse II radioaktives Material eingelagert, oder richtiger: einfach abgekippt, wobei man auf eine Inventarisierung verzichtete. Später fanden sich sogar Tierkadaver zwischen den radioaktiven Abfällen. 2013, nachdem die Situation in dem maroden Bergwerk, insbesondere das Eindringen von Grundwasser, jahrelang vertuscht wurde, in der Zwischenzeit aber sogar eine Häufung von Krebsfällen in der Umgebung belegt wurde, beschloss der

Bundestag die Rückholung sämtlicher Abfälle – auf Kosten der Allgemeinheit. 1977 wurde der Salzstock Gorleben als zukünftiges Endlager auserkoren. Wie man heute weiß, sollen dabei politische Motive leitend gewesen sein. Der niedersächsische Ministerpräsident Ernst Albrecht, dem das direkt an der Grenze zu seinem Bundesland gelegene ostdeutsche Endlager Morsleben ein Dorn im Auge war, soll den Standort an der Elbe gewählt haben, weil er «die Ostzonalen mal richtig ärgern» wollte.[37] Hat er etwa geglaubt, der Sozialismus würde eine Million Jahre währen? Auch in einer zweiten Einschätzung täuschte sich Albrecht: Im dünn besiedelten und politisch konservativen Wendland, damals «Zonenrandgebiet», erwartete er keinen nennenswerten Widerstand.

Auf dem Weg nach Gorleben mache ich im Büro der Bürgerinitiative Lüchow-Dannenberg halt, dem Zentrum der legendären Widerstandsbewegung gegen das geplante Endlager. Das ungeheizte Büro in einem traditionellen Fachwerk- und Backsteinhaus entspricht genau den Erwartungen. Ein geduckter, zweckmäßiger, aber gemütlicher Raum. Es wird ein Kräutertee serviert. An den Wänden stehen Regale aus unbehandeltem Fichtenholz, gefüllt mit Leitzordnern – nicht aus bürokratischer Leidenschaft, sondern weil eine Politik der «organisierten Unverantwortlichkeit» ihre Kritiker zwang, es besser zu machen und an ihrer statt genau zu sein.[38] Auf dem Schreibtisch steht sogar noch ein Faxgerät. Ein stummer Zeuge aus den 1990er Jahren. Während unseres Gesprächs piepst das Gerät und wirft tatsächlich pflichtbewusst ein Blatt Papier aus.

Mein Interesse gilt nicht so sehr der Geschichte des Widerstandes, sondern ich will lieber wissen, welche Gedanken man sich in der BI über unser zukünftiges Leben mit dem Müll macht. Aber meine Ansprechpartner verweigern sich dieser Frage ganz bewusst. Ihre Aufgabe sei es, Fragen zu stellen, und zwar die richtigen Fragen, die sonst niemand stellen wollte: Journalisten nicht, gefällige Gutachter nicht, die Politiker sowieso nicht. Das geschieht nicht in der Konfrontation, aber in «verständigter Unterschiedlichkeit». Die Kompetenz, die die BI ausgebildet hat, besteht darin, «genau hinzuhören», um die Fallstricke im Ungesagten zu entdecken. Unermüdlich arbeiten sie daran, gegen einen beruhigenden Diskurs den Skandal sichtbar zu halten.

Die Skandalgeschichte Gorlebens ist gut dokumentiert. Gefällige Gutachten sollten die Wahl nachträglich rechtfertigen, es wurde Druck auf Gutachter ausgeübt und die Situation beschönigt. Die geologische Situation ist dabei komplex. Die tiefste Deckschicht aus Rupelton hat der Salzstock ja selbst in seinem Aufstieg aus der Tiefe durchbrochen, so dass er Kontakt mit einem Grundwasserleiter in der Tiefe hat. Ungewöhnlich hohe Salzgehalte im höhergelegenen Grundwasser weisen darauf hin, dass auch die zwischen den beiden Aquiferen gelegene, jüngere Tonschicht nicht wirksam isoliert, weshalb heute, da die Suche nach einem Endlager wieder von neuem beginnt, auch die Bundesgesellschaft für Endlagerung BGE den Standort Gorleben in der Summe als «nicht günstig» beurteilt.[39]

2010 konnte Greenpeace die «Gorleben-Lüge» durch die Veröffentlichung geheimer Akten auffliegen lassen. Der niedersächsische Landtag setzte einen Untersuchungsausschuss ein. Während ein Versuch, den damals bereits an Demenz erkrankten Ernst Albrecht vorzuladen, auf Empörung stieß, droht diese Beurteilung auf einer rein menschlichen und persönlichen Ebene eine symbolische Qualität zu verdecken, die der Fall auf gesellschaftlicher Ebene entwickelt: auf die vollkommene Verantwortungslosigkeit im Handeln folgt der endgültige Entzug aus der Verantwortung durch die Auflösung der Person, die um so schmerzvoller erfahren wird, da der Mensch noch dazusein scheint. Es bleibt die Last, aber in Wahrheit ist dort niemand mehr, den man verantwortlich machen, anklagen oder auch nur beschimpfen könnte. Wir stehen da mit dem Müll – aber ohne Adressaten für die Wut.

«Ein Erbe, welches wir nicht ausschlagen können», gesteht man mir auch in der BI zu, als ich auf meiner Frage nach dem zukünftigen Leben mit dem Müll beharre. Da ist wieder Grégoires Begriff des Erbes, der im Müll eine so widersinnige und zugleich so genaue Bedeutung annimmt. Und wie sollen wir mit dem Erbe leben? Ich wiederhole die Frage, aber die BI versteht ihre Rolle anders, sie verkörpert ein anderes Bewusstsein. Und dann fällt dieser Satz: «Dass man es zu irgendeinem Zeitpunkt hätte anders machen können.» Ich bleibe an dem Wortlaut dieser Aussage hängen: «hätte anders machen können». Die Formel verbirgt das Ringen um ein Verständnis davon, was unter den neuen Bedingungen – im Müll, im Anthropozän – das Wort «Politik» bedeuten kann. Angesichts der *multicontaminated megasites* sahen wir schon die Technokraten sich von einem selbstsicheren *to control* zu einem bescheideneren *to cope with* zurückziehen, was darauf hinweist, dass «Technik» im Anthropozän eine andere Bedeutung erhält. Und wie ist es mit «Politik»? Für Cornelius Castoriadis besteht der Kern unseres Verständnisses von Politik in der Vorstellung, dass es auch «anders sein könnte». Politisch zu denken heißt, nicht auf die von der Gesellschaft hervorgebrachte Illusion der Unveränderlichkeit hereinzufallen, sondern Gesellschaft innerhalb eines historischen Prozesses der fortwährenden Selbstveränderung und Selbstgestaltung zu denken – und mithin als eine, welcher der Raum des Anderssein-Könnens offensteht, durch den viele mögliche Entwicklungspfade führen.[40]

Mit der geologischen Metapher des Magmas – dem Strom geschmolzenen Gesteins in permanenter Bewegung und Umwälzung, noch ohne Form, aber stetig im Begriff, Form anzunehmen – beschrieb Castoriadis die unterliegende Wirklichkeit, die alle gesellschaftliche Gestaltung und Formgebung ermöglicht, ihr aber auch vorhergeht und sich ihr daher auch entzieht.[41] Am Atommüll, dem *ultimate waste*, der zwar einen historischen Ursprung in den Industriegesellschaften des 20. Jahrhunderts hat, mit einer Halbwertszeit von Jahrhunderttausenden und Jahrmillionen aber über alle Begriffe des Historischen hinaus verweist, bricht sich indes dieser magmatische Urstrom der Geschichte und des Sozialen. Es wird also neu zu bestimmen sein, was Politik unter diesen Bedingungen bedeuten kann. Das «hätte anders sein können» kreist um diese Neubestimmung. Die Formel steht noch immer im Konjunktiv II, der grammatischen Form des Imaginären, ist mithin noch politisch, wehrt sich gegen das Bestehende und sucht den Raum der Möglichkeiten offenzuhalten. Zugleich hat der Müll, der *ultimate waste*, die Formulierung aus dem Präsens in die Vergangenheitsform des Präteritums gedrängt. Aus Castoriadis' «könnte anders sein» wurde das «hätte anders sein können». Politik verwandelt sich in die «Kunst, auf einem beschädigten Planeten zu leben».[42] Der Müll ist da. Wir müssen mit ihm leben. Aber, so höre ich heraus, wir bestehen darauf: Er ist die Folge einer falschen Entscheidung. Er existiert, sicher, aber als Skandal. Und dies bedeutet auch und vielleicht vor allem: Wir müssen die Realität des Mülls akzeptieren, dürfen sie nicht der Gegenseite als Vorwand überlassen, die falschen Entscheidungen fortzuschreiben. Von einer «nie erfolgten Entschuldigung» ist die Rede. Und dass ab nun die kritischen Stimmen immer zuerst gehört werden müssten.

Bei der inzwischen neu angelaufenen Endlagersuche will die Politik nun alles besser machen und hat ein «Nationales Begleitgremium» eingesetzt, welches kraft eines Bundestagsmandats eine zivilgesellschaftliche Aufsicht über den Prozess der Suche führt. Der Ko-Vorsitzende Armin Grundwald, den ich per Videocall in einem ICE erreiche, wird mir später die Arbeit dieses Gremiums erläutern. Die Vertreter von Gesellschaft und Öffentlichkeit haben sogar das Recht auf umfängliche Akteneinsicht, welches sie durchaus auch wahrnehmen. Sie machen ihre Arbeit gründlich. Im Kleinen soll so das Grundvertrauen in die Institutionen wiederhergestellt werden. Im Großen stehen die Zeichen indes auf Katastrophe. Kurz vor meinem Besuch in Gorleben hat das von Albert Einstein gegründete *Bulletin of the Atomic Scientists* die «Weltuntergangsuhr» auf 90 Sekunden vor zwölf vorgerückt, während uns selbst in den dunkelsten Stunden des Kalten Krieges nie weniger als zwei Minuten von Mitternacht trennten. Die Kommission der Europäischen Union setzt indes einzig auf eine militärische Lösung des Ukrainekonflikts und testet aus, wie nahe man sich an den Atomkrieg herantasten kann. Nebenher arbeitet sie daran, dass die Kernkraft als «grüne Energie» anerkannt wird. Wer sicher gehen will, fährt zweigleisig in die nukleare Apokalypse. Den Vorsitz der Kommission hat übrigens die Tochter von Ernst Albrecht inne.

Die künftigen Stelen unserer Zivilisation des Mülls

«Aber es ist Zeit», schrieb einst ein anderer Reisender, der mir hier unweigerlich in den Sinn kommt, «über die grüne Ebne nach Karnack zu reiten, wo uns Thebens Culminationspunkt erwartet, ein in Stein verkörpertes Mährchen, vor dessen Anblick man sich die Augen reibt, um sich zu fragen: Träum' ich, oder wach' ich?» Ich verabschiede mich von der BI und fahre weiter. Mein Karnak liegt nicht am Nil, sondern im Urstromtal der Elbe, nur wenige hundert Meter vom Fluss, und heißt Gorleben. Kurz vor dem Ort liegt linkerhand das Zwischenlager, genau gegenüber dem gescheiterten Endlager, vor dessen Tor nun, als Symbol seines Scheiterns und des erfolgreichen Widerstands, die *Beluga* thront – jenes Schiff, mit dem Greenpeace fast zwanzig Jahre lang spektakuläre Einsätze auf Nord- und Ostsee unternahm. Der Besuch des Zwischenlagers beginnt mit einem Covid19-Schnelltest. Im Begriff, mir den gefährlichsten Müll anzusehen, den die Menschheit je hervorgebracht hat, bin also erst einmal ich es, der als mögliche Gefahr identifiziert wird. Meine persönlichen Daten sind ohnehin schon im Vorfeld an das Landeskriminalamt übermittelt worden. Aber das Zwischenlager kann sich keinen Personalausfall durch Coronainfektionen leisten. Noch nicht. Irgendwann werden wir uns zurückziehen und den Atommüll sich selbst überlassen. Aber noch ist es nicht so weit.

Auf dem Areal des heutigen Zwischenlagers tobte 1975 ein Waldbrand. Als das Gebiet dann für ein «Nukleares Entsorgungszentrum» inklusive Brennelementefabrik und Wiederaufbereitungsanlage ausgewiesen wurde, machte ein böses Gerücht in der Umweltbewegung die Runde. Walter Mossmann sang in seinem Chanson «Der Lebensvogel» von 1978:

Ein Giftmüll soll versteckt werden im Salz der Erde unter dem Land
Und für die Giftfabrik braucht es ein leeres Land am Rand.
Die Mafia hat gebetet um ein' Boden ohne Wert.
Der liebe Gott hat das Gebet der Mafia erhört,
Sein Feuer hat paar Wälder hinter Gorleben zerstört –
Mein Gott, kam der gelegen, dieser Brand![43]

Die Pläne für die Wiederaufbereitungsanlage musste Albrecht angesichts des zivilen Widerstandes aufgeben. Die Anlage hätte 50 AKWs versorgen können und somit eine Weiche hin zu einem veritablen Atomstaat nach französischem Vorbild gestellt.[44] Heute stehen auf dem Gelände die niemals in Betrieb genommene Pilot-Konditionierungsanlage, in welcher der Müll zur Endlagerung vorbereitet worden wäre, ein Lager für schwach- und mittelradioaktive Abfälle – das ich nur in Schutzkleidung betreten und nur nach Untersuchung mit dem Geigerzähler wieder verlassen darf – sowie das so genannte Transportbehälterlager. Dort stehen die berühmten Castoren, die wir alle aus den Nachrichtenbildern kennen. Das Transportbehälterlager ist das eigentliche Ziel meiner Reise, denn hier harrt der hochradioaktive Abfall seines Schicksals.

Überall auf der Welt finden sich solche Anlagen. Manchmal stehen die Castoren in solchen Hallen, manchmal auch einfach unter freiem Himmel. Solange die Frage der Endlagerung nicht gelöst ist, werden aus diesen Zwischenlagern schleichend sogenannte Langzeitzwischenlager – ein Euphemismus vielleicht sogar vielmehr für Rat- als für Verantwortungslosigkeit. Und selbst wenn dereinst geeignete Endlager gefunden und ausgebaut werden sollten, sind damit nicht alle Fragen entschieden. Ist es legitim, den Müll einzubetonieren – oder soll prinzipiell die Möglichkeit bestehen, die Abfälle auch wieder zu bergen? Die Politik tendiert zur ersten Lösung – nach dem Motto: «einmal weg, für immer weg». Kritiker beharren auf der Option der Rückholung. Karl Philbert gab dieser Frage eine unerwartete Wendung, die man aber nicht von der Hand weisen kann:

> Man berührt hier letztlich eine philosophische Frage: Was ist zuverlässiger, der Mensch oder die Natur. Sollen wir uns mehr auf unsere Nachkommen verlassen, daß sie genügend Kenntnisse und Verantwortung haben und das Kriegs- und Sabotage-Risiko genügend sicher lösen werden – oder sollen wir uns auf die Natur verlassen, daß sie die Abfälle nicht durch unvorhergesehene Katastrophen in die Biosphäre bringt?[45]

Aber auch, wenn diese Antwort gefunden ist, stellt sich die nächste Frage, die die Gelehrten schon seit Jahrzehnten umtreibt: Wie soll man nur über einen Zeitraum, der alle geschichtlichen Größenordnungen sprengt, kommunizieren, dass in den Endlagern eine tödliche Gefahr lauert?[46] Bei meinen Recherchen stoße ich auf einen verblüffenden Vorschlag in einem Artikel, der auf einem etwas zweifelhaften Preprint-

Server veröffentlicht wurde. Die ältesten erhaltenen Bauwerke der Menschheit sind die Pyramiden, und zwar nicht ohne Grund, da sie aufgrund ihrer Form von der Gravitation selbst zusammengehalten werden und allen äußeren Einflüssen, ob natürlichen oder menschlichen Ursprungs, optimal widerstehen. Ein Bauwerk von dem Ausmaß der Cheopspyramide würde für die Abfallmenge in Deutschland schon genügen. Aufgrund ihrer Größe und Form bildet sie automatisch ein Warnzeichen und Mahnmal in der Landschaft.[47]

Auf der Fahrt von der Untertagedeponie Herfa-Neurode nach Bitterfeld werde ich einen Umweg machen, um mir aus der Ferne die «Pyramiden des Mansfelder Landes» anzusehen. Auch hier handelt es sich um Abraumhalden, die sich allerdings in einer Gegend befinden, in welcher man früher, also noch zu DDR-Zeiten, Kupferschiefer abbaute, jenes erste und tiefste Sediment am Grunde des Zechsteinmeeres, von dem wir oben sprachen. Die Totenstätten des alten Ägypten liefern durchaus eine dem Atommüll angemessene Bildsprache. Dieser Gedanke beschäftigt mich, als wir endlich das Gorlebener Transportbehälterlager betreten. Das Innere der mehr als 180 Meter langen, fast 40 Meter breiten und mit 20 Metern etwa fünf Stockwerke hohen Halle aus 50 cm starken Stahlbetonwänden liegt im Dunkeln. Es ist ja auch kein Haus für Menschen. Das Licht wird eingeschaltet und wir steigen auf das Dach des kleinen Eingangsgebäudes im Innern der Halle. Vor uns stehen die Castoren, in feierlicher Ruhe, die durch ein leichtes Netzbrummen in der Eiseskälte des Gebäudes nur potenziert wird. 113 Stück, in Reih und Glied auf einem nach den Seiten hin minimal abfallenden Betonboden, damit im Falle eines Flugzeugabsturzes, so der Plan, das brennende Kerosin ablaufen kann. Im Hinterkopf klopfe ich mein philosophisches Grundwissen nach einem Begriff ab, der auf die besondere Atmosphäre passen könnte. Mir kommt der Begriff der «Aura» in den Sinn, den Walter Benjamin in Betrachtung von Eugène Atgets Fotografien des alten Paris prägte: die «einmalige Erscheinung einer Ferne, so nah sie sein mag». Auch das «Erhabene», wie Kant es fasste, drängt sich auf. Das Erhabene der Natur erfahren wir in ihrer Betrachtung als «Macht, die über uns keine Gewalt hat», sofern wir uns nur beim Anblick ihrer furchtbaren Kräfte in sicherer Distanz wähnen: «Kühne überhangende gleichsam drohende Felsen, am Himmel sich aufthürmende Donnerwolken, mit Blitzen und Krachen einherziehend, Vulkane in ihrer ganzen zerstörenden Gewalt, Orkane mit ihrer zurückgelassenen Verwüstung, der grenzenlose Ocean in Empörung gesetzt, ein hoher Wasserfall eines mächtigen Flusses u. d. gl.»[48] Kant erwähnt in diesem Zusammenhang auch die Pyramiden, und da fällt mir ein, wo ich die Stimmung, die hier herrscht, schon einmal beschrieben gefunden habe:

> Wahrlich, vom Riesensaal in Karnack kann man ohne alle Uebertreibung sagen, daß er den Traum noch überflügle, denn da man nie Aehnliches gesehen, sieht man es auch im Schlafe nicht. Dieser Wald von Säulen, stärker, höher als die meisten Kirchthürme, diese Felsenmassen, die sich über ihre Kelchkronen spannen, dieses Meer von Zierden und Bildern, unermeßlich wie der Sternenhimmel, und diese Farbenglorie einst, von der nur noch einzelne glücklich erhaltne Stellen einen anschaulichen Begriff geben – die kühnste Theaterdekoration bleibt hinter der Erfindung einer solchen Wirklichkeit zurück. Und was war dieser Riesensaal? – nur ein kleiner Theil des ungeheuren Ganzen, dessen Umfang, wie die Mauertrümmer noch deutlich zeigen, über 8000 Fuß betrug, zu dem von außen sechs, größtentheils noch stehende Prachtthore von 70 Fuß Höhe, zum Teil mit drei- und viermal wiederholten Pylonen führten und von außen eine Allee vieler hundert kolossaler Sphynxe die Auffahrt zu jedem dieser Thore bildete. Dies war ein einzelner Tempelbau im Bereich der hundertthorigen Thebä – man faßt kaum die Idee dazu, geschweige denn seine Ausführung, und welche Ausführung![49]

Die sakrale Anmutung ist vielleicht kein Zufall. Als Tempel der Müllmoderne betrachtete auch schon Cyrille Harpet solche Orte:

> Die Lagerräume dieser Art von Einrichtungen werden zu Heiligtümern des Einschlusses, die in sich verborgen halten, was keinen Austausch und keine Interaktion zwischen Material und Umwelt mehr erfahren darf. Man könnte meinen, dass diese neuen Tempel unter dem Siegel der Geheimhaltung die zukünftigen Stelen unserer Müll-Zivilisation aufbewahren.[50]

Hier liegt nun der ganze Müll, die Abfälle der Stoffe, aus denen zwei oder drei Generationen billige Energie bezogen haben und von dem nun länger eine tödliche Gefahr ausgehen wird, als unsere Gattung Homo sapiens alt ist. Lange stehen wir auf unserem Aussichtspunkt und meditieren über dem Anblick der Castoren.

> Und dicht unter meinen Füßen grüß' ich den Sphynx, der, schon seit Jahrtausenden schweigend, dennoch so laut zu uns spricht von vergangener Herrlichkeit und Größe, von Wundern, zu unglaublich für unsere Zeit, und von Räthseln, die noch niemand gänzlich gelöst.[51]

Von welcher vergangenen Herrlichkeit sprechen die Castoren? Wenn es um diese Frage der Beurteilung unseres eigenen Verhaltens aus der Perspektive einer vorgestellten Zukunft geht, fällt oft das Wort «egoistisch». Wir haben nur an uns und unseren Vorteil gedacht, aber die Nachteile für die zukünftigen Generationen waren uns egal. Aber stimmt dies überhaupt? War das 20. Jahrhundert ein rauschendes Fest? Zeigt uns das Geschichtsbuch in ferner Zukunft zum Kapitel «Das atomare Zeitalter» das Bild eines Präsidenten, der in erwartungsvoller Feierlichkeit das erste Atomkraftwerk in Gang setzt, woraufhin die Städte in prächtigem Glanz erstrahlen, die Konsumgüter in doppelter Geschwindigkeit vom Fließband in die Schaufenster springen und die Gans gebraten auf dem Tisch landet? Davon will unser Geschichtsbuch merkwürdigerweise gar nichts wissen. Als erstes Bild des Kapitels zeigt es uns die berühmten «Schatten» von Hiroshima. Die Strahlung der atomaren Explosion bleichte in Bruchteilen von Sekunden Stein und Beton. Wo allerdings ein Mensch stand, um in Sekundenschnelle in der Strahlung bei mehr als 5000 Grad Celsius zu verbrennen, hinterließ er einen schwarzen Schatten, der von seiner letzten Präsenz zeugt.

Aber erzählen uns dies wirklich die Castoren? Niemand weiß so genau, was in ihnen vorgeht. Verkabelte Sonden überprüfen ohne Unterlass das Vakuum zwischen dem äußeren und dem inneren Deckel. Auch die Temperatur auf der Oberfläche wird regelmäßig kontrolliert. Im Laufe der Jahre fällt sie von 80 auf 60 °C. Fast alle der hiesigen Castoren stammen aus der Wiederaufbereitungsanlage in La Hague, wo aus benutzten Brennelementen weiterverwendbare Bestandteile ausgesondert werden. Der restliche Abfall wird «vitrifiziert», also mit den üblichen glasbildenden Stoffen (Quarzsand, Feldspat) gemischt, eingeschmolzen und in einen Edelstahlbehälter gegossen, mit dem der ausgehärtete Glasblock schließlich die sogenannte Glaskokille bildet, die zum Transport im Castorbehälter verpackt wird.[52] Diese Vitrifizierung ist eine Möglichkeit der «Immobilisierung», in der es allgemein darum geht, den Müll in eine stabile, feste Form zu bringen, sei es als Glaskörper, sei es als künstliches Mineral. Der Atommüll nähert sich damit in Form und Materialeigenschaften dem Diamanten an, wie Cyrille Harpet feststellt:

> Der Traum vom inaktiven Abfall erfüllt sich in einer Art «kristalliner» Struktur, die völlig homogen, geometrisch fixiert und bestimmt ist (im Gegensatz zu amorph), eine feste, mineralische, unveränderliche regelmäßige Struktur. […] Der Abfall wird unter der Hand des

mit seinen technischen Fertigkeiten ausgestatteten Menschen zu einem mechanischen «Juwel» mit irisierenden Reflexen, die so manchen Alchemisten zum Träumen gebracht hätten.[53]

Platons Traum von den geometrischen Formen kommt dem französischen Müllphilosophen in den Sinn:

Wenn Abfall so vielen Neutralisierungs-, Verfestigungs-, Stabilisierungs- und Mineralisierungsprozessen unterzogen wird, scheint die Ursache dafür in einer Art Prozess zu liegen, den wir gegen die Materie führen: der einer erträumten, idealen und fundamentalen Geometrisierung, wie sie Platon in seinem Timaios beschreibt.[54]

Mit dem Auftauchen Platons hat es eine Bewandtnis. Platon hatte seinen Lehrer Sokrates gegenüber Parmenides erklären lassen, die Philosophie beschäftige sich ihrem Wesen nach nicht mit den Dingen, sondern allein mit den Begriffen, an welchen die Dinge «bloß Anteil haben». Die Begriffe des Gerechten, des Schönen und des Guten sind die Paradefälle. Ob auch beim Menschen, dem Feuer und dem Wasser sinnvoll ein Begriff vom Ding geschieden werden kann, ist sich Sokrates schon nicht mehr sicher. Auf Parmenides' doppelbödige Frage, ob es auch von «Haar, Kot, Schmutz und was sonst recht verachtet und geringfügig ist» für sich bestehende Begriffe gebe, fällt Sokrates glatt herein:

Keineswegs, habe Sokrates geantwortet, vielmehr meine ich, dass diese Dinge wohl eben dasselbe auch sind, wie wir sie sehen, und dass es doch allzu seltsam herauskommen würde, wenn man von ihnen besondere Begriffe annehmen wollte. Freilich hat mich hin und wieder schon der Gedanke beunruhigt, ob sich die Sache nicht bei allen Dingen ganz auf die gleiche Art verhalte, in der Folge aber, wenn ich bei diesen Dingen zu stehen komme, wende ich ihnen schnell wieder den Rücken, aus Furcht, hier in einen wahren Abgrund der Albernheit zu versinken und darin umzukommen, und wenn ich dagegen wieder dann bei jenen angelangt bin, von denen wir soeben behaupteten, es gebe von ihnen Begriffe, so beschäftige ich mich gern mit ihnen und verweile bei ihnen mit Freuden.[55]

Für Sokrates' Einschätzung ließen sich durchaus gute Gründe anführen. Müll ist doch dasjenige, was im Begriff ist, alle klare und definierte Form abzustreifen, um sich in reine Materie zu verwandeln – ohne bestimmte Form, ohne bestimmte Textur, ohne bestimmten Geruch, bloße amorphe Masse. Harpet selbst spricht von der Abfallbehandlung als dem Versuch, «de gérer l'ingérable», das Unkontrollierbare zu kontrollieren, wobei der Müll als reine Negativität auftaucht, als das Andere der Form und der Kontrolle.[56] Ironischerweise kommen wir dem platonischen Idealreich der unveränderlichen geometrischen Formen indes nirgends so nahe wie in den vitrifizierten hochradioaktiven Abfällen. Sokrates hat es sich zu einfach gemacht, denn sogar nach seinen eigenen Maßstäben taucht der Müll im Horizont der Philosophie auf. Müllphilosophie heißt, die Beunruhigung, die den weisen Griechen für einen Moment erfasst hatte, ernst zu nehmen und «diesen Dingen» gerade nicht schnell wieder den Rücken zuzuwenden:

Du bist eben noch jung, o Sokrates, habe da Parmenides gesprochen, und die Philosophie hat dich noch nicht so ergriffen, wie sie dich, glaube ich, einst noch ergreifen wird, wenn du keins dieser Dinge mehr geringschätzest, jetzt aber nimmst du noch zu viel Rücksichten auf Menschenmeinungen infolge Deiner Jugend.

Der geometrisierte Atommüll hätte Sokrates ins Grübeln bringen müssen. Zur Tragödie des Mülls gehört aber natürlich auch, worauf uns Harpet dezent hinweist: Zwischen Materie und idealer Form bleibt eine Differenz bestehen. Die Geometrisierung ist bloß «erträumt», notierte er mit Präzision. Sie ist letztendlich eine Illusion. Was wirklich im Castor vor sich geht, ist im Grunde unbekannt – auch hier haben wir es wieder mit einem «epistemischen Objekt» zu tun. Ein einziges Mal, Ende 1999, hat man in einer amerikanischen Forschungseinrichtung einen seit fünfzehn Jahren verfüllten Castor geöffnet, um den Zustand in seinem Inneren in Augenschein zu nehmen.[57] Wie wird es in ihnen in ein- oder zweihundert Jahren aussehen, falls sich die Zwischenlagerung hinzieht?

So kommt in den Castoren letzten Endes die Materie wieder zu ihrem Recht. Wie Sphinxe schweigen sie, aber ich habe nicht den Eindruck, dass ihr Schweigen noch zu uns spricht. Sie stehen völlig stumm da. Sie haben sich in sich selbst zurückgezogen, wollen von uns Menschen nichts mehr wissen, haben uns wohl schon vergessen. Denn sie bereiten sich auf ihre Reise vor, die größte, die von menschengemachten Dingen je unternommen worden ist – eine Million Jahre in die Zukunft. Dieses Ziel nimmt sie ganz in Anspruch. Leise, fast pietätvoll ziehen wir uns von unserem Aussichtspunkt zurück, steigen die Treppe hinab und löschen das Licht, um die Castoren im Dunkeln wieder sich selbst zu überlassen, wo sie sich auf ihre große Aufgabe vorbereiten.

Swaantje Güntzel, *Anna, carrying plastic wrapped fruit*, 2019.
Foto: Henriette Pogoda

4
Unser täglich Müll

Wir bleiben zuhause

Die nächste Station unserer Reise ist nichts weiter als die eigene Wohnung. Wer Reiselust hat und auf spektakuläre Landschaften und fremdartige Szenarien hofft, mag diese Aussicht enttäuschen. Auch erdgeschichtlich ist hier nichts zu holen. Aber unterschätzen wir die eigenen vier Wände nicht! Wir leben in der Gewissheit, sie gut zu kennen, zumal wir selbst es waren, die sich eingerichtet haben. Beides könnte sich als Irrtum erweisen. Nicht nur ist auch zuhause viel Unbekanntes und Unerwartetes zu entdecken, sondern es könnte sich auch herausstellen, dass unsere Wohnungen in gespenstischer Eigenregie viel mehr über uns bestimmen als wir über sie. Die Wohnung wäre dann nicht der Inbegriff des Altbekannten und der Langeweile, sondern der Ort, an welchem uns die Müllphilosophie unter die Haut geht, da sie nicht mehr nur die Folgen unserer Handlungen betrifft, sondern die Subjekte, als die wir uns verstehen. Lassen wir uns also auf das Abenteuer ein: Es gilt, das eigene Heim neu zu entdecken. Küche, Toilette und Badezimmer werden uns vor allem interessieren. Wer einen hat, kann auch mal raus in den Garten gehen, aber für die weitere Lektüre ist dies nicht unabdingbar (ich selbst habe keinen, nicht einmal einen Balkon). Bei diesen Erkundungsgängen durch die eigene Wohnung werden wir auch regelmäßig am Bücherregal vorbeikommen, was praktisch ist, weil wir bei diesen Gelegenheiten auf einige Klassiker der Müll-Literatur zurückgreifen können.

Für mich hat die Sache mit dem Müll auch hier, zuhause, ihren Anfang genommen. Das heißt, wenn ich es recht bedenke, besitzt – wie alle Geschichten – auch diese eigentlich keinen Anfang. Mit dem Müll hatte es schon immer eine Bewandtnis. Die Mülltonne stellte in der Topologie der modernen Lebenswelt keinen Ort wie alle anderen dar, sondern schien die Existenz auf eine eigene Weise zu berühren. Die Konsumgesellschaft, in der ich aufgewachsen bin, wird in einer eigenartigen Verengung oft durch subjektive Momente wie die Lust auf Neues und die Befriedigung beim Kauf oder beim ersten Gebrauch der neuen Ware beschrieben. Die Bildungsromane konsumgesellschaftlicher Subjektivität sind aber vielschichtiger, was sich dem Blick enthüllt, wenn einmal passiert ist, was in unserer Gesellschaft nicht vorgesehen ist: dass man nämlich auf ihren Müll gestoßen ist und sich aus irgendeinem Grunde über Gebühr mit ihm aufhält. Im Rückblick, also dem vom Müll irritierten Blick, erscheint der stete Strom der Güter eigentlich als das beherrschende Element der Konsumgesellschaft, wobei ich das Wort «Strom» mit Bedacht wähle, denn ich denke dabei durchaus an die großen, breiten Flussläufe, die die Landschaften teilen und sich tief und mit einer merkwürdig mächtigen Präsenz in das Leben der Bewohner ihrer Ufer einschreiben. Gerade habe ich mich davon noch einmal in Gorleben überzeugen können, wo ich zum Abschied doch noch einen Feldweg an das Ufer der Elbe einschlug und, die Castoren im Rücken, lange ihre ruhigen, steten Fluten betrachtete. In den seltensten Fällen nur wallt die Oberfläche der großen Ströme auf oder bilden sie gar spektakuläre Katarakte. Wann immer die Landschaft ihnen genug Platz lässt, strömen sie ruhig und fast geräuschlos dahin. Ihre Gewalt offenbaren sie nur dem, der sich ihnen entgegenstellt. Ein paar Schritte vom Ufer, wenn das Wasser noch kaum mehr als über die Knöchel reicht, spürt man schon ihre Kraft, ihr unerbittliches Reißen. Auch ein Kind, das in die Konsumgesellschaft geboren wird, muss diese Kraft spüren – so vermute ich zumindest, da mir die präzise Erinnerung an diese frühesten Jahre fehlt. Es wird ja einfach in den Strom gestellt, wo es ohne seinen Willen ein Hindernis bildet. Der stete Strom der Güter wird in seinem freien Fluss gehindert, staut sich auf in Zimmern, Kisten, Schachteln und Schubladen. Das geht nicht lange gut. Um am Genuss der Konsumgesellschaft teilhaben zu können, muss das Kind lernen, sich nicht gegen die Gewalt des Stroms zu stellen, sondern sich ohne Angst dieser Gewalt zu übereignen – und sich treiben zu lassen.

Und an dieser Stelle kommt der Müll ins Spiel. Zum Genuss des Konsums gehört nicht nur der stete Zustrom der Dinge, sondern auch das Loslassen von ihnen, um sich dem Neuen überhaupt hingeben zu können. Meinen etwas wackeligen autoethnographischen Übungen springt hier zum Glück die Sozialwissenschaft bei: Der Soziologe Manfred Faßler sprach einst – in seinem so sperrigen und eigenwilligen wie klugen und herausfordernden Buch *Abfall. Moderne. Gegenwart* – von dem «Abfallcurriculum», also dem Lehrplan der Abfallmoderne: Das Wegwerfen muss zuhause regelrecht eingeübt werden.[1] Die «Erziehung zum Konsumismus», wie einst André Gorz sagte, umfasst auch das Fach Wegwerfen.[2] Das soziale Muster stellt sich dem individuellen Erleben dabei als eine existenzielle Erfahrung dar, denn am Mülleimer lernt der Neuling eine grundsätzliche Lektion: Wegwerfen ist eine Befreiung. Italo Calvino – die Soziologie übergibt hier den Stab der Literatur, als Expertin für Subjektivität – hat diese existenzielle Dimension des Wegwerfens 1977, während seiner Pariser Jahre, in einer Selbstbeobachtung benannt und herausgearbeitet, als er der Frage nachging, warum der abendliche Gang zur Mülltonne die einzige Hausarbeit ist, die ihm Befriedigung bereitet. «La poubelle agréée», «der autorisierte Mülleimer», ist dieses kurze Stück überschrieben, wobei das zentrale Objekt, der Mülleimer, im Französischen den Namen des Juristen und hohen Beamten Eugène Poubelle trägt. Als Präfekt des Département Seine – und ganz im Sinne seines Vorgängers, des Barons Haussmann, nämlich im Sinne der Verbesserung der öffentlichen Hygiene – verbot er am 24. November 1883 per Dekret, jedwede Haushaltsabfälle auf den Straßen von Paris zu entsorgen, und verpflichtete im Gegenzug alle Hausbesitzer, ihren Mietern genormte, mit Deckel, zwei Griffen und auf der Längsseite mit der Hausnummer versehene Abfalleimer zur Verfügung zu stellen, in welchen ihr Müll fürderhin zwischen 6 Uhr 30 und (zumindest im Sommer) spätestens 8 Uhr morgens abgeholt werden würde, ohne die Bürgersteige zu beschmutzen.[3] Die präzisen Vorgaben über Form, Gewicht und Gebrauch der *poubelle* im Erlass des Präfekten lassen nicht ahnen, dass die administrative Zwangsverordnung keine einhundert Jahre den modernen Bürgern zur Quelle der Befriedigung und gar zum Kristallisationspunkt eines täglichen Rituals der spirituellen Selbsterneuerung gereichen würde – denn nichts anderes beobachtete Calvino 1977 an sich selbst:

> mich von einem Teil dessen, was mein war, zu trennen, die Hülle oder Larve oder ausgedrückte Zitrone des gelebten Lebens abzuwerfen, um meine Substanz zurückzubehalten und mich am nächsten Morgen wieder vollständig (ohne Reste) mit dem identifizieren zu können, was ich bin und habe. Nur wenn und indem ich es wegwerfe, kann ich sicher sein, daß etwas von mir noch nicht weggeworfen worden ist und vielleicht nie weggeworfen werden muß.[4]

Als jungem Konsumentenanwärter hätten mir diese Worte eines älteren Herrn, dem die eigene Endlichkeit schon deutlich vor Augen steht, wohl wenig gesagt. Indes, das Gefühl der Befreiung, der Häutung und Selbsterneuerung im Akt des Wegwerfens habe ich durchaus in frühen Jahren an der Mülltonne kennengelernt – wenngleich vielleicht nicht in dieser Deutlichkeit. Den Anblick der vielen Sachen, die einst mein Wollen und Wünschen zu fesseln vermocht hatten und zumindest teilweise durchaus noch intakt sein mochten, konnte ich obenauf in der Mülltonne nicht gut ertragen. Ich stopfte sie an jenen rituellen Tagen des großen Aufräumens stets etwas tiefer in die Tonne und bedeckte sie bisweilen mit anderem Müll. Damit ich sie nicht mehr sehen müsse? Damit sie mich nicht mehr anblicken würden? Damit niemand anderes Zeuge würde? Ich weiß es nicht. Den Deckel der großen, grauen Tonne zu schließen, verschaffte eine erste spürbare Erleichterung, die sich bei dem Gedanken, dass dieselbe Tonne am nächsten Morgen wie von Zauberhand wieder leer dastehen würde, auch allmählich verfestigte.

Ich hatte an der Mülltonne mithin genug gelernt, um heute zu verstehen, was Calvino in seiner kleinen Müllmeditation meint. Gleichwohl ist irgendetwas in meiner Grundsozialisierung als Konsument nicht geglückt, denn das vollendete Glück – das calvinosche Gefühl, sich von allem «Rest» zu trennen, um wieder zu werden, was man eigentlich ist – wollte sich beim Wegwerfen bei mir nie einstellen. Es blieb etwas falsch. «Da ist etwas was nicht stimmt», insistierte schon Christian Enzensberger eigenwillig in seinem wunderbaren *Größeren Versuch über den Schmutz.*[5] Ich erinnere mich gar eines schockhaften Müllerlebnisses, viele Jahre, ja Jahrzehnte später. Mir war nicht bewusst, dass jeder Mensch seinen ersten ansehnlichen Müllsack schon gefüllt hat, wenn er seine ersten Atemzüge tut. Eine moderne, halb-industrielle Geburt geht tatsächlich mit einem enormen Müllaufkommen einher. Bei jeder Passage der Hebamme, einer Ärztin oder des Anästhesisten verschwinden Tücher, Einweghandschuhe, Spritzen, Kanülen, Verpackungen und etliches mehr im Kreisrund des Müllschluckers. Den Höhepunkt der Müllflut bildet die beachtliche Menge organischen Abfalls in der sogenannten Nachgeburt – die Plazenta in ihrer ansehnlichen Masse, Eihäute und der Nabelschnurrest. Sie verschwinden mit dem ganzen Plastik- und Restmüll in demselben Sack und werden aus hygienischen Gründen als sogenannter Krankenhausmüll der Verbrennung zugeführt (wovon später mehr).

Dieser Erinnerungsfetzen mag befremdlich wirken, etwa wie ein Foto, das sich mit Sicherheit in keinem Familienalbum findet: «Schau, hier haben wir uns furchtbar gestritten! – Und da, weißt Du noch, drei Stunden haben wir in der Notaufnahme warten müssen, das kam mir wie eine Ewigkeit vor. – Ja, und das, das war der Müllberg bei Deiner Geburt, ganz schön eklig, was?» Selbstverständlich wäre es vollkommen undenkbar, solche Fotos zu knipsen. Aber genauso selbstverständlich ist es dann auch, dass das Fotoalbum eben nur ein sehr einseitiges Dokument eines Lebens darstellt und nur eine bestimmte Art von Momenten abbildet. Müllphilosophie zu betreiben heißt nichts anderes, als die fehlende Hälfte zu ergänzen, auch die unangemessenen Bilder zu knipsen und geflissentlich einzukleben. Leserinnen und Leser, die bis hierher vorgedrungen sind, haben wohl ohnehin bereits den *point of no return* überschritten und werden sich nicht mehr der Illusion hingeben können, dass die eine Hälfte das ganze Bild liefere. Ergänzen wir also die fehlende Hälfte! Und zu dieser fehlenden Hälfte gehören nicht nur die seltsam unangemessenen Bilder, sondern auch die Mechanismen, die dafür sorgen, dass sie unweigerlich fehlen – zum Beispiel weil wir sie eben als unangemessen empfinden. Hier wird die Müllphilosophie uns durchaus auch einen Kampf mit uns selbst abfordern.

Gestatten, maître composteur

Damit komme ich endlich zu dem Moment, von dem ich eigentlich erzählen wollte: dem vermeintlichen Beginn meiner

Müllgeschichte. Das Foto im Familienalbum würde meine bloße Hand zeigen, voll verrottenden Küchenabfalls, in dem sich etwa zwei Dutzend großer, rötlicher Würmer tummeln. Die Bildunterschrift könnte ungefähr lauten: «Ich stelle eine neue Verbindung zum Kosmos her.» Diese Worte mögen ein wenig esoterisch oder gar kitschig wirken, weshalb ich sie auch lange nur für mich erwogen habe, ohne sie auszusprechen. Bei einem der vielen Recherchen zu diesem Buch werde ich sie dann aber zu meiner Verblüffung aus einem fremden Mund hören, als ich mit Klemens Jakob, dem Architekten von *tiny houses* als autarken Wohneinheiten spreche, und er über die metaphysische Bedeutung von Komposttoiletten nachsinnt.[6] Und auch Donna Haraway macht so eine unheimliche Andeutung: «Ich kompostiere meine Seele in diesem heißen Haufen. Die Würmer sind nicht menschlich; ihre sich windenden Körper nehmen auf und dehnen sich aus, ihre Ausscheidungen machen Welten fruchtbar. Ihre Tentakel spinnen Fadenfiguren.»[7]

Ein entscheidender Moment hat sich also hier zugetragen, in der Szene, die das Foto zeigt. Was war passiert? 2017 gab die französische Stadt, in der wir leben, sogenannte Wurmkisten aus. Der kostenlose Erhalt eines solchen Apparates war an die einzige Bedingung gekoppelt, sich während eines Vormittags in einer Schulung im örtlichen botanischen Garten von einem *maître composteur* die Grundlagen und Prinzipien des korrekten Betriebs der Wurmkiste erläutern zu lassen. Bei dieser Wurmkiste handelt es sich um ein Kompostiergerät, welches, sofern ich mich recht erinnere, ursprünglich aus Kanada stammt und speziell für Haushalte entwickelt wurde, die über keinen Garten verfügen, aber nicht darauf verzichten wollen, ihre organischen Abfälle zu kompostieren. Dass unsere Stadt solche Geräte kostenlos verteilt, hat auch andere als ökologische Gründe. Haushaltsabfälle werden verbrannt, weshalb man gut beraten ist, die zum größten Teil aus Wasser bestehenden organischen Abfälle vorab auszusondern. Auch verlangt der Gesetzgeber, dass 2025 «jedem Bürger eine Alternative zur Verfügung steht, damit er seinen Bioabfall nicht in den Restmüll werfen muss und dieser nicht mehr entsorgt, sondern verwertet wird».[8] Es ist dies das *Gesetz Nr. 2015–992 vom 17. August 2015 über die Energiewende für grünes Wachstum* – Haussmann und Poubelle spuken noch immer in der französischen Verwaltung. Eine kollektive Lösung wie die Biotonne scheint aber in so kurzer Zeit nicht realisierbar zu sein. Daher die Wurmkiste, sozusagen ein abfallwirtschaftliches Feigenblatt.

Die Wurmkiste besteht aus mehreren stapelbaren (in unserem Fall runden) Etagen mit durchlöcherten Böden, die sukzessive mit organischen Abfällen befüllt werden. Wenn ein Behälter voll ist, setzt man einen leeren obenauf. Die unterste, fest installierte Etage besteht aus einem Becken mit Ablaufhahn. Während in einem normalen Gartenkompost Bakterien unter Sauerstoffaufnahme allmählich das organische Material zu Kompost abbauen, nimmt man in der Wurmkiste zwecks schnellerer Stabilisierung der organischen Substanz in Form von Humus eine bestimmte Art Regenwürmer zur Hilfe, den Mist- oder Stinkwurm *Eisenia fetida*. Anders als der normale, allen bekannte Regenwurm – der sich tatsächlich nur bei Regenwetter an der Oberfläche zeigt, sonst aber in tieferen Erdschichten lebt, die er durch seine Wühltätigkeit belüftet und mit Nährstoffen anreichert, indem er unermüdlich Humus hinab zieht – findet man den ihm äußerlich sehr ähnlichen Kompostwurm in der obersten Bodenschicht und dem auf der Erdoberfläche verrottenden organischen Material, von dem er sich ernährt. In einer Wurmkiste leben hunderte dieser Würmer. Bei der Kompostierung der organischen Abfälle leisten ihnen verschiedene Mikroorganismen Vorarbeit. Bakterien und vor allem Pilze besiedeln als Erste ihre Oberfläche; Kleintiere wie Springschwänze, Bodenmilben und winzige, weiße

Ringelwürmer, die sich allesamt aus dem Nichts zu bilden scheinen, beginnen mit der Zerkleinerung der Küchenreste. Sodann haben die Kompostwürmer ihren Einsatz, wobei offenbar vor allem ihre mechanische Tätigkeit von Bedeutung ist, da in ihrem Verdauungstrakt, wie wir bereits wissen, ihrerseits wieder Bakterien tätig werden. Jeder Wurm verzehrt täglich mehr als sein eigenes Körpergewicht. Bei gutem Nahrungsangebot wächst die Population schnell. Tote Würmer werden vom Prozess der Kompostierung umgehend ergriffen und von ihren Artgenossen mitverdaut. Die Ausscheidungen der Würmer werden sogleich wieder von Pilzen besiedelt, und nach mehrfachem Durchlaufen des Verdauungskreises hat sich nach wenigen Wochen ein hochwertiger, homogener Humus gebildet. Durch die Löcher in den Etagenböden können die Würmer nach oben steigen und die frische Nahrung in Angriff nehmen. Überschüssiges Wasser sickert in Gegenrichtung auf den Grund der Kiste, wo es als hochwertiger Flüssigdünger abgezapft werden kann.

Verdichten sich die Abfälle zu sehr, kann eine anaerobe Fäulnis einsetzen, die zu unangenehmen Gerüchen führt. Es wird daher geraten, die verrottenden Abfälle mit einer kleinen Harke regelmäßig umzugraben, wobei man behutsam vorgehen muss, um keines der empfindlichen Lebewesen zu verletzen. Schnell habe ich aber die Harke beiseitegelassen und begonnen, die Arbeit mit bloßen Händen zu verrichten. Auf diese Weise kann man sofort die Orte ausmachen, an welchen Wärmeentwicklung eine mangelnde Durchlüftung anzeigt, und diese Stellen gezielt auflockern, ohne einen Wurm in Gefahr zu bringen. Nebenbei kann man sich ein gutes Bild über ihr Befinden machen. Man stößt auf ihre winzigen, durchscheinenden Eier, kann die Zahl ihrer Kinder abschätzen und sogar so etwas wie eine Stimmung im Kompost ablesen. Läuft alles gut, sind die Würmer aktiv und voll Spannkraft. Auch von der Qualität des Humus kann man sich bei dieser Gelegenheit einen Eindruck verschaffen. Chemisch ist Humus ein sehr komplexer Stoff. Noch 1950 konnte Annie Francé-Harrar – Weltreisende, Pionierin der Bodenkunde und Geheimtipp der Müllliteratur – feststellen: «Humus, mit heutigen Kenntnissen gesehen, ist noch immer ein heilloses Wirrsal von chemischen, mechanischen und biologischen Abläufen, die durch das Netzwerk des Lebens unaufhörlich neuverbunden werden.»[9] Die Wissenschaft hat bis heute keine abschließende Ordnung in das Wirrsal bringen können.[10] Einschlägige Lehrbücher der Bodenkunde, die den Begriff fast auf jeder Seite verwenden, verzichten sogar, wie ich verblüfft feststellen muss, auf eine genauere Definition.[11] «Aus praktischen Gründen», informiert ein einschlägiges Lehrbuch, «wird als Humus jene postmortale organische Substanz (POS) in Böden verstanden, welche sich in einem ständigen mikrobiellen Ab-, Um- und Aufbau befindet (durch Mineralisierung und Humifizierung).»[12] Als Torf, dem Ausgangsstoff der Kohle, sind wir einem nahen Verwandten des Humus bereits begegnet. Während große Teile der organischen Substanz relativ leicht zu anorganischen Verbindungen abgebaut werden, leisten einige hartnäckige Pflanzenreste der Mineralisierung Widerstand und werden zum Ausgangspunkt der chemisch sehr komplexen Bildung von Huminstoffen in der sogenannten Humifizierung.

Die Details sind nicht abschließend erforscht, und was man weiß, ist uns Fachfremden weitgehend unverständlich. Wir können aber immerhin festhalten, dass Humus kein homogener Stoff ist, sondern ein Gemisch aus verrottenden Pflanzenresten, aktiven Mikroorganismen und ihren Stoffwechselprodukten. Und: Dieses Gemisch ist in steter Bewegung. Auch der Humus entpuppt sich mithin als «epistemisches Objekt», von dem wir gar nicht so genau wissen, woraus es besteht und wie es sich verhält. Als Praktiker, der inzwischen einige Erfahrung gesammelt hat, habe ich mit dem Humus zumindest eine gewisse alltagsweltliche Bekanntschaft geschlossen. Er ist nicht schlammig, sondern fast körnig. Im Erdreich verbinden sich die Huminstoffe – auch infolge der Grabaktivität von Regenwürmern – mit Mineralpartikeln zu stabilen Gefügen, die einem gesunden Boden das typische, an Couscous erinnernde Krümelgefüge geben. Vor allem aber weiß ich, wie der Humus riechen muss. Tatsächlich gibt es wohl kaum einen Wurmkistenratgeber und kaum eine einschlägige Internetseite, die nicht mit dieser Frage beginnen: Stinkt es nicht, wenn man den organischen Abfall in der Wohnung verrotten lässt?

Öffnet man die Wurmkiste und beugt sich unmittelbar über das Substrat, um den Geruch voll aufzunehmen, reagieren alle mit derselben Assoziation: Waldboden! Es riecht nach Erde und Unterholz, durchaus mit modrigen Anklängen, wobei die stechend-schwefelige Komponente aber vollständig fehlt. Stattdessen dominiert eine erdige Frische, die auch an die Kühle eines schattigen Bachgrundes denken lässt. Der Grund dafür ist denkbar einfach, schließlich imitiert die Wurmkiste einfach den Prozess, der in der Natur allerorten statthat. «Im Wald stinkt es ja auch nicht», erinnere ich mich in einem Online-Diskussionsforum zur Wurmkompostierung, das ich aufgrund gewisser Anfangsschwierigkeiten konsultierte, gelesen zu haben.

Eiter und Blut von dem verfaulten Schaden deß Krebs getruncken

Müllphilosophisch ist indes die Frage nach dem Geruch fast interessanter als die für viele überraschende Antwort. Denn warum ist die Antwort überhaupt überraschend, und warum kam somit die Frage überhaupt erst auf? Schließlich kennen wir alle Wald und Wiesen aus eigener Erfahrung und müssten mithin spontan eine ganz andere, konträre Erwartungshaltung haben. Die Antwort scheint auf der Hand zu liegen: Was uns von den wimmelnden Würmern in den in Zersetzung begriffenen organischen Abfällen intuitiv zurückschrecken lässt, ist natürlich der Ekel. Mit dem Ekel regt sich aber eine Urgewalt in unserer Psyche, alt wie unser tierischer Leib und mächtig wie Hunger, Angst und Liebe.[13] Der Ekel übernimmt sofort die Kontrolle über den Körper. Die Muskeln verkrampfen, das Gesicht verzieht sich um Nase und Mund, der Oberkörper weicht zurück, oft entflieht ein Stöhnen der Brust, im Extremfall stellt sich ein Würgegefühl ein. Die Psychologie zählt den Ekel – neben Freude, Trauer, Angst, Überraschung und Wut – zu den sechs universellen Grundemotionen, und bei ihm scheint mehr noch als bei allen anderen der gute evolutionäre Sinn auf der Hand zu liegen: Ekelgefühle schützen uns, indem sie den Kontakt mit potenziellen Pathogenen, krankmachenden Viren, Mikroorganismen und Giften verhindern. Was ekelhaft ist, fassen wir nicht an, und erst recht würden wir es nicht in den Mund nehmen oder verschlucken.

Diese Erzählung stellt so etwas wie die Null-Hypothese der evolutionären Psychologie dar, sprich: Sie ist plausibel und man kann sie durchaus annehmen, solange die Daten nicht zum Gegenteil zwingen. Allerdings tun die Daten genau dies, denn Ekel entpuppt sich bei näherem Hinsehen als ein Phänomen von einer Komplexität und Vielgestaltigkeit, die mit der Vorstellung, es mit einem uralten, elementaren und festgefügten evolutionären Grundbaustein unserer Psyche zu tun zu haben, nicht in Einklang steht: In der kindlichen Entwicklung entsteht das Ekelgefühl viel zu spät, um das besonders empfindliche Kleinkind zu schützen; Ekelgefühle sind viel zu variabel und ändern sich nicht nur zwischen den Kulturen (man denke an spezifische Nahrungsmittel), sondern auch mit Faktoren wie Geschlecht und sozialer Klasse; und außerdem scheinen die angeblich so elementaren Ekelgefühle auch in hochgradig sublimierten Phänomenen wie unserem moralischen Empfinden eine wichtige Rolle zu spielen, schließlich löst ein moralisch anstößiges Verhalten, wie z. B. ein «dreckiges» Lachen, in uns eine ähnliche Reaktion hervor, wie wirklicher Dreck oder ein offenes Geschwür.[14]

Alles weist mithin darauf hin, dass der Ekel auch eine kulturelle Dimension hat, nämlich von der Kultur geformt wird. Kulturelle Formung bedeutet nicht, dass der Ekel nicht einen unverrückbaren Kern hat, auf dessen Suche wir uns machen können. Im Phänomenbereich des Ekels besitzen zwei Elemente offenbar eine herausragende Bedeutung: der Mund, der besonderen Schutz genießt, da die Vorstellung einer oralen Aufnahme des Ekelhaften uns mit besonderem Abscheu erfüllt, und die körperlichen Ausscheidungen, die uns mit starkem Ekel erfüllen können – Kot, Urin, Schweiß, Speichel, Milch, Blut, Erbrochenes, Sekrete, Sperma, ferner auch «Abfälle» wie Schuppen, Nägel und Haare. Im extremen Fall kommt beides zusammen. Die Legende der Heiligen Katharina gehört an diese Stelle. Als sie in Gleichmut und Hingabe die bestialisch stinkende Wunde einer Glaubensschwester pflegt, der ein Krebs das Fleisch der Brust zerfrisst und verfaulen lässt, stellt der Teufel ihre Stärke auf die Probe, indem er den Gestank ins Unermessliche steigert, «welcher gestanck dann mit so grossem oberfluss deß Eiters / auß der gantzen breite deß schadens ohne underlaß solchergestalt gienge / das es dem allerstärckisten Magen zuerleiden unmöglich sein sollen». Als Katharina heftig erbrechen muss, erzürnt sie sich indes über die eigene Schwäche, «naigte […] ihr heiliges Angesicht / auff den Schaden deß Krebs / unnd hat den Mund sampt den Naßlöchern / gar steiff und so lang darauff gehalten / biß es sie gedunckt / das […] der hievor empfundne gestanck / gantz außgelöscht were».[15]

So hat die Hl. Katharina also «Eiter und Blut / von dem verfaulten Schaden deß Krebs / getruncken». Der gemeinsame Nenner der beiden hier aufeinandertreffenden Elemente, der Eintrittsöffnung mit dem Ausgeschiedenen, liegt in der Körpergrenze, der ursprünglichen Trennung von Innen und Außen, sowie ihrer Überschreitung. Was in diesen Transgressionen berührt wird, ist die prekäre Autonomie des lebenden Organismus, von dem wir ja schon im ersten Kapitel gesehen haben, dass sein Geheimnis in dem paradoxen Balanceakt besteht, einen homöostatisch regulierten Innenraum zu etablieren, gerade indem der Durchstrom von Materie im Metabolismus zugelassen, also die Trennung zum Außen umgehend wieder relativiert wird. Der Müllsoziologe Daniel Pick verdeutlichte dies am drastischen Beispiel des Ekels, der uns beim Anblick (oder der bloßen Vorstellung) von Maden in einer Wunde überkommt: «Durch die Maden wird die Autonomie, die Abgeschlossenheit des Bildes eines Menschen zerstört. Er ist nicht mehr Herr im Haus, innen und außen werden durchlässig.»[16]

Einerseits wird hier verständlich, dass der Ekel Prozesse von wirklich existenzieller Bedeutung betrifft, die nämlich wirklich unseren eigentümlichen Existenzmodus der prekären Autonomie berühren. Andererseits aber stoßen wir hier auf eine bemerkenswerte Ambivalenz. Aus genau denselben Zutaten wie der Ekel – Transgression von Innen und Außen mit den neuralgischen Punkten der Körperöffnungen, der Exkrete und Sekrete – setzt sich nämlich ein dem Ekel nahezu entgegengesetztes Phänomen zusammen – die Sexualität. Man denke nur an die völlig entgegengesetzten Bedeutungen, die dem Speichel beim leidenschaftlichen Kuss und der erniedrigenden Geste des Anspuckens zukommen. Offenbar haben wir es hier mit Dingen zu tun, die nicht «an sich» entweder ekelhaft oder erotisch sind, sondern irritierenderweise beides sein können – «irritierend» zumindest für unsere theoretische Untersuchung, denn in unserem Handeln sind wir uns meist sehr sicher, wenn wir auch, wie sich nun zeigt, schwerlich die Regeln darlegen können, denen unser Handeln folgt. So sehr sich ein harter, existenzieller Kern des Ekels erahnen lässt, so schwer – wenn nicht gar unmöglich – ist es offenbar, ihn zu fassen.

Madame beschwert sich

Für unser Nachdenken über den Müll sind diese Einsichten ungeheuer wichtig. Wir haben im zweiten Kapitel bereits gesehen, dass sich die moderne Kanalisation nicht auf eine technische Infrastruktur reduziert. Wir haben in ihr vielmehr den Kern eines Zivilisationsprojekts erkannt, dessen problematische Konsequenzen uns auch sogleich beschäftigt haben. Nun zeichnet sich aber ab, dass wir die Diagnose des Zivilisationsprojektes noch gar nicht in ihrer ganzen Tragweite erfasst haben. Das Zivilisationsprojekt umfasst nicht nur die Städte, ihren technischen Metabolismus sowie ein ganzes Wirtschaftsmodell, welches darin impliziert ist und auf das wir uns in unseren bisherigen Betrachtungen konzentriert haben. Es beinhaltet auch ihre Bewohner, ihre Subjektivität und ihr Gemeinwesen. Hier zeichnet sich eine komplementäre Geschichte ab, die wir noch zu hören haben.

Schnittpunkt der modernen Stadt und ihrer Bewohner ist unser Körper, und hier setzen wir am besten an. Haussmann sprach von der sauberen Stadt, die – unausgesprochen – zum Gegenstück aber die sauberen Körper ihrer Bewohner braucht. Dieser Zusammenhang war auch den Zeitgenossen vollkommen klar. Er hörte auf den Namen «Hygiene», und damit ist nicht einfach die Einhaltung bestimmter persönlicher Standards der Sauberkeit bezeichnet, sondern ein politisches, wissenschaftliches, administratives, pädagogisches und publizistisches Großprojekt, das Wissenschaft, Medizin, Industrie, Architektur, Stadtplanung und etliche staatliche Institutionen involvierte und mobilisierte. Diese Bewegung des

«Hygienismus» verstand sich selbst seit ihrem Aufkommen im 19. Jahrhundert als ein Projekt von Aufklärung, Wissenschaft und Fortschritt. Ihren Kristallisationspunkt fand sie in der Entdeckung der Mikroben durch den Chemiker und Mikrobiologen Louis Pasteur, die nicht nur ein echtes Verständnis von Vorgängen der Gärung und Fermentation in der Herstellung von Wein, Essig und Brot (Hefe) erlaubte, sondern auch ein ganz neues Licht auf die Krankheiten und ihre Ursachen warf. Hierbei sollten wir nicht nur an die mittelalterliche Pest denken, die den Bevölkerungen in schlimmer Erinnerung geblieben sein mag, sondern vor allem an dramatische Cholera- und Typhusepidemien, die die europäischen Länder bis ins 20. Jahrhundert heimsuchten, wie wir etwa am Beispiel der Hochwasserkatastrophen der Emscher schon gelegentlich gesehen haben. Der Ursprung dieser Seuchen wurde früher in den «Miasmen» gesucht – üblen Dünsten in der Luft, deren Quelle man in verschiedenen fauligen Prozessen wähnte. Mit der Entdeckung der mikroskopisch kleinen Keime und dem damit verbundenen Konzept der Infektionskrankheiten änderten sich die Strategien der Seuchenbekämpfung jedoch grundsätzlich. Gegen Miasmen konnte man sich noch mit einer Pfefferminzpastille zu helfen suchen. Infektionen durch Viren und Bakterien hingegen bekämpft man anders, und zwar an zwei Fronten: innerhalb der menschlichen Körper, nämlich durch Immunisierung, wozu Pasteur und zeitgleich mit ihm Robert Koch die neue Technologie der Impfung durch abgetötete oder geschwächte Erreger entwickelte; aber auch außerhalb der Körper, in der Stadt, den Lebensumständen und der Organisation des täglichen Lebens, womit wir bei dem Hauptbetätigungsfeld des Hygienismus angelangt sind.

Sauberkeit schien der Schlüssel zur Gesundheit, und die Entdeckungen Pasteurs gaben diesem Leitsatz die Weihe einer wissenschaftlichen Erkenntnis. Von diesem Schein müssen wir uns nicht blenden lassen. Der Ekel hat uns ja schon eine

Ahnung davon gegeben, wie viel kulturelle Prägung in einem Gefühl stecken kann, in welchem sich vermeintlich allein die älteste Schicht unserer animalischen Natur rein und unverfälscht zu Wort meldet. Wir können dieses Problem offensiv angehen, indem wir die Gegenfrage stellen: Waren denn die Menschen vor der Entdeckung der Sauberkeit schmutzig? Ich meine nicht, ob sie nach *unseren* Standards unsauber waren, denn es geht ja gerade darum, das wahre Wesen dieser Standards herauszuarbeiten. Auch geht es mir nicht einfach um den – später durchaus noch äußerst wichtigen – Punkt, dass sich das subjektive Empfinden mit den objektiven Standards wandelt, also die Menschen früher zwar nach unseren Standards dreckig gewesen sein mögen, dies aber selbst nicht so empfunden haben. Wenn in einem alten russischen Bauernhaus der Stall einen offenen Durchgang zur Stube hatte, so dass man im Winter noch die Körperwärme des Viehs zur Heizung nutzen konnte, so wird es im ganzen Haus auch nach Stroh, Mist und Vieh gerochen haben – selbstredend ohne, dass dies noch wahrgenommen wurde. Wir gewöhnen uns an Gerüche. Aber auch darum geht es nicht. Ich will nicht behaupten, dass die Menschen früher nicht dreckig waren, weil sie den eigenen Dreck nicht mehr wahrnahmen. Es geht vielmehr um die Frage, welchen Begriff von Dreck und Sauberkeit sie hatten und welche Ansprüche sie an sich stellten. Fragen wir also noch einmal: Waren denn die Menschen vor der Entdeckung der Sauberkeit in diesem Sinne schmutzig?

Die Antwort ist gar nicht so einfach. Mein Geschichtslehrer hat uns noch genüsslich von den schlimmen hygienischen Zuständen am Hofe von Versailles berichtet, wie die feinen Damen, die sich niemals wuschen, sondern immer nur überpuderten und parfümierten, stanken, und wie sie ihre Notdurft einfach in den Ecken von Zimmern verrichteten, die irgendwann ob des Gestanks verschlossen werden mussten. Nun, mein Geschichtslehrer war das, was man gemeinhin einen Alt-

68er nennt, und ich will hier nicht zu hart mit ihm ins Gericht gehen, da die Stinkgeschichten über den Adel für ihn offenkundig eine revolutionäre, anti-feudale Haltung unterfütterten. Aber wir müssen den Zuständen von Versailles trotzdem auf den Grund gehen. Hatten sie Toiletten? Betrieb man zu Hofe Körperpflege?

Schon die erste Frage führt uns philologisch auf dünnes Eis. Von der Madame d'Orléans – gebürtig Elisabeth Charlotte, Prinzessin von der Pfalz, bekannter unter dem Kosenamen Liselotte, durch Heirat mit Philippe I. Zeitzeugin im Schloss von Versailles, das ihr Schwager, der französische König Louis XIV. gerade errichten ließ – erhalten wir Auskunft aus erster Hand. Der jung verstorbene Schriftsteller Dominique Laporte, von dem 1978 leider nur der «Prolog» zu einer wohl größer projektierten *Geschichte der Scheiße* erscheinen konnte, zitiert ein einschlägiges Schreiben der «Madame», wie sie in Frankreich genannt wird, an ihre Tante, die Kurfürstin Sophie von Hannover, in welchem sie zur Toilettenfrage im Schloss von Fontainebleau Stellung nimmt.[17] Ich habe versucht, diesem Zeugnis auf die Spur zu kommen, aber das wertvolle Dokument scheint in sämtlichen deutschen Editionen des Briefwechsels aus dem 19. und 20. Jahrhundert zu fehlen. Statt die Erdgeschichte zu entziffern, müssen wir uns zur Abwechslung durch philologische Sedimente wühlen. Zu einer richtigen Reise gehört dies aber dazu. Wer Alexander von Humboldts Beschreibung seiner Südamerikareise gelesen hat, weiß, dass das zentrale Kapitel, in welchem die Reise ihren Höhepunkt erreicht – als nämlich die Bifurkation des Orinoco entdeckt ist und am Oberlauf des Flusses die «Säulen des Herkules» erreicht werden, über welche die mit giftigen Pfeilen bewaffneten, geheimnisvollen Guaicas noch niemals einen Weißen haben hinauskommen lassen –, durch eine ellenlange und ermüdende quellengeschichtliche Analyse der Sagen von El Dorado und dem See Parima unterbrochen wird.[18] Dem großen Reisenden war auch der Dschungel der Archive und Bibliotheken nicht fremd.

Also: Laporte – von dem ich übrigens nicht viel in Erfahrung bringen konnte, außer dass er auf dem Pariser Friedhof Père Lachaise begraben liegt unter einem Stein mit der berührenden, tieftraurigen Inschrift: «Dominique G. LAPORTE 1949–1984, SCHRIFTSTELLER, und Thérèse ROUILLARD 1930–2012, seine Mama» – Laporte selbst also verweist in seiner *Geschichte der Scheiße* auf die 1855 von Gustave Brunet besorgte französische Übersetzung der «vollständigen Korrespondenz» der Madame d'Orléans, für welche der Übersetzer auf die verschiedenen zu seiner Zeit zur Verfügung stehenden deutschen Ausgaben zurückgriff. Den uns interessierenden Brief hat Brunet, wie er selbst bekundet, erst nach anfänglichem Zögern aufgenommen, und dies auch nur als Anhang. Im Gegensatz zu allen anderen Briefen ist er nämlich nicht auf Deutsch überliefert – also jener mit viel Improvisationstalent verschriftlichten, herzerfrischenden Mischung aus Pfälzisch und Französisch, die man nur sehr uneigentlich «Deutsch» nennen mag –, sondern einzig auf stilechtem Französisch. Publiziert wurde er erstmalig ganz am Ende des Bändchens *Anekdoten vom Französischen Hofe vorzüglich aus den Zeiten Ludewigs des XIV. und des Duc Regent aus Briefen der Madame d'Orleans*, erschienen zu Straßburg im Revolutionsjahr 1789. Von hier aus hat der Brief Eingang in die einschlägigen Publikationen gefunden, namentlich in die 1849 anonym und in kleiner Auflage publizierte, scherzhaft intendierte und gleichwohl mit wissenschaftlichem Eifer verfasste *Bibliotheca Scatologica* sowie in das 1870 von einer fiktiven Gesellschaft «ungenierter Leute» unter dem Titel *Le Nouveau Merdiana* veröffentlichte «skatologische Handbuch». Eine deutsche Übersetzung wird spätestens 1979 in dem unter dem Pseudonym Coturnix veröffentlichten Band *Erbauliche Enzy-Clo-Pädie. Kulturgeschichte eines ver-*

schwiegenen Örtchens greifbar, allerdings ohne Angabe einer Quelle.

Ist der Brief authentisch? Die Umstände können Zweifel aufkommen lassen. Aber immerhin bringt Bodemann, in dessen Edition von 1891 am fraglichen 9. Oktober 1694 ebenfalls eine verdächtige Lücke klafft, ohne Erläuterung ein Schreiben vom 18. November desselben Jahres, in dem es heißt: «Mich deücht, es ist nicht polie [höflich], daß die hertzogin von Zelle den schmutzigen brieff vor fremdden leßen macht, hette nie gedacht, daß dießer brieff so sehr reussiren würde. Mons. le dauphin macht auch gar groß wercks davon».[19] Ist hier unser Brief gemeint? Womöglich! Dann wäre die Geschichte seiner krampfhaften Auslassung nicht philologischen Skrupeln geschuldet, sondern gerade ein Beispiel für die Mechanismen, die uns die unangemessenen Bilder aussortieren lassen, die Mechanismen unserer Sprachlosigkeit angesichts der dunklen Seite unserer Existenz. Aber nun soll das Dokument, datiert zu Fontainebleau auf jenen besagten Samstag im Herbst des Jahres 1694, endlich selbst zu Wort kommen. Die ersten Zeilen haben einen vorwiegend berichtenden Charakter:

Sie haben das Glück, kacken gehen zu können, wann Sie wollen; kacken Sie also nach Herzenslust. Wir hier sind nicht in derselben Lage, wo ich verpflichtet bin, meinen Haufen bis zum Abend aufzuheben; es gibt nämlich keinen *frotoir* in den Häusern an der Waldseite. Ich habe das Pech, eines davon zu bewohnen und darum den Kummer, hinausgehen zu müssen, wenn ich kacken will, was mich ärgert, weil ich bequem kacken möchte, & ich kacke nicht bequem, wenn ich meinen Hintern nicht hinsetzen kann. Außerdem sieht uns jeder beim Kacken: Da laufen Männer, Frauen, Mädchen, Jungen, Pfarrer & Schweizergarden vorbei; Sie sehen mithin, kein Vergnügen ohne Mühe, & wenn man überhaupt nicht kacken müßte, dann fühlte ich mich in Fontainebleau wie der Fisch im Wasser.

Es folgt ein Absatz, der das Erlebte philosophisch ausdeutet:

Es ist äußerst betrüblich, daß meine Freuden von Kothaufen durchkreuzt werden; ich wünschte, daß derjenige, der als erster das Kacken erfunden hat, er & seine ganze Sippschaft, nur unter Stockschlägen kacken könnte! Wieso, Sakrament!, muss es so sein, dass man nicht leben kann, ohne zu kacken? Setzen Sie sich zu Tisch mit der besten Gesellschaft der Welt, wenn Sie der Drang zu kacken überfällt, dann müssen Sie kacken gehen. Wenn Sie gerade mit einem hübschen Mädchen oder einer Dame ganz nach Ihrem Geschmack zusammen sind und es überkommt Sie der Drang zu kacken, dann müssen Sie kacken gehen oder verrecken. Ach, das verdammte Kacken! Ich weiß keine garstigere Angelegenheit als das Kacken. Sie sehen eine hübsche Person, recht niedlich, recht reinlich, Sie rufen aus: ach, wie reizend wäre das – wenn sie nicht kacken würde! Den Lastenträgern, Gardesoldaten, Sänftenträgern, & anderm Volk dieses Kalibers sehe ich es nach. Aber die Kaiser kacken, die Kaiserinnen kacken, die Könige kacken, die Königinnen kacken, der Papst kackt, die Kardinäle kacken, die Fürsten kacken, die Erzbischöfe & Bischöfe kacken, die Ordensgeneräle kacken, die Pfarrer & die Vikare kacken. Geben Sie also zu, die Welt ist voll von garstigen Leuten! Denn, sehen Sie doch, man kackt an freier Luft, man kackt auf die Erde, man kackt ins Meer, das Weltall ist angefüllt mit Kackenden und die Straßen von Fontainebleau mit Kacke; vor allem mit Schweizerscheiße, denn die machen Haufen – so groß wie Sie, Madame. Wenn Sie glauben, einen hübschen kleinen Mund zu küssen, mit recht weißen Zähnen – Sie küssen eine Scheißemühle, alle Köstlichkeiten, die Biscuits, die Terrinen, Pasteten, Füllungen, Schinken, Rebhühner und Fasanen &sf., das Ganze existiert nur, um daraus zerkaute Scheiße zu machen &sf.

Was mit der Umschreibung als «*frot[t]oir*» gemeint ist und laut Wörterbuch der *Académie française* aus demselben Jahr 1694 eigentlich ein Trockentuch bezeichnet, bleibt unklar. Die gängige deutsche Übersetzung hat hier das schöne Wort

«Leibstuhl». Aber ich bin von dieser ohnehin in vielen Fällen von groben Fehlern durchzogenen Übersetzung abgewichen. Insbesondere habe ich das stilistische Gravitationszentrum des Textes, nämlich das penetrant wiederholte Verb «*chier*», nicht mit «scheißen» übersetzt, sondern mit «kacken», da es sich vom lateinischen «*cacare*» herleitet, was nebenbei auch erlaubte, das Wort «Scheiße» der Übersetzung von «*merde*» vorzubehalten – von welchem Wort sich seinerseits Verben ableiten, wie jenes berüchtigte «*emmerder*», das der aktuelle französische Präsident in der Pandemie den Ungeimpften androhte, während das Parlament gerade über einen verpflichtenden Impfnachweis debattierte – sinngemäß: «Ich werde ihnen das Leben schwer machen», aber eben wörtlich: «Ich habe größte Lust, sie zuzuscheißen». Schlimme Worte fürwahr, die eine Parlamentskrise auslösten, hunderttausend Menschen auf die Straße trieben und ein Protestschreiben von Kulturschaffenden provozierten. Lohnend ist derweil ein Blick auf die Geschichte des Wortes «*chier*» durch die verschiedenen Auflagen des Wörterbuchs der *Académie*. In der ersten Auflage von 1694 wird es neutral erläutert: «den Bauch von den größten Exkrementen entleeren». Erst in der fünften Auflage von 1789 erfolgt der Zusatz, es handele sich um «niederen» Sprachgebrauch, und nur die aktuelle neunte Auflage warnt ausdrücklich vor dem «sehr vulgären» Ausdruck. Es scheint fast, dass wir hier vor unseren Augen eine Lücke in unserer Sprache sich auftun sehen. Die Sprache stellt uns überhaupt kein geläufiges Vokabular mehr zur Verfügung, um über die Ausscheidungen zu sprechen. Sie kennt nurmehr das vulgäre Register von «scheißen» und «kacken», und als einzige Alternative gespreizte, wissenschaftlich verbrämte Ausdrücke wie «koten», «sich entleeren», «seine Notdurft verrichten», «defäkieren» usw. Diese Sprachlosigkeit ist selbst nicht sprachlos, sondern legt ganz im Gegenteil beredtes Zeugnis von uns ab.

Ganz nebenbei verdanken wir der Madame mithin eine

Sprache und Ausdrucksmöglichkeit, wie wir sie in der Müllphilosophie dringend benötigen. «*Occupy language!*», ruft sie uns über die Jahrhunderte zu. Schafft euch eine Sprache für das Ganze der menschlichen Existenz! In der Sache muss sie aber nicht unbedingt recht haben, wie uns die Kurfürstin in ihrer Replik zu verstehen gibt, die – stilistisch vielleicht etwas weniger vehement, aber durch ihren philosophischen Sparringspartner Gottfried Wilhelm Leibniz in ungezählten Briefen und Unterhaltungen bei Spaziergängen durch den Garten von Schloss Herrenhausen für kategoriale Fragen in hohem Maße sensibilisiert – dem angerissenen Gedanken eine neue Wendung gibt:

Welch ein unterhaltsames Scheißraisonnement, das Sie über das Kacken anstellen, & es scheint, dass Sie mit den Freuden wenig bekannt sind, da sie jene des Kackens nicht zu schätzen wissen; dies ist ihr größtes Unglück, und man darf in seinem ganzen Leben nicht gekackt haben, um nicht die Freude verspürt zu haben, die das Kacken bereitet; denn man kann sagen, dass von allen Notwendigkeiten, denen die Natur uns unterworfen, die des Kackens doch die angenehmste ist. [… Man] könnte sogar sagen, dass man nur ißt, um zu kacken, & zugleich dass man nur kackt, um zu essen, und wenn das Fleisch die Scheiße hervorbringt, so ist es auch wahr, dass die Scheiße das Fleisch hervorbringt, sind doch die wohlschmeckendsten Schweine jene, die am meisten Scheiße essen.

Ohne hier in die Tiefe zu gehen – was wir an späterer Stelle nachholen werden –, können wir hier schon feststellen, dass wir es offenkundig mit einem müllphilosophisch äußerst ergiebigen Material zu tun haben. Um aber auf unsere eigentliche Frage zurückzukommen: Wie sauber waren die Menschen vor der Erfindung der Sauberkeit, und gab es Toiletten am französischen Königshof? Wir können zu einem ersten Zwischenergebnis kommen: In ihrem Schreiben liefert die Madame natürlich keinen Tatsachenbericht, sondern erlaubt sich eine freigeistige Plaisanterie. Allein, scherzt so jemand, der nicht den Komfort beim Stuhlgang zu schätzen gelernt hat, und zwar in einer Zeit, da der Nachttopf noch gang und gäbe war? Mein Geschichtslehrer ist nun schon lange tot, und ich möchte sein Andenken nicht beschmutzen – noch aber kann ich die Wahrheit verschweigen: Madame hat nicht in die Zimmerecke gekackt.

Sully nimmt ein Bad

Und wie verhielt es sich mit dem Waschen? Diese Frage birgt wiederum ungeahnte Schwierigkeiten. Wir gehen noch einmal zwei Generationen zurück. Das Schloss von Versailles ist noch nicht gebaut und der amtierende französische König Henri IV. residiert noch im Pariser Louvre. Als er an einem Morgen des Jahres 1610 nach seinem obersten Berater, Maximilian von Béthune, rufen lässt, findet der Bote den Fürst von Sully indes im Bade vor. Die Aufregung ist groß. Sully, der eine wichtige Angelegenheit wähnt, schickt sich an, das Bad zu verlassen. Seine Diener und Gefolgsleute dringen auf ihn ein, er möge um Gottes willen sitzen bleiben. Der König, in Kenntnis der Umstände, würde es gewiss nicht anders wollen. Der Bote wird wieder in den Louvre geschickt und kehrt alsbald mit einem *billet* des Königs zurück, welches die antizipierten Maßnahmen vollumfänglich bestätigt: «Monsieur, der König ordnet an, dass Sie das Bad korrekt zu Ende führen mögen, und untersagt Ihnen, heute das Haus zu verlassen, da dies, wie M. Du Laurens versicherte, Ihrer Gesundheit abträglich wäre.»

Mit dieser Anekdote, die Sully in seinen Lebenserinnerungen selbst kolportiert, beginnt der Historiker Georges Vigarello seine Geschichte der Körperpflege, *Le propre et le sale*,

«Das Saubere und das Schmutzige». Das Büchlein aus dem Jahr 1985, welches sich aufgibt, das durch Sullys Anekdote gestellte Rätsel zu lösen, ist nicht weniger als eine müllphilosophische Offenbarung. Der Schlüssel zur Lösung des Rätsels ist im Grunde ganz einfach. Es stimmt tatsächlich, dass vor dem 19. Jahrhundert das Bad eine sehr ambivalente Stellung in der europäischen Kultur hatte. Ein öffentliches Bad war ein suspekter Ort der Durchmischung von Welt und Halbwelt, etwa in Form der Prostitution. Auch bei Hofe gehörte das Bad tatsächlich nicht zur üblichen Körperpflege. Louis XIV. ließ in Versailles zwar ein luxuriöses Bad einrichten, aber schon bald entfernte man die marmorne Wanne wieder und nutzte sie zur Installation eines Springbrunnens im Park.[20] Perücken, Puder und Parfum hingegen waren allgegenwärtig. Stimmt es also, dass man Schmutz und Geruch bloß übertünchte? Der gedankliche Fehler, belehrt uns der scharfsinnige Historiker, liegt in der Gleichsetzung von Wasser und Sauberkeit. Vor dem 19. Jahrhundert hegte man lange ein tiefes Misstrauen gegenüber der Anwendung des Wassers. Wasser galt nicht als reinigend für den Körper, sondern ganz im Gegenteil als eine Gefahr, zumal das warme Wasser: Es raubt dem Körper die Kraft und weitet die Poren der Haut, die somit durchlässig für Krankheiten wird. Gerade die Erinnerung an die Pest ließ den Hof vor dem Wasserbad zurückschrecken. Dass Sully dem körperlichen Vergnügen frönte, konnte passieren. Aber, wie der alarmierte König wusste, das Bad würde ihn so sehr schwächen und krankheitsanfällig machen, dass unbedingt ein Tag Ruhe zuhause einzuhalten war.

Der Adel des 17. und 18. Jahrhunderts war also nicht dreckig, sondern sogar sehr bedacht auf Sauberkeit. Mittel und Verständnis der Sauberkeit waren allerdings nicht dieselben. Wasser galt als Gefahr. Aber eine Absage an das Wasser dürfen wir nicht anachronistisch als Unsauberkeit verstehen. Die Lösung der Epoche lautete «*toilette sèche*», die trockene Körperpflege. Ihre Hauptutensilien: frische Leinentücher zum Abreiben des Körpers, Puder, Kämme und Bürsten, kostbare Parfumöle – und das alles nicht zur Überdeckung des Schmutzes, sondern zur intensiven Körperpflege. Zweitens aber – und hier droht der nächste Anachronismus – wurde diese Körperpflege nicht als Kampf gegen unsichtbare Mikroben verstanden. Dieses Konzept existierte einfach nicht, sondern beschreibt ein originäres Erbe von Pasteur und dem Hygienismus. Nachdem sie aber einmal den Diskurs und das Bewusstsein der Menschen erfolgreich kolonisiert hat, verändert diese Vorstellung einer unsichtbaren Bedrohung sämtliche Regeln der Sauberkeit. Wie lauten die neuen Grundprinzipien, die im alten Regime der Sauberkeit keinerlei Entsprechung haben? Erstens: eine Logik des Unsichtbaren. Mikroben sind für das bloße Auge nicht sichtbar, die Sinne versagen. Auch was sauber scheint, kann schmutzig sein. Zweitens: eine Logik der Kontamination. Mikroben werden durch Kontakt übertragen. Jeder Kontakt ist gefährlich, und zwar – nach Regel 1 – auch derjenige mit dem vermeintlich Sauberen. Drittens: eine Logik der Steigerung. Der Kampf gegen die Mikroben kennt kein Ende, es können immer noch in den Ecken, Ritzen und Falten vereinzelte Nester übrig sein. Der Kampf muss also immer weiter fortgeführt werden, und dies mit immer schärferen Mitteln. Wasser und Seife sind nur der Anfang, es folgen Chlor und Desinfektionsmittel. Der Hygienismus vollzieht mithin im fortgeschrittenen 19. Jahrhundert einen regelrechten Paradigmenwechsel, wie Vigarello herausarbeitet:

> Mit diesen Reinigungen, wie sie am Ende des 19. Jahrhunderts installiert werden – und deren Resultat sich immer weiter der Wahrnehmung entzieht –, wird eine letzte Schwelle der körperlichen Sauberkeit überschritten. Die Mikrobe spielt eine doppelte Rolle: sie erlaubt einerseits, eine objektive Bedrohung zu evozieren, und bestärkt andererseits die rein innerliche Gewissheit einer unsichtbaren Sauber-

keit. Die Mikrobe hat damit eine radikal neuartige Gestalt der Sauberkeit geformt, eine Sauberkeit nämlich, die sich nicht mehr auf das «Äußere» des Körpers bezieht, sondern auf sein «Verborgenstes».[21]

Von des Weibes Gesundheit und Schönheit

Es ist beinahe unmöglich, bei diesen Worten nicht an das Sittengemälde zu denken, welches Michel Foucault von eben jener Zeit entwarf, in die auch die Geburt des Hygienismus fällt. In seiner klassischen Studie *Überwachen und Strafen: Die Geburt des Gefängnisses* von 1975 widmete sich der französische Kultur- und Mentalitätshistoriker dem merkwürdigen Phänomen, dass das spätere 18. Jahrhundert Zeuge des zeitgleichen Entstehens einiger moderner Institutionen wird, die sich auch in ihrer Architektur verblüffend ähneln: Krankenhäuser, Asyle, Kasernen, Schulen, Fabriken.[22] Foucault zeichnet nach, dass in dieser Revolution eine grundlegende Veränderung im Verständnis der Bevölkerung und ihrer politischen Kontrolle zum Ausdruck kommt. Im Mittelalter schmolz die Bevölkerung zu einer diffusen, anonymen Masse zusammen, von der im Grunde nicht viel bekannt war. Wie viele Häupter zählt sie? Wo genau hält sie sich auf? Was treibt sie und was heckt sie aus? Man konnte es nicht so genau sagen. Von der diffusen Masse ging somit auch eine latente Gefahr aus. Gesetzesbrüche wurden als direkte Herausforderung der Macht des Souveräns verstanden, weshalb sie drakonische Strafen provozierten. In öffentlicher Folter und Hinrichtungen setzt der König symbolisch seinen Herrschaftsanspruch wieder ein. Im modernen Staatswesen ändert sich dies grundlegend. Die Bevölkerung muss durchaus noch «gezähmt» werden, um korrekt zu funktionieren, vor allem als Arbeiter in den neu entstehenden Industrien. Aber dies geschieht durch erzieherische Maßnahmen, die auf spektakuläre Interventionen verzichten können, weil sie dafür omnipräsent sind, permanent und lückenlos auf jeden Einzelnen einwirken und auch geringe Abweichungen instantan korrigieren. Foucault nennt dies «Disziplinierung». Getragen werden diese Praktiken von der Erkenntnis, dass Autorität nicht allein in Personen verkörpert wird, sondern auch in Architektur, und zwar nicht im bloßen Sinne einer Repräsentation von Glorie, Tradition und Herrschaftsanspruch, wie wir dies schon in der Diskussion um den Status des kulturellen Erbes gesehen haben, sondern durchaus im Sinne einer direkten Ausübung der Macht: der Beeinflussung und Steuerung von Verhalten, etwa indem die Massen in einer Stadt auf bestimmte Weise gelenkt werden oder indem das räumliche Arrangement einer Institution dafür sorgt, dass sich die Menschen allenthalben dem beobachtenden Blick einer Aufsicht ausgesetzt wähnen und sich entsprechend verhalten. Gebäude wie Schulen oder Gefängnisse versteht Foucault in diesem Sinne als «Dispositive» der Macht. Sie machen die vormals diffuse Masse sozusagen dingfest, z.B. indem das Heer erstmals kaserniert wird oder indem Schüler oder Kranke räumlich sortiert werden nach Geschlecht, Jahrgang, Diagnose usw. usf. Man denke an die Straßenbeleuchtung, die wir auf dem Weg nach Flotzgrün schon gestreift haben. Sie macht die Stadt hell, erlaubt uns zu sehen – und gesehen zu werden. Plötzlich erhält die anonyme Masse ein Gesicht. Das Individuum erscheint auf der Bildfläche, wenn auch nur als Überlagerung der Kategorien, nach welchen es administrativ erfasst und institutionell verbucht wird. Es ist ja bekannt, dass noch das «Profil», durch welches sich Menschen in sozialen Netzwerken präsentieren, ursprünglich der Kriminalistik entstammt, das moderne Subjekt also durch die Augen des misstrauischen Staates auf sich selbst blickt.[23] Ein dramatischer Unterschied liegt vor allem darin, dass das heutige im Internet sozialisierte Subjekt die Beobachtung auch will, sie nämlich zur Bestätigung des eigenen Wertes braucht, was der Soziologe Andreas Reckwitz in der Formel von der «performativen Selbstverwirklichung» zum Ausdruck bringt.[24]

Schaut man heute auf den Hygienismus des 19. Jahrhunderts zurück, so stellt sich dieser erst einmal als eine publizistische Bewegung dar. Die Zeit erlebt eine veritable Flut von Handbüchern und Ratgebern zu einer modernen, rationalen und gesunden Lebens- und Haushaltsführung. Ein gutes Beispiel für den deutschsprachigen Raum stellt der Mediziner Carl Heinrich Reclam dar. Dieser heute weniger bekannte Bruder des berühmten Verlegers und Gründers des Reclam-Verlags bedachte die Öffentlichkeit mit einer ganzen Reihe belehrender Schriften. Die Titel seiner Bücher geben bereits einen zuverlässigen Eindruck von Ton und Botschaft der Schriften. Den Anfang machte 1852 *Der Arzt: ein volksthümliches Lehrbuch der vernünftigen Lebensweise, besonders zum Schutz gegen die Krankheiten der Ackerbauenden, Gelehrten, Geschäftsmänner, Handwerker und Künstler*; es folgten *Nahrungsmittel und Speisewahl nach Alter, Jahreszeit, Beschäftigung und Körperzustand* (1855), *Das Buch der vernünftigen Lebensweise: Eine populäre Hygieine zur Erhaltung der Gesundheit und Arbeitsfähigkeit* (1863), *Gesundheitslehre für Schulen* (1865), *Lebensregeln: Ernstes und Heiteres aus der Gesundheitspflege* (1878) und schließlich *Gesundheitsschlüssel für Haus, Schule und Arbeit* (1878). Daneben gab er 1869 bis 1870 die *Deutsche Vierteljahrsschrift für öffentliche Gesundheitspflege* und 1875 bis 1887 die halbmonatlich erscheinende Schrift *Gesundheit – Zeitschrift für öffentliche und private Hygiene* heraus.

Sein Werk *Des Weibes Gesundheit und Schönheit: Aerztlicher Rath für Frauen und Mädchen* beginnt auf der Titelseite mit einem wundervollen Verlagsprospekt, der uns direkt in das Jahr 1864 versetzt (mithin in ein Jahrzehnt, das wir schon ganz gut kennen: Liebig, Marx, Hugo, die BASF ...). «Die Vereinigung derjenigen Anforderungen, welche die *Natur* an den Menschen stellt, – mit denen, welche *Gesellschaft* und *Civilisation* unserer Kulturepoche erheben, ist die Aufgabe der heutigen Diätetik» – so lauten die ersten Worte der Vorrede. Und weiter:

Das *geistreich* und *spannend* geschriebene Werk bringt in *eleganter* und *allgemeinverständlicher* Sprache die Lösung dieser Aufgabe für das weibliche Geschlecht, wobei der Herr Verfasser stets den *praktischen* Standpunkt festhielt und aus den *Thatsachen* die allgemeinen Gesetze hervorleuchten ließ.

Um maaßvolle *Sitte* und edle *Weiblichkeit* zu fördern und zu erhöhen, wurde die *geistige* Diätetik mit der leiblichen gleichzeitig behandelt und besondere Aufmerksamkeit einem der schwierigsten Probleme der Gegenwart: der «*Frauenarbeit*» zugewendet. – Das Werk enthält auch die Resultate *neuer*, noch unveröffentlichter, naturwissenschaftlicher Beobachtungen über die «Gehbewegungen des Oberkörpers», deren Kenntniß nicht nur den Frauen, sondern auch jedem *Arzte* und allen Freunden der *Turnkunst* werthvoll sein wird.

Die *Hausfrauen* finden in den Abschnitten IV. und V. Anleitung zu nützlichen Verbesserungen für Küche und Zimmer; dieselben sind zum Theil *neu*, aber durch mehrjährige Anwendung bereits sicher *erprobt* und *bewährt*.

«*Geschichtliche Skizzen*» (über Kleidermoden, Sitten und Gebräuche, gesellige Vergnügungen, häusliche Einrichtungen, Bereitung und Verwendung des Parfüms u. s. w.) gewähren Abwechselung und Belehrung.

«*Des Weibes Gesundheit und Schönheit*» von Reclam bringt der Frauenwelt nicht nur eine angenehme Unterhaltung, sondern auch eine Fülle der nützlichsten Kenntnisse für sich, wie für Familie und Haus. Das Buch eignet sich als Geschenk für Damen jedes Alters und jeder Lebensstellung, weil es für *Jede segensreich* sich erweisen wird.

Man mag über das frühe Beispiel einer noch heute in allen Buchhandlungen präsenten Ratgeberliteratur lächeln. Müllphilosophisch ist die Sache indes ernst. Denn erstens sind die Fragen der Hygiene aus der heutigen Literatur schlicht darum weitgehend verschwunden, weil wir ihre Normen längst übererfüllt haben. Dass wir zur Nachtruhe das Hemd wechseln sollen, muss uns heute niemand mehr einbläuen, und Reclams glimpflicher Rat, es genüge, die Haare wöchentlich zu waschen und danach mit weicher Pomade aus Schweinefett einzureiben, würde bei vielen unserer heutigen Mitmenschen eine Gefühlslage hervorrufen, in welcher Unglaube und Ekel um die Oberhand ringen.[25] Damit stellt sich aber die Frage – und nun berühren wir den zweiten Grund, warum die Angelegenheit ernst ist –, wie sich der fulminante Erfolg des Hygienismus erklärt, denn die bloße Existenz der zitierten Ratgeberliteratur dürfte kaum zu Buche geschlagen haben.

Einen entscheidenden Hinweis geben uns die beiden US-amerikanischen Grafikdesigner Ellen Lupton und J. Abbott Miller, die 1992 am MIT eine Ausstellung mit dem geheimnisvollen Titel *The Process of Elimination: The Bathroom, the Kitchen, and the Asthetics of Waste* kuratierten. Lupton und Miller schlagen in ihrem hochinteressanten Begleittext im Ausstellungskatalog die Brücke zwischen Foucault und der jüngeren Kultur- und Konsumgeschichte von etwa 1870 bis 1950, indem sie in der modernen Wohnung nichts anderes als ein Dispositiv zur Durchsetzung und Verinnerlichung der Hygiene sehen. Ihr Fokus liegt auf Badezimmer und Küche. Ersteres macht wohl die spektakulärere Karriere, da es überhaupt erst in die Wirklichkeit treten muss. Seine Keimform findet es eigentlich nur in zwei schlichten Gebrauchsgegenständen, nämlich Nachttopf und Waschschüssel, die sich zunächst mit einem separaten Raum umhüllen müssen, um darin ihre Entwicklung hin zu fest installierten architektonischen Elementen fortsetzen zu können. Aber auch die Küche erlebt eine Revolution. Das Ensemble aus Möbelstücken – Schränke, Spüle, Herd – verwandelt sich in die Einbauküche, in welcher die Anordnung der typischen Module nicht mehr dem Zufall überlassen wird, sondern den Grundsätzen des «wissenschaftlichen Managements» folgt, nach denen der Ingenieur Charles Taylor die Arbeitsabläufe in den Fabriken zeit- und bewegungsoptimiert umgestaltet. Die amerikanische Hauswirtschaftlerin Christine Frederick gibt dazu den theoretischen Rahmen in einem Buch, das 1921 bei Springer, Berlin, auch in deutscher Übersetzung erscheint: *Die rationelle Haushaltsführung: betriebswissenschaftliche Studien.*

Die wissenschaftlich optimierte Küche ändert nicht nur die Anordnung, sondern auch ihr gesamtes Aussehen. Sie kaschiert ihre Füße hinter Blenden, so dass sie den Anblick eines Möbelstücks verliert und zu einem quasi-architektonischen Element wird (zu einer «*fixture*», also einem fest installierten Inventar im Sinne eines Zwischendings zwischen Möbelstück und architektonischem Element). Ihre Oberfläche wird kontinuierlich und glatt. Die im 19. Jahrhundert noch allgegenwärtigen, üppigen Zierelemente werden suspekt. Sie gelten als potenzielle Brutstätten von Keimen. Die moderne Küche und ihre stromlinienförmigen Utensilien bieten den Mikroben keine Brutstätten, und ihre Oberflächen sind leicht zu reinigen. Die Küche verkörpert in ihrem Design aber nicht nur neue Standards der Hygiene und Arbeitsökonomie, sondern, wie Lupton und Miller beobachten, zugleich ein neues Verständnis der Tätigkeit, die diesem Raum einmal den Namen gab. Die moderne Küche ist das passgenaue Gegenstück zum Einzelhandel, insbesondere dem Supermarkt. Die einzeln verpackten, geometrisch geformten Packungen wandern vom Verkaufsregal in den Küchenschrank und schließlich in den Müll – es sind ja nun Einwegverpackungen, mit leichter Entsorgung als eingebautem Produktmerkmal. Und auch das Kochen verkümmert unter diesen Umständen immer mehr, bis nicht mehr als ein Schatten seiner selbst im Aufwärmen eines Fertiggerichts in der Mikrowelle übrigbleibt. Damit ist die

Verwandlung der Küche abgeschlossen. Aus einem Ort von Produktion und Geselligkeit ist ein solcher des einsamen Konsums geworden. «Das moderne Zuhause», fassen Lupton und Miller zusammen, «formt *Konsumenten*körper, die darauf abgerichtet sind, sich in die Konsumökonomie bereitwillig einzufügen.»[26]

Zimmer mit Aussicht

Ich möchte an dieser Stelle innehalten und über das Gesehene nachdenken. Dominique Laporte pocht in seiner *Geschichte der Scheiße* darauf, dass mit dem Erlass von 1539, der die Bürger der Stadt Paris verpflichtete, ihren Unrat bis zur Abholung zuhause aufzubewahren, ein Diskurs von Privatheit, Individualität und Intimität seinen Anfang genommen habe. «Das Verhältnis des Subjekts zu seiner Scheiße auch nur geringfügig zu verändern, hat nicht nur Auswirkungen auf sein Verhältnis zu seinem ganzen Körper, sondern auch auf sein eigenstes Verhältnis zur Welt und auf die Vorstellung, die es sich von seiner eigenen Verortung im Sozialen machen wird.»[27] Sicher, die Idee einer Privatsphäre ist eine Grundzutat davon, wie moderne Menschen sich selbst und ihr Verhältnis zu Gemeinschaft und Staat verstehen. Aber kann dies in dem Verbot, den Unrat auf der Straße zu entsorgen, seinen Anfang genommen haben? Bei der ersten Lektüre kommt mir dies merkwürdig vor. Am Seitenrand habe ich das Zeichen «!?» notiert, was heißt: wichtig, aber unklar. Aber immerhin, wir haben ja schon gesehen, dass Müll, Schmutz und Ekel eng mit der Eingrenzung und Abgrenzung des Individuums gegen seine Umwelt zusammenhängen. Christian Enzensberger stößt uns in seinem *Größeren Versuch über den Schmutz* – ein seltsamer, in indirekter Rede verfasster Dialog des Erzählers mit einem ungenannten Gegenüber – noch einmal mit der Nase drauf:

Schmutz sei erstens alles, was die säuberliche Abgetrenntheit der Person antaste, ihr ängstlich gehütetes Fürsichsein. Daher lasse sie ungern etwas an sich heran und aus sich heraus. Neben diesem Berührungs- und Ausscheidungsschmutz meide sie ferner als unrein, was ihr nur zweideutig zugehöre, sie ekle sich, durch Analogie, vor der Vermischung. In ihrer Nähe nämlich fürchte sie, der Zweideutigkeit und dem Mischmasch selbst anheimzufallen, auseinanderzufließen, sich zu verlieren, Schaden zu nehmen durch Beimengung, Einschub, Zusatz, Abfluß, Abzapfung und Unterwanderung. Daher seien ihr auch Dinge wie Pumpen, Trichter, Rüssel, Röhren nicht ganz geheuer, und deswegen zähle sie so viele Stoffgemische und Zwischenzustände auf, wenn man sie um Beispiele für Schmutz ersuche. Hier liege wohl auch der Grund für die unausrottbare Verknüpfung von Schmutz mit der ersten, nämlich geschlechtlichen Vermischung.[28]

An anderer Stelle erläutert Enzensberger noch einmal:

Um zu einer Systematik des Schmutzes zu kommen, brauche man also nur die verschiedenen menschlichen Ordnungen aufzusuchen, die er in seiner weichen Weise verletze. Für die Einzelperson sei dies schon geschehen. Ob er noch einmal ins Gedächtnis rufen dürfe, als was sie sich begreift? Als abgeschlossen, unantastbar, einheitlich, gegliedert und singulär; und daher der Schmutz der Aussonderung, Berührung, Vermischung, des Zerfalls und der Massenhaftigkeit, der am Rand dieser Ordnung entstehe.[29]

Die Idee, mit der der Essayist hier spielt, müssen wir schichtweise betrachten, um sie zu verstehen. Eine erste Schicht haben wir mit dem Begriff des Organismus als einer prekären, selbststabilisierenden Abgrenzung von der Umwelt bereits rekonstruiert. Eine zweite Schicht ist mit der Privatisierung angesprochen. Und es scheint mir, dass die Figur des Konsumenten im 20. Jahrhundert anzeigt, dass Laporte mit seiner Vermutung über den Zusammenhang von Müll und Privatheit, die er ziemlich gewagt für das 16. Jahrhundert aussprach, vielleicht doch auf einen wichtigen Zusammenhang gestoßen ist. Ich möchte in diesem Kontext an ein Detail aus einer Schlüsselszene der Müllgeschichte erinnern, das wir bei der ersten Erwähnung noch gar nicht beachtet hatten: Philippe Auguste saß an keinem anderen Ort als dem Fenster des Pariser Stadtpalastes, als ihn die üblen Gerüche der Straße der Ohnmacht nahebrachten. Jetzt kann uns die Bedeutung dieses hochgradig symbolischen Ortes nicht mehr entgehen. Das Fenster ist der Übergang von Straße und Gemach, von öffentlichem Raum und Privatsphäre. Es entspricht im Organismus den heiklen Orten von Mund-Anus. Cyrille Harpet bemerkte in seiner Müllphilosophie mit feinem Gespür den Bedeutungswechsel, den das Fenster am Übergang zur Neuzeit erlebte:

Das mittelalterliche Fenster als Ort der Öffnung und der Überschreitung – durch Gesten, durch das Herauswerfen von Substanzen und durch Unruhe stiftende Worte –, als Ort, an dem der Körper in seiner Gesamtheit in das auswärtige Leben einbezogen zu sein schien, ließ noch Übertritte in beide Richtungen zu, hinein wie hinaus. Nicht Aussichtspunkt auf eine Aufführung, sondern selbst Schauplatz einer solchen. Mit der neuen architektonischen Struktur wird dem Sichtbaren, der stummen Betrachtung, der Vorrang eingeräumt. Der Bewohner der Städte wird aufgefordert, sich in seinen Wohnräumen, seinem Zuhause, zu verschanzen. Natürlich wird er derart vor jeglicher Beeinträchtigung durch das Treiben auf der Straße geschützt, aber er wird auch und vor allem dazu angehalten, einen Raum, der für eine neue Integrität geschaffen wurde, selbst nicht zu beeinträchtigen. Nichts darf den geradlinigen Verlauf der neuen städtischen Perspektive verzerren. Die Ordnung läuft darauf hinaus, dass man sich zurückzieht und auf sich selbst zurückgeworfen wird. In diesem Zusammenhang erhält der Müll eine Art Neudefinition seiner Eigenschaften: Was im Inneren produziert und ausgeschieden wird, wird einem neuen Prozess der Steuerung unterworfen. Es geht nicht mehr darum, dem Müll eine Art souveräne «Freiheit» zu gewähren und ihn in seine «Natürlichkeit» [d.h. durch Geburt erworbene Staatsbürgerschaft] zurückzuversetzen, die in der Straße als seinem angestammten Wohnsitz lag, sondern ihn in die Tiefen eines Behälters oder eines Abortkübels zu verbannen... Er wird zur Frucht einer gesteigerten Intimität, nicht nur durch das Verbot seiner Entsorgung in der Öffentlichkeit, sondern vor allem dadurch, dass er «eingepackt» und «eingepfercht» wird. Der Abfall umgibt sich mit dem Ruch des Geheimen, wie auch die Ausscheidungsfunktionen mehr und mehr in der Zurückgezogenheit ausgeübt werden. Das Verbergen der produzierten Substanzen geht mit einer neuen Wahrnehmung der eigenen Tätigkeit, der eigenen Produktion einher. Es geht nicht mehr darum, etwas vorzuzeigen und auf diese Weise die Nachbarschaft zur Nachahmung anzuregen oder sie in den Schatten zu stellen [...], sondern darum, das, was aus den dunkelsten Kräften entstanden ist, auch geheim zu halten. Die Ausscheidung [*sécrétion*] ist die Reifung von etwas Heimlichem [*secret*], und diese Reifung setzt den Prozess eines nunmehr als unzivilisiert empfundenen Hinausströmens aus. Der Rückzug findet auf allen Ebenen statt und betrifft jede soziale Klasse, indem er einer jeden einen eigenen Rückzugsraum vorbehält: das Zuhause, den Hinterhof, die Elendsviertel, der Stadtrand und die Wohngebiete vor den Toren der Stadt.[30]

In diese Geschichte der neuen Stadt und ihrer neuen Subjekte gehört natürlich auch der Geruchssinn, der in Alain Corbin seinen kongenialen Historiker gefunden hat. In *Le Miasme et la jonquille* (*Pesthauch und Blumenduft*) zeigt er, wie die Moderne mit einer fortschreitenden Verminderung der Toleranzschwelle für Gerüche einherging.[31] Das passt ins Bild, denn Gerüche dringen ja in die Nase, ziehen von draußen in die Wohnung, verletzen als Zudringlichkeiten Privatsphäre und Sensibilität des modernen Individuums.

Allmählich finden die Dinge zusammen. Im Spiegel des Mülls zeichnet sich eine Zivilisationsdiagnose ab. Den beiden

Ebenen von Organismus und bürgerlichem Individuum – also den Scheidungen von Innen und Außen durch die Körperhülle einerseits sowie Privatheit und Öffentlichkeit durch die Außenwände der Wohnung andererseits – überlagert sich in Enzensbergers Schmutzmeditation aber noch eine dritte Ebene, die darzustellen nun höchste Zeit ist, weil sie uns noch einmal einen ganz anderen Zugriff auf das Phänomen der Müllmoderne erlauben wird. Bei dieser Gelegenheit nehmen wir ein Buch zur Hand, das nach seinem Erscheinen 1966 sofort zum Angelpunkt der kulturwissenschaftlichen Untersuchung des Mülls wurde: *Purity and Danger*, in welchem die britische Anthropologin Mary Douglas laut Untertitel eine «Analyse von Begriffen der Verschmutzung und des Tabus» verspricht. Die zentrale These des Buches kann man von einem kleinen, unscheinbaren Satz in der Einleitung her aufrollen: «*Dirt offends against order.*»[32] Der Satz ist gar nicht so leicht zu übersetzen. «Dreck verstößt gegen die Ordnung», könnte man versuchen, was sich fast tautologisch und daher banal anhört, wie «Unordnung ist keine Ordnung». Aber «to offend» beschreibt nicht nur den objektiven Regelverstoß. Vielmehr, so scheint es mir, spielt in das Wort eine Vermutung über die trotzige Absicht hinein. «Dreck verletzt die Ordnung», «ist ein Angriff auf die Ordnung», «widersetzt sich ihr» und «missachtet sie» trifft es vielleicht besser. Dreck ist ein Skandal, und darin drückt sich etwas Grundsätzliches aus, das Douglas aufzulesen verstand. Wäre Dreck harmlos, müsste man ihn nur aufkehren oder wegwischen, um die Ordnung wiederherzustellen. Aber es beginnt ja schon damit, dass der Dreck ganz von alleine kommt. Er muss sich nicht einmal unbedingt eines Menschen als ausführendem Organ bedienen. Es ist, als widersetzte sich die Welt selbst der Ordnung. Und von hier aus ist es nur noch ein Schritt zu dem Perspektivenwechsel, zu dem uns Douglas einlädt: Das Problem ist nicht der Dreck, sondern die Ordnung. Sie ist das fremde Element, das vom Menschen in die Welt gebracht wird. «Den Dreck zu beseitigen, ist keine negative Geste», fährt sie an selbiger Stelle fort, «sondern eine positive Anstrengung zur Organisation der Umwelt.»

Als frappierendes Beispiel zum Einstieg dienen Douglas die komplizierten Speisevorschriften im dritten Buch Mose, die die Tiere – auf den ersten Blick ohne innere Logik und somit dem Anschein nach vollkommen willkürlich – in Reine und Unreine sortieren. Warum – beinahe hätte ich gesagt: «warum zum Teufel»! – sind von allem Vieh auf dem Land jene, «die klawen spaltet / vnd wider kewet», rein, aber nicht das Kamel, «was aber widerkewet / vnd hat klawen / vnd spaltet sie doch nicht», oder das Wildschwein, weil es umgekehrt «spaltet wol die klawen /aber es widerkewet nicht»? Vegetarier, die einfach keine Tiere essen, haben die klarere Regel und können sie auch erklären, worin sie nur noch von Veganern übertroffen werden. Douglas findet indes eine Erklärung, indem sie die Regeln aus der genau entgegengesetzten Perspektive betrachtet: Wenn es keine Kategorie gibt, die uns zu verstehen erlaubt, welche Tiere vom Speiseverbot betroffen sind, dann liegt die Erklärung für das Verbot vielleicht gerade im Fehlen dieser Kategorie, unter die man diese Tiere sinnvoll bringen könnte. «Unrein sind diejenigen Arten, die ihre Klasse nur mangelhaft repräsentieren, oder deren Klasse selber den allgemeinen Weltplan durcheinanderbringt», referiert Enzensberger sehr präzise.[33] Wenn Rinder und Schafe als perfekte Prototypen die Klasse des genießbaren Viehs darstellen und definieren, werden – an ihnen als Maßstab gemessen – Kamele und Schweine zu merkwürdigen Randfällen und suspekten Halbwesen, zugleich Vieh und Nichtvieh. Gleiches gilt für Tiere, die im Wasser leben, aber keine Flossen oder Schuppen haben, oder Tiere, die vier Füße haben und trotzdem fliegen usw. Es gibt also keine Klasse von Tieren, die als unrein gelten, sondern es sind die «Systemsprenger», die Misstrauen erwecken und daher als unrein vom Speiseplan verbannt werden.

Matter out of place?

Damit hat Douglas ihren Punkt gemacht: Dreck fordert die Ordnung heraus, weil er ihr dunkles Geheimnis zu verraten droht, dass nämlich eine jede Ordnung nur in dem Maße auf die Welt passt, wie diese Welt passend gemacht wird. «Schmutz ist das Nebenprodukt einer systematischen Ordnung und Klassifizierung der Dinge, insofern das Ordnen beinhaltet, unpassende Elemente auszusondern.» Dieses Ergebnis wirft auf kategorialer Ebene ein überraschendes Licht auf den Schmutz und damit vielleicht auch auf den Müll. Schmutz wäre dieser Analyse entsprechend gar keine Kategorie, sondern der Rest, der beim Kategorisieren übrigblieb. Douglas schlägt Sokrates mit seinen eigenen Waffen. Und nicht nur Sokrates. Der berühmte letzte Satz von Ludwig Wittgensteins *Logisch-Philosophischer Abhandlung* von 1921 lautete bekanntlich: «Wovon man nicht sprechen kann, muß man schweigen.»[34] Schmutz erscheint nun als der Inbegriff dessen, wovon man nicht sprechen kann. Er ist Schmutz, gerade und präzise weil man nicht von ihm sprechen kann. Müllphilosophie ist der Selbstwidersprüchlichkeit überführt, ja, sie erscheint selbst als Müll: Die Philosophie des Mülls ist der Müll der Philosophie – der philosophische Gnadenschuss: Peng!

Douglas sieht darin indes eher eine Aufgabe und Herausforderung, und ganz nebenbei bietet sie uns damit eine Erklärung für unsere Blindheit und Sprachlosigkeit in Ansehung des Mülls: «Zwingen wir uns nun, uns auf den Schmutz zu konzentrieren. Im Lichte unserer Definition erscheint er als eine Restkategorie, die aus dem normalen Klassifizierungsschema ausgestoßen wird. Wenn wir versuchen, uns darauf zu konzentrieren, laufen wir gegen unsere stärkste Denkgewohnheit an.» Das ist verführerisch, zumal es ausgezeichnet zu unseren Erkenntnissen über Schmutz und Grenzen passt. Sekrete und Exkremente überschreiten die Körpergrenze genauso wie das Schwein in seinem halb drin und halb draußen die Grenze der Kategorie des Viehs, wie Douglas selbst unterstreicht.[35] Sie fallen heraus, aus den klaren Grenzen wie aus dem Sagbaren. Und doch wissen wir von ihnen. «Von den ersten, frühkindlichen Abenteuern des Tastens an war uns klar, dass sich das Leben unseren Grundbegriffen nicht fügt.»[36] Am Beispiel des Klebrigen hat Sartre die metaphysische Dimension solcher Tasterfahrungen herausgearbeitet. Als ich kürzlich den zähen Schleim, den eine Nacktschnecke auf meinem Finger hinterlassen hatte, partout nicht abzureiben vermochte, ergriff mich tatsächlich für einen Moment ein Gefühl von Panik und metaphysischem Schwindel. Wie kann von einem Tropfen klebriger Substanz eine solche Bedrohung ausgehen? Sartre nannte dies die «Rache des An-sich», also der Existenzweise der objekthaften Gegenstände, die in der Erfahrung des Klebrigen das Verhältnis von Für-sich und An-sich, von Mensch-sein und Ding-sein umkehren:

Ich spreize die Hände, ich will das Klebrige loslassen, und es haftet an mir, es zieht mich an, es saugt mich an […] und ich fühle eine Art Schwindel, es zieht mich in sich hinein […] Ich bin nicht mehr Herr, den Aneignungsprozess *anzuhalten*. […]

Das Klebrige erscheint wie eine im Alptraum gesehene Flüssigkeit, deren Eigenschaften sich alle mit einer Art Leben beseelten und gegen mich richteten. […]

Wenn ich mich ins Wasser stürze, spüre ich keinerlei Unbehagen, denn ich habe nicht die geringste Furcht, mich in ihm aufzulösen: ich bleibe ein Festes in seiner Flüssigkeit. Wenn ich mich aber in das Klebrige stürze, fühle ich, daß ich mich darin verliere, das heißt mich in Klebriges auflösen werde, eben weil das Klebrige dabei ist, sich zu verfestigen. […] Schon im Wahrnehmen des Klebrigen, einer klebenden, kompromittierenden Substanz ohne Gleichgewicht, ist so etwas wie die Angst vor einer *Metamorphose*. Das Klebrige zu berühren heißt Gefahr laufen, sich in Klebrigkeit aufzulösen.[37]

Der existenzielle Schrecken des Klebrigen resultiert offenbar wieder aus der Bedrohung von Form und Kontrolle. Im Berühren des Klebrigen ist unsere Grenze zur Umwelt und unsere Herrschaft innerhalb der Grenzen des Körpers bedroht.

Zugleich müssen wir aber Vorsicht walten lassen. Mary Douglas zieht aus ihren Ergebnissen den Schluss, dass es so etwas wie «Schmutz an sich» nicht gebe, da es ja immer von dem konventionellen Ordnungssystem abhängt, welche Elemente der Welt nicht passen und daher als Schmutz aussortiert werden. Sie hält es daher zumindest provisorisch mit der, wie sie sagt, alten Bestimmung, Schmutz sei schlicht *«matter out of place»*, ein Ding am falschen Platz – sprich: nichts am Ding selbst, nichts ihm Inhärentes qualifiziert es als Schmutz, sondern nur seine falsche Platzierung, etwas Äußerliches. Dieser theoretische Donnerknall konnte in der Kulturtheorie nicht ungehört verhallen. Michael Thompson hat 1979 auf dieser Grundlage eine veritable Theorie darüber formuliert, wie Güter mit ihrem «Platz» auch ihre kategoriale Zuordnung verändern können, wie beispielsweise ein aus der Mode gekommenes kunsthandwerkliches Produkt nach einigen Jahrzehnten zu einem gesuchten Sammlerobjekt avancieren kann. Wenn es heute einen echten Klassiker der Mülltheorie gibt, dann ist Thompsons *Rubbish Theory* ein aussichtsreicher Kandidat. Und eine zwar immer noch marginale, aber dennoch stetig wachsende kulturwissenschaftliche Literatur folgt Thompson in seiner Rezeption von Douglas' Definition des Schmutzes als Materie am falschen Ort.

In unseren eigenen Untersuchungen hat sich indes der Müll als ein Objekt gezeigt, welches sich nicht gut in diesen Status des «aus der Mode gekommenen» Dings einpassen will. Der Müll, so haben wir verstanden, hat eine naturhistorische Fundierung in der Entropie, die jeder Organismus abgibt und die auch unser Erdsystem beständig über das Schaufelrad des Strahlungsgleichgewichts in das Universum ablädt. Darüber befindet sich eine kulturevolutionäre Schicht in der Form eines Mülls, dessen chemische und technische Komplexität den Entwicklungsgrad der von uns als exosomatischem Stoffwechsel begriffenen Produktionsweise widerspiegelt. Erst als dritte und nunmehr letzte Schicht können wir das Phänomen der aufgrund eines menschlichen Geschmacksurteils ausgesonderten Dinge betrachten. Müll erscheint in dieser dritten Schicht als das, was Menschen aussortiert haben. Und manchmal stimmt dies auch. Der zeitgenössische Hyperkonsum, der vom Wegwerfen lebt und uns über die Mechanismen von geplanter Obsoleszenz und Mode auch zum Wegwerfen treibt, gehört genau hierher. Ein wichtiger Strang der Müll-Literatur beschäftigt sich mit diesem Phänomen, vor allem in der nordamerikanischen Konsumkritik. Klassiker sind Vance Packards *The Waste Makers* von 1960 und Susan Strassers *Waste and Want. A Social History of Trash* von 1999. Aber auch das Buch *Geplanter Verschleiß* (2014) des Ökonomen Christian Kreiß gehört hierher, wie die aktuellen Studien *Le Consumérisme à travers ses objets* (2021) und *Une histoire des produits menstruels* (2023) von Jeanne Guien.

Inzwischen sind wir mit dem Phänomen des Mülls hinreichend vertraut, um zumindest zu ahnen, dass jede Reduktion eine Vereinseitigung ist und Müll immer alle drei Dimensionen zugleich umfasst: die naturhistorische, die kulturevolutionäre und die konventionelle. Das Gefühl des Ekels zum Beispiel hat eine naturhistorische Wurzel, die sehr tief reichen mag. Gleichwohl ist auch der Ekel nicht der kulturellen Formung – und, um diese konsumkritische Wendung hier schon anzudeuten: auch nicht der ökonomischen Instrumentalisierung – enthoben. Alle Schichten haben ihre Realität, und jede Schicht möchte uns gelegentlich davon überzeugen, dass sie das ganze Wesen des Mülls ausschöpft. «Etwas als Abfall oder Wertstoff einzuordnen ist hochgradig subjektiv», postuliert die Müllforscherin Kate O'Neill, und dies scheint mir zwar nicht immer falsch, aber doch extrem einseitig und unzureichend.[38] Umgekehrt ist auch die Verführung spürbar, Müll zu «naturalisieren», ihm nämlich seinen guten naturgesetzlichen Sinn zuzusprechen. Muss nicht jeder Organismus zum Leben Entropie ausstoßen? Lassen sich nicht alle Regeln der Reinheit und Hygiene, ja sogar der unwillentliche Ekel auf den Schutz vor gefährlichen Keimen zurückführen, so dass sie ihren evolutionären Sinn haben?

Finsterniß

Es machte tatsächlich immer die Stärke des Hygienismus aus, sich als «neutral», nämlich rein wissenschaftlich ausgeben zu können. Immerhin schimmert inzwischen eine kulturelle Ebene durch. Mit dem Phänomen der geplanten Obsoleszenz, das uns eben in der Literaturschau kurz begegnete, bekommen wir auch schon eine Ahnung von der besonderen Eigendynamik dieser kulturellen Ebene. Geplante Obsoleszenz bedeutet, dass Produkte vorzeitig zu Müll degradiert werden, indem man sie durch eingebaute Sollbruchstellen kaputtgehen oder durch die Präsentation einer neuen Produktgeneration einfach aus der Mode kommen lässt. Die Konsumentinnen und Konsumenten erscheinen plötzlich nicht mehr einfach als Nutznießer, sondern auch als Getriebene eines Konsumdispositivs. Der Eindruck verhärtet sich beim Blick in den modernen Haushalt. Die glänzenden, glatten Oberflächen von Küche und Bad, betonten Lupton und Miller, lassen den Dreck auch sichtbar werden.[39] Sie treiben uns geradezu zum ständigen Putzen. Schon relativ früh hat man beobachtet, dass die vielen Maschinen im modernen Haushalt – die in Arbeitsäquivalenten eigentlich einem ganzen Heer von Dienern gleich dem an einem Fürstenhof entsprechen – zu keiner Zeitersparnis führten. Der Grund dafür besteht darin, dass mit den neuen Maschinen und vermeintlichen Bequemlichkeiten auch immer die Sauberkeitsansprüche an unsere Wäsche, Räume und Körper steigen.[40] Mit einer Metapher aus der Agrarökonomie, deren Ursprung wir später noch kennenlernen werden, spricht man von der modernen Haushalts- und Konsumwelt als einer «Tretmühle», mit der früher durch Menschen- oder Tierkraft Maschinen angetrieben wurden: Man läuft und läuft und verausgabt sich, ohne je vom Fleck zu kommen. Läuft man schneller, verschlechtert man die eigene Situation nur. Dieses Muster findet sich überall in der modernen, technisierten Lebenswelt wieder. Das Auto, welches die Wege verkürzen sollte, führt zur Ausdehnung der urbanen Strukturen und zur Anpassung unserer geographischen Lebensmuster, so dass wir den Zeitgewinn bei der Bewältigung der längeren Strecken wieder verlieren.[41] Zugleich verschwenden wir Unmengen Lebenszeit zur Finanzierung des PKW und ruinieren durch Unfälle und indirekte Folgen wie Abgase und Feinstäube die allgemeine Gesundheit. «*Speed kills*», fasst ein Mobilitätsforscher zusammen.[42]

Ein Blick in die Küche bestätigt das Bild wiederum. Die Verfügbarkeit hochgradig verarbeiteter Lebensmittel (*ultra-processed food*, UPF) brachte im modernen Haushalt tatsächlich eine signifikante Zeitersparnis mit sich. Sie machen in Nordamerika und Großbritannien um die 50%, auf dem europäischen Kontinent immerhin 20–30% der in Kalorien gemessenen Nahrungsaufnahme aus.[43] Während sie durch hohe Zugaben von Salz, Zucker und Geschmacksverstärkern den Geschmackssinn der Kunden prägen und somit dauerhaft auf den Konsum dieser Produkte ausrichten, stehen diese industriellen Lebensmittel aufgrund des hohen Verarbeitungsgrads, der schlechteren Nährstoffqualität und der industriellen und kosmetischen Inhaltsstoffe im Verdacht, eine ganze Reihe von gesundheitlichen Problemen zu verursachen, angefangen mit Übergewicht und Diabetes über Herzkreislauferkrankungen, Stoffwechselstörungen und Depressionen bis hin zu Krebs.[44] Drastisch ausgedrückt: Die Zeit, die man in der Küche gewinnt, verliert man wieder durch einen früheren Tod.

Unsere Reisepause zuhause diente nicht der Erholung, sondern entlässt uns mit dem unguten Gefühl, dass der Hygienismus seinen festen Platz in dem Zivilisationsprojekt hat, welches sich hinter dem Müllregime abzeichnet. Allmählich schimmert auch die politische Dimension durch, die dieser Gesellschaftsform eingeschrieben ist. Dass wir genau an dieser Stelle weitergehen und tiefer bohren müssen, war manch einem aufmerksamen Beobachter schon früh klar. Victor Hugo sticht hier besonders hervor. Wir haben seine *Misérables* bereits als einen Schlüsseltext der Mülliteratur kennengelernt, der mit Marx' *Kapital* ein seltsames, ungleiches Zwillingspaar bildet – beide aus jenen 1860ern, die uns immer und immer wieder begegneten, beide den Gedanken Liebigs forttragend. Politisch kommen die zwei Autoren freilich nicht zusammen. Hugos scharfen Angriff auf den Schöpfer des neuen, hellen und sauberen Paris, Napoléon III., tat Karl Marx noch unbeeindruckt ab. Mangels einer Analyse der sozialen Ursachen lasse der Schriftsteller den Staatsstreich von 1851 wie einen «Blitz aus heiterer Luft» erscheinen.[45] Als Hugo in der Verbannung dann aber sein Meisterwerk *Die Elenden* verfasste, bewies er ein volles Bewusstsein über die zivilisatorische Bedeutung der politischen Entwicklungen, indem er die sich abzeichnende saubere Moderne von ihrer hässlichen Rückseite, der Kloake her aufspießte. Bedeutungsvoll ist der Zustand der Unentschiedenheit, in welchem Hugo seinen Roman schweben lässt. Einerseits glaubt er fest an den Fortschritt:

«Der Fortschritt ist die Existenzweise des Menschen», «Der Fortschritt! Dieser unser ständiger Schrei macht unser ganzes Denken aus».[46] Aber immer, was oft geschieht, wenn das moderne Paris zur Sprache kommt, ändert sich der Ton. Hugo hat die großen Modernisierungsarbeiten von Napoléon III. nicht selbst erlebt, da er Frankreich schon 1851, nach seinem Staatsstreich, verlassen musste. Wenn Hugo aber die moderne Stadt beschreibt, wie die Eisenbahn ganze Viertel umkrempelt, wie sich Paris seiner Vorstädte bemächtigt, sie sich unter einer Flut heißen Asphalts einverleibt, dann ähneln diese Szenen plötzlich den nostalgischen Fotographien von Eugène Atget, der das Verschwinden des alten Paris betrauerte, jenes Paris seiner Jugend, dessen Erinnerung auch Hugo mit in sein Exil genommen hatte. Sein Blick wird in solchen Momenten melancholisch, und er setzt der eigenen Fortschrittsbegeisterung einen Kontrapunkt entgegen: «Der Kopf, der sich nicht nach entschwundenen Horizonten umwendet», gesteht Hugo ein, «enthält weder Gedanken noch Liebe.»[47] Eines der dramatischsten Kapitel des Romans, als sein Protagonist, Jean Valjean, in letzter Sekunde der ihn jagenden Polizei entkommt, wozu er sich des Stricks der altertümlichen Straßenbeleuchtung mit Talglampen bedient, trägt den hintergründigen Titel: «Was mit Gasbeleuchtung nicht möglich gewesen wäre». Die Moderne schließt den Möglichkeitsraum, zurrt ihn zusammen. Hier interessieren wir uns nun für das Zwillingskapitel im Roman, Jean Valjeans zweite große Flucht, diesmal vor der Nationalgarde, die in der Niederschlagung des Juniaufstandes von 1832 gerade die Barrikade erstürmt und keine Gefangenen machen wird. In letzter Sekunde entkommt Valjean in die Kanalisation, steigt hinab in die Kloake, in die «Gedärme des Leviathans»:

Die Kloake ist das Gewissen der Stadt. Hier kommt alles schließlich hin, hier trifft alles zusammen. In diesen dämmrigen Höhlen herrscht wohl die Finsterniß, aber sie birgt keine Geheimnisse mehr. Hier erscheint jedes Ding in seiner wahren oder wenigstens in seiner letzten Gestalt, denn den Vorzug hat der Kothhaufe, daß er nicht lügt. […] Alle Unsauberkeiten der Civilisation fallen, sobald sie dienstuntauglich geworden sind, in diese Grube der Wahrheit, die alles verschlingt, aber alles sehen läßt. Dieser Wirrwarr hat die Bedeutung einer Beichte. Kein falscher Schein mehr, keine Möglichkeit sich zu betünchen, vollständige Enthüllung alles moralischen Unflats, endgültiger Tod der Täuschungen und Spiegelfechtereien, nur noch bare Wirklichkeit, die das Gesicht im Todeskampfe verzerrt. Hier erzählt eine Flasche von dem Laster des Trunkes; […] hier rollt ein bleicher Foetus in dem Flitter, in dem seine Mutter auf dem Karnevalball tanzte, hier wälzt sich ein Richterbarett neben dem Unterrock, den eine Dirne getragen; hier herrscht Brüderlichkeit und Vertraulichkeit. Was früher mit Schminke, das ist jetzt hier mit Koth beschmiert. Hier fällt der letzte Schleier. Die Kloake ist ein Cyniker, der alles sagt.

Diese Aufrichtigkeit des Unflats gefällt mir; sie gewährt der Seele eine angenehme Abwechselung. Hat man sein ganzes Leben hindurch auf der Erde fortwährend gesehen, wie hochtrabend und ehrwürdig sich die ‹Rücksicht auf das Wohl des Staates›, die staatsmännische Weisheit, die Justiz, die ‹unbestechlichen› Richter gebärden, so ist es eine Erquickung in eine Kloake hinabzusteigen und Koth zu sehen, der sich nicht für etwas Andres als gemeinen Koth ausgiebt. […]

Der denkende Beobachter muß sich in diese Finsterniß hineinwagen. Diese Schrecknisse und Ekel gehören zu seinen Studienobjekten. Die Philosophie ist ja das Mikroskop des Gedankens.[48]

Damit ist für uns die Richtung der weiteren Reise vorgegeben. Wir gehen einmal durch den Dreck, um im Anschluss die Verfassung der Müllmoderne vollumfänglich bestimmen zu können.

Swaantje Güntzel, *JOANA / ingested*, 2019

Portrait der Assistentin der Künstlerin, die Plastikfragmente «erbricht». Die Plastikobjekte stammen aus dem Magen eines auf Kure Atoll (Nordwestliche Hawaii-Inseln) verendeten Albatroskükens. Realisiert mit Hilfe von Kure Atoll Conservancy. Foto von Henriette Pogoda.

5
Denn du bist Erden

Die äthiopische Zibetkatze

Also weiter. Die Müll-Moderne will uns sauber und duftend. Unsere körperliche Existenz gibt uns ein anderes Erbe mit auf den Weg: «Unsere erste Herberg / darin wir unser mütterlichen Hertzen neun Monat lang eingekerckert liegen / ist traun sehr schmutzig / zwischen Koth und Urin. Mein Körper ist von Dreck / und eben darum habe ich so dreckichte / unflätige / wohllüsternde Gedancken», grämte sich einst der heilige Bernard von Clairvaux. Wir müssen nun einen Gedanken zu Ende denken, dem wir schon öfters begegnet sind, ohne ihn aber bis in seine letzte Konsequenz verfolgt zu haben – auch wenn dies etwas unangenehm werden kann.

Mein persönliches Schlüsselerlebnis fällt, wenn ich mich recht erinnere, noch vor die Wurmkiste, gehört aber in denselben Kontext, nämlich den Kampf gegen den Verpackungsmüll, dessen metaphysische Konsequenzen anfangs nicht abzusehen waren. In diesem Zusammenhang war mir nämlich auch die Idee gekommen, Sauerkraut selbst herzustellen. Da der Traditionsfaden zerrissen war, konnte ich auf keinerlei Vorkenntnisse in der Familie zurückgreifen – im Gegenteil: «Das stinkt», wurde ich gewarnt, in einer intuitiven Abwehrhaltung, die mir heute sehr verdächtig vorkommt. Aber immerhin hatte ich in einer Gemüsebäuerin auf dem Wochenmarkt, bei der ich mir zehn Kilo Weißkohl bestellte, eine

Verbündete und zugleich kompetente Ratgeberin gefunden. Gerne erklärte sie mir die elementaren Schritte und Handgriffe: Schneiden, Salzen, Kneten, Abfüllen, Warten. Da ich sicher gehen wollte, hakte ich nach: «Zuallererst doch wohl putzen!?» Ich kannte ja die strengen Hygienevorschriften des Einmachens von Früchten und Konfitüre und wusste, dass es auf Sauberkeit ankommt, wenn das Produkt haltbar sein soll. Allein, ich erntete einen verständnislosen Blick: «Sie wollen doch, dass das Kraut fermentiert!» Aufgrund meiner Irritation moderierte die Bäuerin ihre harsche Reaktion ein wenig: «Groben Dreck wie Erdreste sollen Sie natürlich entfernen, aber mit Wasser abwaschen wirklich nicht» – «oder nur *tout doucement*, ganz sanft», kam sie mir mitleidig noch einen Schritt entgegen.

Es folgte eine längere Experimentierphase. Nicht alle Versuche waren von Erfolg gekrönt. Heute weiß ich, dass ich anfangs mit dem Salz zu vorsichtig war. 10 Gramm pro Kilo Kohl reichen nicht, es dürfen schon 20 bis 25 sein. Was folgt, ist reine Magie. Das gehobelte oder geschnittene Kraut liegt im eigenen, durchs Kneten herausgepressten Saft, wodurch es von der Luft abgeschnitten ist. Aerobe Bakterien haben somit keine Chance mehr. Durch die Zugabe von Salz schafft man im Sud ein Milieu, in dem auch die Aktivität pathogener gramnegativer Bakterien, die gefährliche Entzündungen und Vergiftungen verursachen können, gehemmt wird. Dasselbe gilt für die Hefen, wie man sie in der alkoholischen Gärung einsetzt. Gegenüber allen anderen Mikroorganismen – abgesehen vielleicht von einigen *E. faecalis*, die im menschlichen Darm zuhause sind und auch im Sauerkraut aktiv sein können – gewinnen somit ausschließlich die verschiedenen Stämme von Milchsäurebakterien die Oberhand.[1] Sie machen sich daran, den Zucker aus dem Kohl zu Essig- und Milchsäure zu verdauen. Durch ihre Ausscheidungen wird die Umgebung immer saurer und damit für die pathogenen Keime und Hefen immer unwirtlicher. Zugleich sammelt sich im verbliebenen Hohlraum unter dem Deckel das bei der anaeroben Fermentierung produzierte Kohlendioxid, wodurch im Topf eine sauerstofffreie Atmosphäre entsteht, in der auch auf der der Luft ausgesetzten Oberfläche des Sauerkrauts kein Schimmel wachsen kann. So entsteht das Sauerkraut, welches nicht nur ausgezeichnet schmeckt und sehr gesund ist, sondern sich auch selbst konserviert. Der Schlüssel zum Geheimnis lautet indes: Dreck. Während in der industriellen Produktion das Kraut gezielt mit gezüchteten Hochleistungskulturen geimpft wird, handelt es sich beim traditionellen, hausgemachten Sauerkraut, welches jedes Supermarktprodukt geschmacklich in den Schatten stellt, um einen spontanen Prozess aus dem Dreck. Bekannt ist dies aus der eigenen Herstellung von Sauerteig, bei welcher sich Milchsäurebakterien und Hefen aus der Umgebung im feuchten Mehl ansiedeln, und auch manche «unabhängigen Winzer», wie man sie in Frankreich nennt, kehren heute zur Methode der Spontanvergärung zurück, die nur mit den Pilzkulturen arbeitet, die ohnehin auf der Haut der Trauben präsent sind.

Der Dreck macht das Sauerkraut also nicht schlecht, sondern erst gut. Das mag banal sein, ist mit unserem offenbar ziemlich nuancenlosen Wortgebrauch und Hygieneempfinden gleichwohl nicht vereinbar. Wir stoßen hier mithin auf einen provokanten Gedanken, an dem wir allerdings schon einmal haarscharf vorbeigeschlittert sind. Es hätte gereicht, im vorigen Kapitel den Antwortbrief ihrer Majestät, der Kurfürstin Sophie von Hannover, der, wie wir schon wissen, vom Kot als der anstößigsten Form des Drecks handelt, ein wenig weiterzulesen:

> Scheiße findet auch in den gesuchtesten Kosmetika und Pommaden Verwendung, ja müssten wir ohne die Scheiße von Steinmarder und Zibetkatze nicht der kräftigsten und besten Düfte entbehren? [...]

Auch etliche Heilmittel, & insbesondere für Verbrennungen, enthalten Scheiße als Zutat.[2]

Scherzt die Kurfürstin? Mitnichten. Was es mit dem Steinmarder auf sich hat, konnte ich nicht ermitteln. Aber die Zibetkatze führt uns auf die richtige Spur der tierischen Sekrete, die schon seit dem Altertum, erst recht seit der Perfektionierung der Wasserdampfdestillation durch die Araber um das 10. Jahrhundert, als Arzneimittel, Gewürze und Zutaten von Parfums Verwendung fanden.[3] Männliche Tiere der in Afrika und Asien heimischen Zibetkatze bilden in Analdrüsen ein Sekret, das zur Markierung des Territoriums dient. Zibet ist ein wichtiger Grundstoff der Parfümerie. Er ist enthalten in klassischen Düften wie *Quelques Fleurs* (1912) und *Le Chypre de Coty* (1917). Bekannter und aus der Parfümerie nicht wegzudenken ist natürlich das geruchsintensive Sekret des in den Hochtälern Asiens beheimateten Moschustieres, welches ebenfalls zur Territorialmarkierung und darüber hinaus auch als Pheronom, also Sexuallockstoff dient. Wir bewegen uns hier weiter im Feld der modrigen, ledrigen, manchmal auch urinartigen Geruchsnoten, die oft die Assoziation des «Tierischen» wecken. Erwähnung verdient in diesem Zusammenhang neben dem baldrianartigen «Bibergeil» noch der kostbare graue Amber, zu welchem wir in einem Lehrbuch der Riechstoffe folgende bemerkenswerte Ausführung lesen können:

«Ambergris (*Amber grisea*) ist eine Darmausscheidung der Pottwale, sehr wahrscheinlich ein pathologisches Sekret, das sich auf Grund von Verletzungen der Darmwand durch unverdauliche Nahrungsbestandteile wie etwa Kieferknochen von Oktopoden bildet. Die lipidhaltigen Klumpen treiben auf der Wasseroberfläche und stranden, wo man sie dann aufsammelt. Sie bestehen zu 85 % aus Epicoprosterol und enthalten den geruchlosen Triterpenalkohol Ambrein, der mit

Luftsauerstoff und durch Photooxidation eine Reihe von mono-, di- und trizyklischen Riechstoffen bildet, darunter Ambrox und Ambrinol. Die Verarbeitung von Ambergris ist aufwendig. Das gesammelte Material muss pulverisiert werden und mit Ethanol mehrere Monate lang reifen bis der zarte Geruch entsteht, der sechs Noten umfasst: feucht-moosiger Waldboden, strenger Tabak, balsamisch nach Sandelholz, Moschus, Ozean und fäkal.[4]

Amber ist nicht nur im bereits erwähnten Duft *Quelques Fleurs* enthalten, sondern bildet mit Sandelholz und Vanille auch eine Basisnote des unsterblichen Klassikers *N° 5* von Chanel.

All diese Stoffe sind keine eigentlichen Grundbestandteile des Kots, werden aber häufig anal ausgeschieden, was der Kurfürstin doch recht gibt. Aber kann sie auch bei der Erwähnung von Kot als Heilmittel richtig liegen? Nun, während sie ihren Brief schrieb, sammelte der Eisenacher Arzt und Universalgelehrte Kristian Frantz Paullini bereits fleißig genau solche Rezepte, die er zwei Jahre später, 1696, in einem Band versammelte, dessen barocken Titel ich gerne in voller Länge zitiere: «*Heilsame Dreck=Apotheke / Wie nemlich mit Koth und Urin fast alle / ja auch die schwerste / gifftigste Kranckheiten / und bezauberte Schaden / vom Haupt biß zun Füssen / inn= und äusserlich / glücklich curiret worden; Durch und durch mit allerhand curieusen / so nütz= als ergetzlichen / Historien und Anmerckungen / auch anderen Feinen Denckwürdigkeiten*».

Es müssen Hunderte von Rezepten sein, die Paullini in seiner *Dreck=Apotheke* nach den Anwendungsgebieten anordnete. Zum Beispiel lernen wir, dass Hundekot gegen Halsschmerzen hilft. Für den rustikalen Haushalt hält der Arzt ein sehr einfaches Rezept parat: «nimm den dörren Hunds=koth / einer Nuß groß / und etwas Wein / und trincks zusammen hinunter».[5] Aber dem Raffinement sind keine Grenzen gesetzt, wie das folgende Rezept zur äußerlichen Anwendung zeigt:

Nimm ein Schwalben = Nest /
Hunds = dreck 3. Loth /
Weiß Lilienwurtz / jeder 2. Loth /
Feigen /
Datteln / jeder 3. Loth /
Er kochs in Wein zu einem Brey / hernach thu dazu
Violenöhl 6. Loth /
Camillenblumen
Mehl vom Bockshorn = samen /
" " Leinsamen / und
" " Weizen / jedes 6. Quintlein /
Katzen=Gehirn /
Pulver von einer verbrandten Nacht = Eule und Schwalbe /
jedes 2. Quintl.
Einen Eyerdotter und
ein Quintlein Saffran /
Diesen Brey laulicht üm den Hals gelegt / und offt wiederholet /
ist ein gutes Mittel.

Aberglaube aus finsteren Zeiten? Seit einigen Jahren wenden Medizinerinnen und Mediziner die Stuhl- bzw. fäkale Mikrobiota-Transplantation zur Behandlung vor allem von chronischen entzündlichen Darmerkrankungen, aber auch neurologischen Erkrankungen wie multiple Sklerose oder Parkinson an, denen die Schulmedizin zuvor recht hilflos gegenüberstand. Der Stuhl wird dabei meist per Nasensonde in Dünn- oder Dickdarm geleitet.[6] Die Erfolge dieser Methode sind beachtlich.

Wir können den Hinweis der Sophie von Hannover also durchaus ernst nehmen – und sogar noch darüber hinaus gehen, denn menschliche Kulturen wussten immer schon mannigfachen Gebrauch von menschlichen Fäkalien zu machen, statt sie nur im modernen WC ganz schamhaft wegzuspülen. Die Faktenlage ist hier ziemlich gut, und zwar dank eines weiteren erwähnenswerten Autors, der wohl einen veritablen «Fall» der Müllliteraturgeschichte darstellt. Ich spreche von John Gregory Bourke und seinem Werk *The Scatologic Rites of All Nations. A Dissertation upon the Employment of Excrementicious Remedial Agents in Religion, Therapeutics, Divination, Witch-Craft, Love-Philters, etc. in all Parts of the Globe*, veröffentlicht im Jahre 1891. Bourke, der 1846 als Sohn irischer Immigranten in Philadelphia geboren wurde, war Angehöriger der amerikanischen Armee, verdiente seine Meriten im Bürgerkrieg, stieß auf den Untersuchungsgegenstand, der sein Leben bestimmen sollte, während er in den 1880er Jahren im Rang eines Captains an den sogenannten Indianerkriegen teilnahm, einem der letzten Kapitel des Völkermordes an den Uramerikanern. Obgleich er den Sinn der militärischen Operationen, an denen er aktiv teilhatte, wohl nie infrage stellte, entwickelte er gleichwohl nicht nur eine persönliche Hochachtung für die indigenen Völker Nordamerikas – angefangen mit ihren militärischen Fähigkeiten –, sondern auch ein ernsthaftes Interesse an ihren Sprachen und ihrer Kultur, dem er Hand in Hand mit seinen militärischen Verpflichtungen in einer intensiven Arbeit als Amateurethnologe nachging.[7] Als Bourke am 17. November 1881 in New Mexiko Zeuge des Harntanzes der Zuni wird, bei welchem die Tänzer menschliches Urin «in großen Zügen tranken, mit den Lippen schmatzten und unter brüllenden Heiterkeitsausbrüchen der Zuschauer bemerkten, daß das sehr, sehr gut sei», ist sein Forschungsinteresse für die nächsten zehn Jahre festgelegt. Das Studium der lokalen Riten mündet bald in einer wahren Globalgeschichte der skatologischen Gebräuche, die Bourke 1891 mit der zitierten Studie vorlegt. Sie reicht vom Kot des Dalai Lama über die Kotgötter der Römer und Ägypter bis hin zu

Harn und Kot in der Heilkunde, etwa bei dem uns inzwischen gut bekannten Paullini.

1913 wird unter dem etwas verzagten Titel *Der Unrat in Sitte, Brauch, Glauben und Gewohnheitsrecht der Völker* eine deutsche Übersetzung von Bourkes Schrift erscheinen, verlegt, wie das Impressum vermerkt, als Privatdruck, «nur für Gelehrte, nicht für den Buchhandel bestimmt». Oha! Das Geleitwort lieferte kein Geringerer als Sigmund Freud, und sein kleiner, zweiseitiger Beitrag ist für uns fast wichtiger als das Buch selbst. Freud nämlich konnte die verkrampfte Form der Veröffentlichung nicht entgehen. Als Psychoanalytiker roch er sogleich Lunte und fragte sich, nun ganz in seinem Element, woher dieser Unwille und auch die Unfähigkeit stamme, über den «unanständigen» Gegenstand der Studie zu sprechen, und was sie über unsere Gesellschaft wohl aussagen. Er formulierte dazu eine Hypothese, die eigentlich in unserem vierten Kapitel schon spürbar in der Luft lag, ja fast mit Händen zu greifen war, und die wir nun auch endlich aussprechen sollen: Unsere Sprachlosigkeit in Sachen Dreck, Kot und Müll hat etwas mit der Art zu tun,

wie sich die Kulturmenschen heute mit dem Problem ihrer Leiblichkeit auseinandersetzen. Sie werden offenbar durch alles geniert, was allzu deutlich an die tierische Natur des Menschen mahnt. Sie wollen es den «vollendeten Engeln» gleichtun, die in der letzten Szene des *Faust* klagen:

«Uns bleibt ein Erdenrest
zu tragen peinlich
und wär' er von Asbest,
er ist nicht reinlich.»

Da sie aber von solcher Vollendung weit entfernt bleiben müßen, haben sie den Ausweg gewählt, diesen unbequemen Erdenrest möglichst zu verleugnen, ihn vor einander zu verbergen, obwohl ihn jeder vom anderen kennt, und ihm die Aufmerksamkeit und Pflege zu entziehen, auf welche er als integrirender Bestandteil ihres Wesens ein Anrecht hätte.

Und dann gibt uns Freud noch einen Rat mit, den wir beherzigen können:

Es wäre gewiß vorteilhafter gewesen, sich zu ihm [dem unbequemen Erdenrest] zu bekennen und ihm soviel Veredlung angedeihen zu lassen, als seine Natur gestattet.[8]

Damit liefert uns der Wiener Psychoanalytiker ein wichtiges Puzzlestück, welches übrigens in der heutigen Literatur durchaus Resonanz findet. Der Psychologe Paul Rozin vermutet, dass wir durch den Ekel all diejenigen Dinge von uns fernhalten, die uns an unsere eigene Existenz als Tier, als biologischer und sterblicher Organismus erinnern.[9] Martha Nussbaum führt aus: «Der Schlüsselbegriff des Ekels ist die Kontamination des Selbst; das Gefühl drückt eine Ablehnung eines möglichen Verunreinigers aus. Die zentralen Gegenstände des Ekels sind Erinnerungen an Sterblichkeit und Animalität, die als Verunreinigung des Menschen angesehen werden.»[10] Unsere Ekelgefühle gelten nicht dem abscheulichen Anderen, sondern uns selbst – dem, was wir an uns selbst als das Andere erfahren müssen, unfähig, es mit uns in Verbindung zu bringen: der Skandal unserer leiblichen Existenz, unserer tierischen Natur – und unserer Sterblichkeit.

Das verachtete Wasser der Salmona

Schon zu Lebzeiten ist uns der eigene Leib verdächtig: das unverstandene Andere von Descartes' leuchtend-reinem «Cogito ergo sum», Schmutz, das Tier, welches wir nicht sein wollen. Mit dem Tod wird er dann wirklich zum Müll. Damit ist dem nächsten Abschnitt unserer Reise die Richtung vorgegeben. Aber wir haben keine Eile. Gevatter Tod wartet geduldig am Ende des Pfades. Wir können uns dem Thema behutsam nähern, in kleinen, logischen Schritten. Als nächste Station unserer Müllreise begeben wir uns in das Moseltal, und diesmal kann uns der erdgeschichtliche Ursprung des Ortes einerlei sein. Wir dürfen gewissermaßen «oberflächlich» bleiben und genießen unter einem blauen Frühlingshimmel, in den die Bäume ihre blütentragenden Äste recken, genau dies: die Oberfläche, die Landschaft mit Weinbergen und Fluss:

Sei gegrüßt, Strom, gelobt von den Äckern, gelobt von den Bauern,
Strom, an den Rebenhöhen bewachsen von duftverbreitendem Bacchus,
bewachsen, tiefgrüner Strom, an den grasigen Ufern!
Schilftragend wie ein Meer, mit Gefälle zu talab fließenden Wogen
wie ein Fluß, und an kistallklarer Tiefe Seen nachahmend,
kannst Du sowohl Bächen in hüpfendem Lauf gleichkommen
als auch mit lauterem Trunk eiskalte Quellen übertreffen.

Der Gruß fällt kurz aus, von der Autobahn, dann geht es in den Nebenarm eines gut versteckten Seitentals, wo zwei Bäche sich in die Salm ergießen. Ausonius, der französische Sänger des Moselliedes, hat diesen Ort mehr als 1600 Jahre vor meiner Reise verschmäht:

Ich übergehe die kleine Lésura und den schmalen Drahónus
und nicht nehme ich mich des verachteten Wassers der Salmóna an.[11]

«Verachtung» – damit hat es durchaus etwas zu tun, dass wir diesen versteckten Ort aufsuchen müssen, der auch mit Landkarte nicht leicht zu finden ist. Unscheinbar lebt in diesem Tal ein merkwürdiges, verachtetes Wesen, das sich so schamhaft in die Talniederung drückt, dass es auch seiner beachtlichen Größe von ungefähr zweihundert Metern zum Trotz kaum sichtbar ist. Der Naturkunde gibt es ein Rätsel auf, denn es scheint halb Tier, halb Pflanze. Einem Tier gleich frisst es Fleisch, das es mit seinen Zähnen zerreißt, zerkaut und sodann gründlich und unter einigem Geräusch in seinem warmen, dampfenden Leib verdaut. Aber es handelt sich nicht um ein Tier, da es wie eine Pflanze fest an seinem Ort sitzt. So kann es auch nicht auf Jagd gehen. Noch zieht es indes wie die bekannten carnivoren Pflanzen seine Beute mittels seiner Duftstoffe an. Um sich ernähren zu können, ist es vielmehr eine bemerkenswerte Symbiose mit kleinen Organismen eingegangen. Sie schaffen ihm unermüdlich seine Nahrung aus dem Umland heran. Dafür überlässt es ihnen seine Exkremente, an denen sich die kleinen Organismen gütlich tun. Sie wärmen sich an ihnen, vor allem aber benötigen sie sie, um sich zu waschen und vom Dreck zu befreien.

Wie lautet die Lösung des Rätselwortes? Bei meiner Ankunft bin ich erst einmal entzückt, denn ich finde ein wahres Paradies für Müllreisende vor. Gleich neben dem seltsamen Wesen, welches mucksmäuschenstill in seiner Talmulde hockt, sehe ich eine Kläranlage mit drei kreisrunden Becken. Und hinter beidem, ich kann es kaum glauben, erkennt mein inzwischen geschulter Blick in dem vermeintlichen Grashügel, der südseitig Solaranlagen trägt, eindeutig die künstlichen Flanken einer großen Mülldeponie. Sogar die Rohre für den Austritt der Faulgase fehlen nicht. In diesem Tal hat sich alles versammelt, was das Herz von Müllreisenden höherschlagen lässt! Zweige mit rosa Frühlingsblüten rahmen die Klärbecken ein. Auf dem Hofe davor stehen die großen Transporter, Müllwagen zum Verwechseln ähnlich. Ihre Stahlwände weisen viele kleine Ausbeulungen auf, dort, wo die Hufe der Rinder, Schweine und Pferde einschlagen, wenn ihre Kadaver im Innern abgeladen werden. Denn dass wir vor einer Anlage zur Tierkadaververwertung stehen, werden Sie, geneigte Leserinnen und Leser, wohl schon erraten haben.

Mülltheoretisch ist diesem Ort gar nicht so leicht beizukommen. Für die Kunden – in erster Linie Schlachtereien und landwirtschaftliche Betriebe – handelt es sich im Grunde um die Entsorgung von Müll, oft nicht viel anders als andere Haushalts- oder Produktionsabfälle. Wichtige Ausnahme sind die Haustiere, bei denen es, weil sie in unserer Gesellschaft immer mehr als vollwertige Familienmitglieder wahrgenommen werden, einen deutlichen Trend zur Bestattung nach menschlichem Vorbild gibt, was mit Sondererlaubnis des örtlichen Veterinäramts möglich und selbstredend auch Gegenstand eines lukrativen Geschäftszweiges geworden ist. Bis 2004 regelt das Tierkörperbeseitigungsgesetz (TierKBG) – bzw. in der Langfassung das «Gesetz über die Beseitigung von Tierkörpern, Tierkörperteilen und tierischen Erzeugnissen» aus dem Jahr 1975 – alle Einzelheiten. Abgelöst wurde es durch das «Tierische Nebenprodukte-Beseitigungsgesetz» (TierNebG), welches sich wesentlich auf die Verordnung Nr. 1069/2009 des Europäischen Parlaments und des Rates «mit Hygienevorschriften für nicht für den menschlichen Verzehr bestimmte tierische Nebenprodukte» stützt.

Der rechtsgeschichtliche Schlenker ist durchaus gerechtfertigt, da die Gesetzesnovelle auf ein historisches Ereignis reagiert. «TSE», transmissible spongiforme Enzephalopathie also übertragbares schwammartiges Hirnleiden, lautet das Schlüsselwort in den EU-Verordnungen. Ich bin es inzwischen gewohnt, die jüngere Geschichte, die ich in meiner eigenen Lebensspanne selbst miterlebt habe, durch Krisenereignisse zu gliedern: 2001, 2007/08, 2020, 2023 – aber eine Krise hatte ich dabei offenbar vergessen: Der «Rinderwahnsinn», korrekter: bovine spongiforme Enzephalopathie oder BSE, hatte ja in den 1990er Jahren zur Notschlachtung und Verbrennung tausender Rinder in Großbritannien geführt und war im Jahr 2000 auch auf Kontinentaleuropa übergesprungen. Und damit berühren wir schon die zweite Schicht im Existenzmodus von Tierkadaververwertungen: Durch die Augen der Gesetzgebung betrachtet, dient sie nicht einfach der Müllbeseitigung, sondern der Seuchenprävention. Aus diesem Grund ist die Tierkörperbeseitigung auch nicht im Abfallrecht geregelt – vom Kreislaufwirtschaftsgesetz zur «Sicherung der umweltverträglichen Bewirtschaftung von Abfällen» ist sie nach § 2 (2) desselben ausdrücklich ausgenommen –, sondern ist Gegenstand eines eigenständigen Gesetzes «*sui generis*».

Verblüffend am aktuell geltenden Recht ist, dass es im Titel keine «Tierkörper» mehr kennt, sondern nurmehr «tierische Nebenprodukte», unter die aber aufgrund einer begrifflichen Volte, deren Grund sich meiner Kenntnis entzieht, eben auch ganze Körper gehören. So definiert die EU-Verordnung in Artikel 3 (Definition 1):

> «tierische Nebenprodukte»: ganze Tierkörper oder Teile von Tieren oder Erzeugnisse tierischen Ursprungs beziehungsweise andere von Tieren gewonnene Erzeugnisse, die nicht für den menschlichen Verzehr bestimmt sind, einschließlich Eizellen, Embryonen und Samen.

Ein möglicher Grund kommt mir in den Sinn: Denkt man vom einzelnen Tier her, so führt sein Tod zu einem «ganzen Tierkörper», seine Verwertung zu einzelnen «Tierkörperteilen». Denkt man aber von der Produktion im industriellen Maßstab her, so bringt diese auf der einen Seite die Hauptprodukte hervor – Fleisch, Milchprodukte, Leder – und auf der anderen Seite die gesamte Masse der Nebenprodukte, unter welche der ganze Körper eines verendeten (oder totgeborenen) Tieres genauso gehört wie die Gülle oder reguläre Schlachtabfälle. Es kommt mithin auf die Perspektive an, und insofern wäre der Umschwung im Gesetzestext durchaus ein ideen- und mentalitätsgeschichtlich belangvolles Detail. Wie auch immer, in die Gruppe des animalischen Mülls fallen natürlich auch die «Heimtiere», die ebenfalls eine genaue Definition erhalten (Art. 3, Def. 8):

> «Heimtier»: ein Tier einer Art, die normalerweise von Menschen zu anderen als zu landwirtschaftlichen Nutzzwecken gefüttert und gehalten, jedoch nicht verzehrt wird.

Machen wir die Probe aufs Exempel: Wir füttern unsere Katzen, aber sie müssen keinen Pflug ziehen, werden auch nicht geschoren, und trotzdem essen wir sie nicht – also sind es Heimtiere. Die gut geschmierte Feinmechanik der Juristenlogik hat etwas Verführerisches, das ist nicht zu leugnen. Der Status der Heimtiere im Gesetzestext ist indes widersprüchlich. Einerseits fallen sie gemeinsam mit Zoo- und Zirkustieren aufgrund der oft unbekannten Todesursache automatisch in die höchste Gefahrenklasse der «Kategorie I», in welche auch TSE-verdächtige Tiere, Versuchstiere, spezifiziertes Risikomaterial, Küchenabfälle von international eingesetzten Verkehrsmitteln usw. gehören. (Bei der Lektüre komme ich aus dem Staunen nicht heraus – sogar die Entsorgung von Meeressäugern ist gesetzlich geregelt!) Andererseits aber räumt die Verordnung umstandslos ein, dass tote Heimtiere und sogar Equiden (also Pferde) nach Genehmigung der zuständigen Behörde durchaus durch Vergraben beseitigt, also beerdigt werden dürfen. Das TierNebG hingegen nimmt nur «kleine Heimtiere aus privaten Haushaltungen, mit Ausnahme von Hunden und Katzen» von der Abholungspflicht aus. Klarheit bringt mir erst ein Anruf bei der Kreisverwaltung, wo ich auf die dem Gesetz nachgeordnete Verordnung

(TierNebV) des Bundesministeriums für Ernährung, Landwirtschaft und Verbraucherschutz verwiesen werde, die in § 27 die Ausnahmen von der Beseitigungspflicht regelt: Tierblut darf zur Ausbildung von Jagdhunden verwendet und Heimtiere dürfen auf Privatgeländen in mindestes 50 cm Tiefe vergraben werden. Für Pferde, so erfahre ich, die seit einer Gesetzesänderung im Jahr 2016 ebenfalls eingeäschert werden dürfen, gibt es inzwischen sogar eigene Krematorien – obgleich doch, so der lapidare Kommentar in der Kreisverwaltung – in einer Verwertungsanlage «letztendlich nichts anderes geschehe».

Nun stehe ich also vor einer Tierkörperverwertungsanlage. Sie ist für die beseitigungspflichtige Hochrisikoware der beiden oberen Gefahrenkategorien I und II zugelassen. Das harmlosere Material aus Kategorie III darf zum Beispiel noch zu Heimtierfutter verarbeitet werden, landet aber meist in einer Biogasanlage. In der hiesigen Anlage fallen verendete Tiere aus der Tierzucht, Haustiere und Schlachtabfälle an. Zu den Schlachtabfällen gehören all die «genussuntauglichen» Teile, die auch in stark verarbeiteter Form nicht mehr an den Mann zu bringen sind, etwa Augen, Ohren, Geschlechtsteile und Abszesse – in der Summe immerhin 12 000 Tonnen pro Jahr, zu denen noch einmal 10 000 Tonnen vollständige Tierkörper hinzukommen. Damit gehört diese Anlage zu den kleineren, da die Viehzucht in der Region nicht sehr ausgeprägt ist. Die landwirtschaftliche Produktion wird zumindest dem Umsatz nach von der «Sonderkultur» des Weins dominiert.

Die Verwertung und Entsorgung von Tierkadavern, die heute in dieser Anlage in großtechnischem Maßstab geschieht, war vor der Industrialisierung der Landwirtschaft die Aufgabe des Abdeckers, auch Wasenmeister oder Schinder genannt. Sein Beruf galt in der alten Ständegesellschaft als unehrenhaft. Seine Arbeitsstätte, der sogenannte Luderplatz, lag – auch wegen des bestialischen Gestanks – außerhalb der Ortschaften. Das Einkommen war gering und unsicher. Bisweilen versah der Abdecker deshalb auch die Aufgabe des Scharfrichters oder ging bei Folter und Hinrichtungen als Gehilfe zur Hand. Das Geld konnte er brauchen, und die Werkzeuge wusste er zu benutzen. Zugleich ergab sich durch Elend und Ausgrenzung eine natürliche Nähe zum kriminellen Milieu. Sogar für manch einen dunklen, magischen Dienst soll der Abdecker früher in Anspruch genommen worden sein, womit er eine schattenhafte Halbwelt-Existenz außerhalb der Gemeinschaft und ihrer Kategorien führte. 1792 reichten die bayrischen Wasenmeister eine Petition bei der Landesregierung ein, in welcher sie sich über ihre Lebensumstände bitter beklagten: «Wir sind dergestalten verachtet, und nicht anders als Auswürflinge des Menschengeschlechtes angesehen.»[12] Da den Kindern von Abdeckern die Eheschließung mit ehrbaren Leuten verwehrt war, sie aber auch keinen Lehrberuf ergreifen durften, mussten sie sich in ihr Schicksal fügen und die Tätigkeit des Vaters fortführen. Die Abdeckerei war aus diesem Grund bis in die jüngste Vergangenheit von Familiendynastien geprägt, die viele Generationen überspannten und sich erst durch die fortschreitende Industrialisierung und Zentralisierung der letzten Jahrzehnte auflösten. Heute ist die Abdeckerei das Geschäft von großen multi-nationalen Konzernen. Die abgesonderte, versteckte Lage der Anlagen hat sich indes bis heute gehalten.

Sie baden Ihre Hände drin!

Bei meinem Besuch in der modernen Tierkörperbeseitigung begeben wir uns bald in das Zentrum der Anlage. In einem luftdichten Einweg-Ganzkörperanzug, der verhindern soll, dass sich die Gerüche in Kleidung und Haar festsetzen, betreten wir, was in den Allgemeinen Hygieneanforderungen (Artikel 25) der EG-Verordnung der «unsaubere Sektor» genannt wird – eine Art Maschinenraum mit etlichen übergroßen Apparaten, Kesseln und Transportvorrichtungen. Allerorten rauscht, rattert und klappert es. Von der Abwärme ist das Gebäude überheizt, und es riecht sehr intensiv. Abermals strömen die Seegerüche nicht mehr frei, sondern stoßen an eine unsichtbare Mauer, wie es Lévi-Strauss vor der brasilianischen Küste erlebte. Was sich vor der Tür als Anklang von Tierfutter ankündigte, verdichtet sich im stickigen Innenraum zusehends zu einer immer zudringlicheren, fast körperlichen Präsenz, wobei die Gerüche mit den verschiedenen Produktionsschritten spürbar variieren, aber warme, würzige und beinahe stickige Noten mit dem für den Ekel typischen Wechselspiel von Hohlheit und Fülle, Nässe und Trockenheit dominieren.

Menschen sieht man hier keine. Die Anlage wird von einer zentralen Warte am Computer überwacht. Auch die Abfälle bekommt man nicht zu Gesicht. Sie finden ihren Weg im Innern von Rohren und Leitungen durch die verschiedenen Verarbeitungsvorrichtungen. Die angelieferte Rohware gelangt als Erstes in den Grob- und den Feinbrecher, wo sie in kleine Stücke von gut zwei Zentimetern zerkleinert wird. Dies sind die Zähne unseres merkwürdigen Wesens, die alles zu einem verdaulichen Brei zerkauen. Ungenießbares, also metallische Fremdstoffe wie Ohrenklips oder Hufeisen, spuckt es sofort aus. Den Brei schluckt es hinunter. Er gelangt in den Magen. In großen Druckbehältern, den sogenannten Autoklaven, wird die zerkleinerte Masse bei 133° C und drei bar Druck zwanzig Minuten lang gesiedet. Schon in früheren Jahrhunderten kochten viele Wasenmeister den «Kern» des abgehäuteten Kadavers aus, um Futter für die Hundemeuten der feudalen Jagdgesellschaften herzustellen. Der Geruch war infernalisch. Aus dem 18. Jahrhundert ist ein Fall überliefert, bei welchem sich

Soldaten aufgrund des Gestanks weigerten, eine bei einem Wasenmeister angeordnete Hausdurchsuchung durchzuführen.

Für die Seuchenpräventation ist die Drucksterilisierung der entscheidende Schritt, da durch sie alle Keime abgetötet werden. Der hoheitlichen Aufgabe, wie sie im Gesetz definiert wird, ist damit Genüge getan. Es stellt sich somit die Frage, was mit dem sterilen Tierbrei geschehen soll, und damit wird nun – nach Abfallentsorgung und Seuchenhygiene – eine dritte Schicht in der Existenzweise dieser Anlage sichtbar: Was Abfall und Risikomaterial war, tritt wieder in die Wertsphäre ein und wird Rohstoff zur weiteren Verwertung. Dazu wird dem Brei als Erstes – ähnlich wie in unserem Darm – das viele Wasser entzogen, welches auch bei Säugetieren ja noch mehr als die Hälfte des Gewichts ausmacht. Und ebenfalls wie in unserem Darm muss hier erst einmal eine große Menge Energie investiert werden, um das enthaltene Wasser zu verdampfen. Die entstehenden Dämpfe werden anschließend in großen Rohrleitungen außerhalb des Gebäudes wieder abgekühlt. Während das hochkontaminierte Kondenswasser der Kläranlage zugeführt wird, die ich schon bei Ankunft ausgemacht hatte, strömt die übrige Abluft in einen Biofilter, wird also unterirdisch in ein ziemlich großes Feld geführt, in welchem es durch die feuchte Deckschicht aus Kompost, Rindenmulch oder Heidekraut aufsteigt, wobei die auf dem Filtermaterial lebenden Mikroorganismen die Geruchsstoffe abbauen. Regelmäßig werden oberhalb des Feldes Abluftproben genommen, deren Geruch von Testpersonen auf Zumutbarkeit geprüft wird.

Bei diesen zwei Schritten von Drucksterilisierung und Trocknung fallen große Mengen Abwärme an, die man prinzipiell als Fernwärme weiterverwenden könnte. Der Leiter der Anlage, die ich besichtige, hatte sogar die Idee verfolgt, auf diese Weise in der Nachbarschaft Gewächshäuser zur Gemüsezucht zu heizen. Allerdings konnte er keinen Gemüsehof für die Idee gewinnen. Er ist sich ziemlich sicher: «Das Gemüse wäre unverkäuflich.» In einer Logik der Kontamination überträgt sich die Unsauberkeit vom Tierkadaver auf das Gemüse, auch wenn der Kontakt kein direkter ist, sondern über die Abwärme vermittelt wird, also einen bloßen energetischen Anregungszustand von Materie. Man kennt dies aus der Erfahrung, wenn beim Platznehmen auf einem Stuhl, dessen Sitzfläche man noch warm vorfindet, einen das Gefühl beschleicht, diese Wärme könne vielleicht doch so etwas wie ein körperliches Sekret darstellen, das nun den eigenen Körper berührt, sogar in ihn hineinsickert.

Kehren wir aber zurück zum Verdauungstrakt der Anlage. Der getrocknete Fleischbrei kommt als Nächstes in den Dekanter, eine Zentrifuge, welche das Fett von den Feststoffen trennt. Eine nachgeordnete Schneckenpresse ringt ihm noch den letzten Rest Fett ab. Der zurückbleibende, trockene Schilfer wird anschließend in einer Mühle zu Tiermehl gemahlen. Geschützt durch einen einfachen Arbeitshandschuh greift der Anlagenleiter durch eine Klappe in das Innere und fischt eine Handvoll des Mehls heraus, das nichts Schmieriges mehr an sich hat und einen warmen, leicht fleischigen Geruch verströmt, in den sich Röstnoten mit süßlich-würzigen Anklängen mischen. Die proteinreiche Masse könnte im Prinzip wieder als Tiernahrung im modernen Mastbetrieb verwendet werden. Tatsächlich geht sie aber seit dem BSE-Schock an ein energiehungriges Zementwerk, wo das Tiermehl, das in seinem Brennwert der Braunkohle gleichkommt, einen leidlichen Ersatz für fossile Brennstoffe liefert. Aus dem gereinigten Tierfett hingegen wird heute Biodiesel hergestellt, der zur Erfüllung der Forderungen aus der EU-Biokraftstoffrichtlinie (2003/30/EG) den konventionellen Kraftstoffen beigemischt wird – man erinnere sich daran bei der nächsten Fahrt mit Auto, Bus oder Bahn. Oder wenn der Amazon-Lieferwagen vor der Türe hält.

Müllphilosophisch interessanter ist indes die Verwendung, die das Tierfett vor der BSE-Krise fand. Wie ich erfahre, ging das Fett damals noch in die Seifensiederei, namentlich zur Herstellung eines Spülmittels, das – den Markennamen darf ich wohl nicht nennen – für seine hautpflegende Wirkung beworben wurde, «mit natürlichen Proteinen»! Als ich diese Geschichte vom Betriebsleiter höre, bin ich für einen Augenblick sprachlos: Ein müllphilosophischer Schauer überkommt mich. Das Reine, Reinigende, erwächst aus dem absoluten Dreck.[13] Es sind, mit etwas Abstand bedacht, zwei Motive, ja sogar zwei gegenläufige Motive, die sich hier verknüpfen: Versöhnung und Rache. Das erste, die Versöhnung, ist ein alchemistisches Motiv. Die alte Alchemie war besessen von der Vorstellung einer *coincidentia oppositorum*, des Ineins-Fallens der Gegensätze, als welches sie die Vollendung ihrer Arbeit imaginierte: die Hochzeit der Geschwister, Sonne und Mond besiegen den Drachen, Mann und Frau treffen sich im Hermaphroditen, die nach Osten und Westen ausgesandten Adler kehren in die Mitte, zum Orakel von Delphi zurück.[14] Wir erinnern uns: Am Vorabend von Bitterfeld standen Venus und Jupiter in Konjunktion, Ferne und Nähe trafen zusammen. In der Verseifung des Tierfetts wird der Gegensatz von Schmutz und Sauberkeit nicht direkt aufgehoben, aber immerhin das eine aus seinem Gegenteil erzeugt.

Im zweiten Motiv, dem der Rache, sucht die Alchemie den modernen Konsumenten heim. Das Rezept ist denkbar einfach: Nimm von dem Fett der geschredderten, gekochten und zentrifugierten Tierkadaver, koche es mit jener Pottasche, mit der man einst die rübenmüden Äcker Preußens düngte und heute den Atommüll in Form künstlicher Mineralien zu immobilisieren sucht – schon fertig, «Sie baden gerade Ihre Hände drin – es pflegt die Hände schon beim Spülen!» Schon unser Paullini kannte übrigens diesen Kniff:

Schwerlich wird sich einer bey Damen heutige=Tags besser einfreunden / als wenn er ihnen einige Kunst=griffe zeigt / wie sie entweder ihre angeerbte Schönheit erhalten / oder doch eine annehmliche ihnen / und zwar / ohne grosse Kosten / anfärben können. Ich will / andern zugefallen / dergleichen thun / und weisen / wie man sich auch mit Dreck schön weiß waschen könne. Cavalliere haben ihr Gewehr gern blanck / sauber und gut. Diese nehmen nur ein Pfund Jünglings=Urin / schütten eine Hand voll Ruß aus dem Schornstein dazu / und acht Loth Leinohl / lassens zusammen sieden. Wenn nu ein Degen / oder ander dergleichen Instrument / im Schmieden glüet / so tuncke man es in vorige Brühe. Es wird keinen gereuen.[15]

Heute wird das Tierfett noch immer zu Weichspüler verarbeitet. Als eine Tierschutzorganisation den Ekel der Menschen mobilisieren will, wiegelt ein nüchterner Chemiker im Interview ab:

Ich kann nur mit dem Kopf schütteln. Schlachtabfälle in Weichspülern, das hört sich ja an, als ob sie da einfach druntergemischt seien. Dem ist aber nicht so: Es handelt sich um tierische Fette, die einer chemischen Reaktion unterzogen werden, die also chemisch aufbereitet, gereinigt und umgewandelt werden, bevor sie in die Herstellung von Weichspülern einfließen.[16]

Sicher, die Moleküle werden umgebaut, aber die materielle und kausale Kontinuität bleibt bestehen. Das Wunder ist perfekt: Aus Dreck wird Seife und Komfort. Die Priester der katholischen Kirche bringen es in der Transsubstantiation immerhin nur auf die Verwandlung von Wein in Blut und von Brot in Menschenleib, bleiben mithin hinter der engelshaften Reinheit, die uns das Werbefernsehen verspricht, um Längen zurück.

Zum Abschluss unseres Rundganges durch die Anlage kommen wir in die Anlieferungshalle. Der Betrieb, den ich besuche, ist einer der wenigen, die noch getrennt die Tierhäute verwerten, wenn ganze Rinder angeliefert werden. In früheren Jahrhunderten stellten die Häute sogar die wichtigste Einkommensquelle der Schinder dar, während die abgehäuteten Kadaver nach dem Abledern oft einfach in den nächsten Fluss geworfen wurden. Heute ist die ökonomische Bedeutung gering, zumal die Häute von verendeten Tieren im Gegensatz zu denjenigen von regulär geschlachteten Rindern aufgrund der Strapazierung beim Verladen und Transport von minderer Qualität sind, zu schlecht für Schuhe und Bekleidung, ausreichend bloß mehr für die Autoindustrie, die damit Sitze und Lenkräder auskleidet. Die Aufgabe wurde einem Subunternehmer übertragen, da zu dem unter Maßstäben ökonomischer Verwertung zahlbaren Lohn in einer Region mit geringer Arbeitslosigkeit keine einheimischen Arbeiter zu finden sind.

Das Schicksal von Arbeitsmigranten in der Fleischindustrie ist in der Covid-Krise noch einmal für kurze Zeit in den Fokus der Öffentlichkeit gekommen. Schon 1906 hatte der amerikanische Schriftsteller Upton Sinclair in dem Roman *The Jungle* die Ergebnisse seiner Undercover-Recherche in den Schlachthöfen von Chicago in drastischen Szenen dargestellt. Die riesigen, bereits weitgehend industrialisierten Anlagen wurden nach dem Vorbild des von Haussmann in den Jahren 1863 bis 1867 errichteten Schlachthofs La Villette bei Paris erbaut – «eines der bemerkenswertesten Werke, das unter meiner Bauherrenschaft vollendet wurde, vergleichbar nur den großen Straßenbauten», wie Haussmann stolz anmerkte.[17] Zu den erbärmlichen Lebensumständen der Arbeiter kommt eine zweifache psychische Belastung – zum einen durch die Arbeit selbst, nämlich das Töten der Tiere oder, in unserem Fall, der Umgang mit den Kadavern, deren Verwesung bereits eingesetzt hat, zusätzlich aber noch durch die Stigmatisierung dessen, was man in der sozialwissenschaftlichen Forschung heute als «dirty work» bezeichnet.[18] Von den Arbeitsschritten beim Abledern kann ich mir immerhin aufgrund von Fotos einen Eindruck verschaffen. Der Rinderkörper wird rücklings auf eine Art Bahre gehievt, der Kopf in einem Metallgestell eingeklemmt und die Luftröhre angeschnitten, um einen Schlauch einführen und den Körper bis kurz vor dem Platzen aufpumpen zu können. Dann wird die Haut über dem Brustbein aufgeschnitten und, nun unterstützt von Maschinenhänden, zu beiden Seiten hin vom aufgeblähten Körper abgezogen. «The manner in which they did this was something to be seen and never forgotten», kommentierte einst Upton Sinclair, der hier in einer seltsamen Konjunktion den Staffelstab von Ausonius übernimmt, sich im Gegensatz zu ihm des verachteten Wassers der Salmona aber durchaus annimmt.[19]

Die Anlieferungshalle, die wir nun nach Desinfizierung der Schuhsohlen (oder eigentlich der in doppelter Lage über die Schuhe gestreiften Einweghüllen) betreten haben, ist geräumig, da die LKW hier hineinfahren, um die Fracht bis zu den sogenannten Mulden heranzubringen und in diese abzuladen. Am Grunde der großen trichterförmigen Vertiefungen im Betonboden drehen sich die metallenen Schnecken, die die Rohware dem Grobbrecher zuführen. Wir nähern uns nur vorsichtig und bleiben eine gute Anzahl von Schritten auf Abstand. Ich habe mit meinem Besuchstag Glück, denn neben einer der beiden Mulden liegt ein Haufen von vier oder fünf Rinderkadavern. Eigentlich kommt dies nicht vor, aber für den heutigen Nachmittag hat sich eine Kommission der Landesbehörde angekündigt, die eine stichprobenartige Untersuchung auf BSE durchführen wird. Den Rindern wird dazu der Kopf abgetrennt, damit eine Probe direkt aus dem Stammhirn entnommen und im Labor auf Prionen, die Erreger der gefürchteten Krankheit, untersucht werden kann.

Von der Flora der Mittelmeerinseln

Der Geruch wird an dieser Stelle äußerst intensiv. «Men and women worked here in the midst of a sickening stench, which caused the visitors to hasten by, gasping.»* Allein, wir bleiben stehen und atmen durch. «Typischer Verwesungsgeruch», klärt mich der Betriebsleiter auf. Wie oft habe ich diese Wendung schon gehört oder gelesen, aber nie wird präzise erklärt, was sich dahinter verbirgt. Bei meiner späteren Recherche finde ich immer wieder die Beschreibung als «süßlich-beißend». In meiner Erinnerung dominiert aber eine säuerlich-vergorene Note, ein bisschen, wie wenn man die Molke aus saurer Milch ein zweites Mal aufkocht, um Ricotta, das «Nochmal-Gekochte», zu gewinnen (ein Tip aus dem *Zero-Waste*-Haushalt). Die Diskrepanz treibt mich um, da ich mich als leidenschaftlicher Koch auf meine Nase verlassen können muss. Meine weiteren Nachforschungen gestalten sich aber kompliziert. An wissenschaftlichem Interesse an dem Thema der Leichengerüche mangelt es nicht. Es gibt sogar Versuche, Geruchscharakteristiken für verschiedene Tierarten zu identifizieren, darunter auch uns Menschen, die zwar hinsichtlich Behaarung, Hautbeschaffenheit und Fettanteil, Gewicht und Mikrobiom dem Hausschwein am ähnlichsten sind, aber im Leichengeruch doch dem toten Huhn näherstehen sollen.[20]

Die präzisen chemischen Analysen der Ausdünstungen von Gewebeproben in verschiedenen Stadien der Verwesung, wie ich sie in dieser Literatur finde, lassen mich allerdings ratlos

* «Männer und Frauen arbeiteten hier inmitten eines ekelerregenden Gestanks, der die Besucher dazu brachte, nach Luft ringend vorüberzueilen.»

mit langen Listen von chemischen Stoffbezeichnungen zurück, ohne die geringste Vorstellung, welche Gerüche sich hinter den komplizierten Namen und Strukturformeln verbergen. Geht man den einzelnen Stoffgruppen nach, wird ihr Geruch meist durch Ähnlichkeit zu wiederum anderen Stoffen beschrieben. Der Philosoph und Psychologe Hans Henning versuchte in seiner klassischen Studie *Der Geruch* aus dem Jahr 1916 so etwas wie Grundgerüche zu identifizieren und in einer räumlichen Struktur anzuordnen, wie man dies für Farben und Töne kennt. Unter den von ihm benannten sechs Grundgerüchen figuriert neben würzig, blumig, fruchtig, harzig und brenzlich tatsächlich auch faulig. Hennings «Geruchsprimsa» erlaubt indes einzig, Mischgerüche als Übergang zwischen den Grundgerüchen, etwa von faulig zu blumig oder harzig, zu beschreiben, aber die Grundgerüche selbst werden nicht analysiert.[21] Was also ist Verwesungsgeruch?

Mit einiger Mühe suche ich mir schließlich das Folgende zusammen: Als bestimmende Komponenten des Leichengeruchs werden die Stoffe Putrescin und Cadaverin genannt, die entstehen, wenn sich nach dem Tode das körpereigene Mikrobiom, kaum ist die Immunabwehr zusammengebrochen, über seinen Wirt hermacht und im Prozess der sogenannten Autolyse – also der Selbstauflösung oder Selbstverdauung – die Proteine und Aminosäuren seines Wirtsorganismus zersetzt.[22] Putrescin wird ein stark piperidinartiger Geruch nachgesagt, also irgendwo im Gebiet von ammoniakartig, stechend, pfeffrig, spermaartig. Der Geruch von Cadaverin wird als aminartig beschrieben, d.h. fischig bis ammoniakartig, vergoren, kuhstallartig, schweißartig. Dieses Spektrum nähert sich bereits deutlich meiner eigenen Empfindung, wie ich sie in Erinnerung behalten habe. Ich stoße indes auf einen weiteren interessanten Hinweis: Auch wenn sich Putrescin und Cadaverin im Innern der Leiche gebildet haben, so lese ich, müssen sie in der Umgebungsluft nicht nachweisbar sein.[23] Ob die Stoffe also nicht durch die natürlichen Körperöffnungen von Mund und After austreten, sondern sich erst bemerkbar machen, wenn sich die Körperhülle zu zersetzen beginnt? Dimethyldisulfid hingegen, so lese ich weiter, finden sich fast immer in der Umgebungsluft von Leichen. Damit kommt eine neue Gruppe von Stoffen ins Spiel, die Oligosulfide oder methylierten Schwefelverbindungen, die sich aus Methanthiol bilden, das wie Putrescin und Cadaverin bei der Autolyse entsteht.

Die Stoffe dieser Gruppe entpuppen sich als hochinteressant, aber auch als ambivalent. Einerseits erzeugen sie einen typischen Aasgeruch. Sie finden sich in Pflanzen wie der Stinkmorchel, dem auf einigen Mittelmeerinseln (Sardinien, Korsika, den Balearen) heimischen Gewächs «Totes Pferd Aronstab» (*Helicodiceros muscivorus*), das seinen Namen nicht zufällig trägt, und auch dem auf Sumatra gedeihenden Titanenwurz, dessen gewaltige Blüte mit ihrem strengen Geruch nach Aas oder fauligem Fleisch die Insekten anzieht.[24] Auch aus unserer eigenen Körperlichkeit kennen wir diese Gerüche. Methanthiol und Dimethyldisulfid machen den Hauptbestandteil des typischen Geruchs von Urin nach dem Verzehr von Spargel aus und spielen neben der Buttersäure auch in den strengen, faulig-ranzigen Mundgeruch hinein, der aus dem anaeroben Abbau von Proteinen durch Bakterien in der Mundhöhle herrührt.[25] Zugleich sprechen wir hier aber über Stoffe, die aus unserer Küche nicht wegzudenken sind. Die flüchtigen Schwefelverbindungen tragen ganz entscheidend zum typischen Geschmack der verschiedenen Kohlsorten und des Lauchs bei, finden sich aber auch in vielen anderen Gemüsesorten: Zwiebeln, Kartoffeln, Tomaten und Spinat enthalten sie bereits in rohem Zustand, in der Aubergine, dem Fenchel und in Hülsenfrüchten entstehen sie beim Kochen. Darüber hinaus spielen sie in jede Menge anderer Geschmackskompositionen herein: Sie finden sich in Wein, Käse, Austern und Muscheln, in alten Erdbeersorten und manchen Melonen, sie machen eine Komponente des Brotgeruchs aus und tragen sogar zum Duft des Rosenöls bei.[26] Für eine genaue und suggestive Geruchsanalyse muss ich ausnahmsweise nicht in Bibliothek und Internet recherchieren, sondern finde sie in einem hilfreichen Handbuch, das ich in der Küche griffbereit stehen habe. Methanthiol, so lese ich, riecht durch die Nase (orthonasal) schwefelig und lauchartig, entfaltet im Mundraum (retronasal) ölige Noten und Anklänge an gekochte Eier, während es im Geschmack schweißige Noten beiträgt. Das omnipräsente Dimethyldisulfid riecht schwefelig, zwiebelartig, radieschenblätterartig, kohlartig, wird beim Zerkauen retronasal als fischartig, maisartig, spargelartig wahrgenommen und fügt dem Geschmack einen Hauch von gekochter Milch oder Sahne hinzu.[27]

Welchen Reim kann ich mir aus diesen Lektürefrüchten machen? Sie zeigen zuallererst eine klaffende Lücke in unserer Informations- und Wissensgesellschaft an: Wir wissen nicht – in einem sinnlichen und sagbaren Sinne – wie ein Kadaver riecht, und können dies auch mit viel gutem Willen nicht ohne Weiteres herausfinden. Wir haben nicht einmal eine richtige Sprache für Gerüche, und solange wir nicht merken, dass Lauch, Erdbeeren und Leichen etwas gemein haben, sind wir wohl noch fremd in der Welt der Sinne – derjenigen Welt mithin, die wir mit unserem Tierkörper bewohnen. Ich muss an die Beschreibung von Erfahrungen im Umgang mit Geburt, Tod und Leichen bei der Anthropologin Margaret Mead denken, die in den 1920er Jahren die samoanische Kultur als Gegenbild zur Gesellschaft der USA studierte. Die auffällige Lockerheit und Ruhe der Frauen und Männer, Mädchen und Jungen auf Samoa, die in einem scharfen Kontrast zu dem neurotischen und instabilen Persönlichkeitstyp stehen, wie er für die westliche Welt typisch ist, erklärte Mead in ihrem wundervollen Buch *Coming of Age in Samoa* unter anderem damit, dass in der Gesellschaft dieser Pazifikinsel Sexualität und Tod nicht tabuisiert sind, so dass die erste Begegnung mit ihnen bei den Heranwachsenden auch nicht traumatisch wirkt. Wir hingegen blenden den Tod aus, solange es geht, und können ihm erst nicht mehr ausweichen, wenn es eine uns nahestehende Person ist, die stirbt: meist die Großeltern, manchmal Mutter oder Vater oder gar ein Geschwisterchen. Kinder auf Samoa verfügen zu diesem Zeitpunkt bereits über einen großen Erfahrungsschatz. Sie wissen aus eigenem Erleben, dass im Dorf auch gestorben wird. Sie erleben die Trauer ihrer Nachbarn und Bekannten, und werden Zeuge, wie sie von den Toten Abschied nehmen und den Leichnam für die Bestattung vorbereiten, ja gar von dramatischeren Szenen, wie Mead berichtet:

> Alle diese Kinder hatten Geburt und Tod gesehen. Sie hatten etliche Leichname gesehen. Sie waren Zeuge von Fehlgeburten geworden und hatten unter den Armen der alten Frauen, die den unreifen Fötus wuschen und seinen Zustand besprachen, einen Blick erhascht. […] Die Hälfte der Kinder hatte bereits einen nur teilweise entwickelten Fötus gesehen, wie er im offenen Grab aus dem Leichnam der verstorbenen Mutter geschnitten wird, damit er, so die Sorge der Samoaner, nicht als rächender Geist geboren werde. Wenn frühe Erfahrungen von Geburt, Tod und Sexualität unweigerlich zu einem Schock führen würden, dann doch sicherlich hier, bei diesem postmortalen Kaiserschnitt, wo Trauer um die Tote, Angst vor dem Tod, ein Gefühl des Grauens und die Angst vor Ansteckung durch Berühren des Leichnams, die offene, unverhüllte Operation und der Anblick des entstellten, abstoßenden Fötus allesamt zusammenkommen, um das Erlebnis unauschlöschbar in das Gedächtnis zu gravieren.[28]

Die Kinder auf Samoa müssen wissen, was es mit dem «typischen Verwesungsgeruch» auf sich hat. Sie müssen Worte dafür haben, die sie mit einer konkreten Wahrnehmung verbinden können. In unserer Kultur klafft an dieser Stelle eine gewaltige Lücke, die sich bis in die Sprache gefressen hat – auch dies ein unheilbarer Riss.

Zugleich bin ich von meinen umständlichen Nachforschungen ein wenig beruhigt, da mich meine Erinnerung nicht getäuscht hat. «Süßlich-beißend» ist mindestens eine grobe Vereinfachung. Und es ist diese Komplexität der Gerüche in der Tierkörperverwertung, die sich aus dutzenden Facetten in ständig wechselnden Kombinationen zusammensetzen, die mir später am Tag, als ich wieder nachhause zurückgekehrt bin, zum Verhängnis wird. Der Himmel ist inzwischen von schweren Wolken verhangen. In der leicht gewittrigen Luft hängen die Gerüche fest, und jeder einzelne von ihnen lässt eine Facette der überwältigenden Geruchswolke anklingen, die mich am Vormittag wie ein dichter Nebel umfangen hatte: die stickige, beißende Note der Autoabgase auf der Straße, gemischt mit Kastanienblüte, die Süßlichkeit des Parfums der Nachbarin, die kurz vor mir im Treppenhaus gewesen sein muss, die Röstnoten des Kaffees, den ich mir aufbrühe – was mir am Vormittag erspart geblieben war, packt mich nun mit Gewalt: ein Ekelgefühl und Anflüge von Übelkeit. Lange irre ich in diesem dunklen, engen Labyrinth der Gerüche, an jeder Ecke wieder neu überrascht von einer unerwarteten Erinnerung und dem folgenden Anflug eines Krampfes am unteren Ende der Speiseröhre. Endlich tut sich ein Ausweg auf: Lavendelessig, wie ein Schimmer Tageslicht und ein Zug frischer Luft. Erst als ich mir damit die Haare auswasche, kann ich mich von den Dämonen des Erlebten befreien, oder zumindest von ihrer körperlichen Zudringlichkeit. Die Bilder, Gespräche und Gedanken hängen mir indes noch nach. «When he came home that night», steht bei Sinclair, «he was in a very sombre mood, having begun to see at last how those might be right who had laughed at him for his faith in America.»** Aber dieses Puzzlestück passt nicht in meinen Bildungsroman. Wäre ich zu dieser Reise überhaupt aufgebrochen, wenn ich den Glauben an «Amerika» nicht schon längst verloren hätte?

E-Abfälle

Unsere Reise hat uns unmerklich auf einen *slippery slope* geführt, einen Schlitterpfad, auf dem wir immer weiter hinabrutschen. Was unten unserer harrt, wissen wir. Aber vielleicht finden wir irgendwo Halt und können den Sturz etwas bremsen. Und ja, hier bekommen wir etwas zu fassen und können uns wenigstens einen Moment halten. Denn sicher, auch wir haben einen Tierkörper, aber wie derjenige des Nutzviehs gelangt auch der unsrige nicht immer erst als Ganzer in die Welt des Mülls. In der «Verordnung über das Europäische Abfallverzeichnis» springen wir nun von Kategorie 02 01 02, «Abfälle aus tierischem Gewebe», in die Kategorie 18, «Abfälle aus der humanmedizinischen oder tierärztlichen Versorgung und Forschung (ohne Küchen- und Restaurantabfälle, die nicht aus der unmittelbaren Krankenpflege stammen)», wobei die Unterkategorie 18 01 02 für uns von besonderer Relevanz ist: «Körperteile und Organe, einschließlich Blutbeutel und Blutkonserven».

In Krankenhäusern und medizinischen Forschungseinrich-

** «Als er an diesem Abend nachhause kam, war er in einer sehr düsteren Stimmung, da ihm allmählich klar wurde, dass diejenigen, die über seinen Glauben an Amerika gelacht hatten, damit durchaus recht gehabt haben könnten.»

tungen fallen Unmengen Müll an – sie zählen zu den größten Müllverursachern der Industriegesellschaften –, und darunter fallen auch die unterschiedlichsten problematischen Abfälle, von Fäkalien, die mit radioaktivem Kontrastmittel belastet sind, bis hin zu genetisch modifizierten Organismen in Forschungseinrichtungen. Die meisten Krankenhausabfälle entsprechen in ihrer Zusammensetzung normalen Siedlungsabfällen, ein Großteil des Restes kennen wir aus den Industrieabfällen. Uns geht es um den Müll, den man nur hier findet. Der Umgang mit Körperteilen ist in den Richtlinien der Bund/Länder Arbeitsgemeinschaft Abfall (LAGA) geregelt. Die «Vollzugshilfe zur Entsorgung von Abfällen aus Einrichtungen des Gesundheitsdienstes» gibt eine klare Anweisung:

Körperteile und Organabfälle, einschließlich mit Blut oder flüssigen Blutprodukten gefüllte Behältnisse (z. B. nicht zum Einsatz gekommene Blutkonserven) sind bereits am Anfallort getrennt zu erfassen und einer gesonderten Beseitigung (zugelassene Verbrennungsanlage) ohne vorherige Vermischung mit Siedlungsabfällen zuzuführen. Die Abfälle sind in geeigneten, sicher verschlossenen Behältnissen zur zentralen innerbetrieblichen Sammelstelle zu befördern und zur Abholung bereitzustellen. […] Die Bereitstellung dieser Abfälle hat so zu erfolgen, dass eine Gasbildung vermieden wird (z. B. Lagerungstemperatur unter +15 °C bei einer Lagerdauer von längstens einer Woche). Bei einer Lagerungstemperatur unter +8 °C kann die Lagerdauer in Abstimmung mit dem für die Hygiene Zuständigen verlängert werden. Tiefgefrorene Abfälle können bis zu sechs Monaten in den Einrichtungen des Gesundheitsdienstes gelagert werden. Nicht zu den Körperteilen in diesem Sinne zählen extrahierte Zähne.[29]

Delikater sind aus Gründen des Arbeitsschutzes die infektiösen Abfälle der Nachbarkategorie 18 01 03, die im Abfallverzeichnis deshalb mit einem Sternchen markiert ist. Sie sind «unmittelbar am Ort ihres Anfallens in geeigneten, reißfesten, feuchtigkeitsbeständigen und dichten Behältnissen» zu sammeln und ohne vorheriges Verdichten oder Zerkleinern einer zugelassenen Sondermüllverbrennungsanlage zuzuführen. Von diesem Müll fallen in den großen Bundesländern je gut 1000 Tonnen pro Jahr an. Mit Blut, Sekreten oder Exkreten behaftete Abfälle wie Wundverbände, Gipsverbände, Einwegwäsche, Stuhlwindeln usw. werden als «nasser» Krankenhausabfall (18 01 04) getrennt gesammelt, aber wie Restmüll entsorgt. Die Sammlung von Körperteilen geschieht in der Regel in dichtschließenden Plastikbehältern mit einem Fassungsvermögen von 50 bis 60 Litern.

Dass man es hier mit einer besonderen Form von Abfall zu tun hat, ist selbstverständlich, wird aber aus keinem Wort in den einschlägigen Dokumenten deutlich. Nach längerer Recherche finde ich in einer von der Berufsgenossenschaft für Gesundheitsdienst und Wohlfahrtspflege (BGW) publizierten Broschüre zum Thema Abfallentsorgung einen diskreten Hinweis. Im Text taucht das Wort «E-Abfälle» auf, aber damit ist kein Elektroschrott gemeint, sondern: «Medizinische Abfälle, an deren Entsorgung aus ethischer Sicht zusätzliche Anforderungen zu stellen sind».[30] Was aber bedeutet «ethisch», wenn damit weder arbeitsschutzrechtliche noch umwelthygienische Aspekte gemeint sind? Die zitierte Broschüre nennt als Beispiele «Körperteile usw.», und es ist natürlich dieses «usw.», welches meine Aufmerksamkeit auf sich zieht. Um dieses Wort herum herrscht das sprichwörtliche dröhnende Schweigen. Bei der weiteren Recherche finde ich viele weitere Beispiele, die dieses «usw.» ausfüllen können: Organabfälle aus Operationen, Blutbeutel, Redonflaschen für die Wunddrainage, Plazenten aus der Geburtshilfe, Asservate aus der Pathologie, Blutproben aus dem Zentrallabor usw. usf.[31] Allein, das Schweigen wird nicht leiser. Im US-amerikanischen Spielfilm *Fried Green Tomatoes* aus dem Jahr 1992 wird eine dramatische Szene – ein Kind wird beim Spiel auf den Gleisen von einem Zug erfasst und schwerverletzt ins Krankenhaus gebracht – humorvoll aufgelöst, als man nach dem Schnitt erst Familie und Freunde um das Grab stehen sieht, der Kameraschwenk dann aber zeilenweise den Blick auf die Grabinschrift freigibt: «Buddy Jr. 1933–1938. Hier ruht sein Arm. Mach's gut, alter Freund.» Nein, für eine ethische Relevanz reicht ein Arm wohl nicht hin. Um hier einen Schritt weiterzukommen, müssen wir einen Blick in die jüngere Rechtsgeschichte werfen.

Der richtige Ansatzpunkt liegt an einer ganz anderen Stelle, nämlich in der «Verordnung zur Ausführung des Personenstandsgesetzes» (Personenstandsverordnung, PStV). Diese definiert in § 31 die Begriffe von Lebendgeburt, Totgeburt und Fehlgeburt. Zeigt die Leibesfrucht keine Anzeichen von Leben und wiegt mehr als 500 Gramm, gilt sie als Totgeburt, darunter als bloße Fehlgeburt. Die Grenzziehung bei einem halben Kilogramm spiegelt die medizinischen Möglichkeiten im Umgang mit Frühgeburten wider. Vor 2008 lag die Grenze bei 1000 Gramm, vor 1979 bei 35 Zentimetern, was ebenfalls ungefähr der 27. Schwangerschaftswoche entspricht. Die heute geltenden 500 Gramm erreicht ein Fötus am Ende der 22. Schwangerschaftswoche, in welcher er bei Frühgeburt bereits eine statistische, wenn auch noch sehr geringe Überlebenschance hat. In allen Fassungen schloss die Bestimmung der Fehlgeburt im Gesetzestext aber mit den folgenden Worten: «Sie wird in den Personenstandsregistern nicht beurkundet.»[32] Ein Jurist entschlüsselt für uns die Konsequenzen der harmlos wirkenden Formel: «Was aber nicht personenstandsrechtlich beurkundet wird, hat als Mensch nicht existiert, ist also keine ‹Leiche› und damit eben nicht bestattungspflichtig. […] Bittere Konsequenz: Das tote Kind ist organischer Abfall, Krankenhausmüll, der ordnungsgemäß entsprechend den Hygienevorschriften entsorgt werden muss. Entsorgung bedeutet in der Regel Verbrennung zusammen mit herausoperierten Blinddärmen oder Geschwüren und Zuführung der Asche zum Sondermüll.»[33] Was dies bedeutet, haben wir bereits gesehen. Die Aschen und Schlacken aus den Verbrennungsanlagen werden als Bergversatz zur Stabilisierung der Stollen in Untertagedeponien eingesetzt.

Somit wissen wir endlich, was sich hinter dem «usw.» verbarg, und was so schwer wog, dass aus Müll kritische «E-Abfälle» wurden. Auf die Wörter «Fötus» oder «Fehlgeburt» bin ich im Studium der Gesetze, Verordnungen, Richtlinien und Vollzugshilfen zum Krankenhausabfall nicht ein einziges Mal gestoßen. Die toten Föten verbergen sich in der hygienischen Verwaltungssprache hinter den «Körperteilen» so schamhaft, wie die Tierkadaver hinter den «tierischen Nebenprodukten». Das 2013 aufgrund einer Petition betroffener Eltern beschlossene «Gesetz zur Änderung personenstandsrechtlicher Vorschriften» (PStRÄndG) fügte § 3, Abs. 3 folgenden Satz hinzu: «Eine Fehlgeburt kann von einer Person, der bei Lebendgeburt die Personensorge zugestanden hätte, dem Standesamt, in dessen Zuständigkeitsbereich die Fehlgeburt erfolgte, angezeigt werden.»[34] Der Text windet sich. Der Fötus erhält durch die Registrierung durchaus den Status einer Person, verwandelt sich also in ein (totes) Kind. Zugleich scheut der Gesetzestext aber das Wort «Eltern», die nur in einem mühevollen Konjunktiv II angesprochen werden. Auch ist mit dem Text nur eine Option geschaffen worden, also ein Bestattungsrecht, nicht aber eine Bestattungspflicht. Da das Bestattungsrecht in die Verantwortung der Länder fällt, hat sich ein Flickenteppich abweichender Regelungen ergeben.[35] Die Bestattungspflicht greift mal ab 1000 Gramm, mal ab 500 Gramm, mal gibt es ein Bestattungsrecht, mal nicht, mal springen die Krankenhäuser ein, wenn die Eltern das Bestattungsrecht nicht in Anspruch nehmen, mal nicht. Statistische Erhebungen zu den verschiedenen Praktiken sind überhaupt keine zu finden. Im Allgemeinen sind die oft in kirchlicher Trägerschaft befindlichen Krankenhäuser schon lang um eine würdevolle Praxis bemüht. Zum Beispiel fügte man früher die Totgeborenen stillschweigend einem (den Eltern unbekannten) Erwachsenengrab bei, um die Verbrennung als Müll zu vermeiden. Viele Krankenhäuser setzen heute die Praxis fort, Fehl- und Totgeburten in regelmäßigen Sammelbestattungen auf Fötengrabfeldern beizusetzen. Aber noch immer existiert auch die Entsorgung als Klinikmüll, zumal bei Föten aus medikamentösen oder operativen Schwangerschaftsabbrüchen.

Ein Grab am indischen Ozean

Damit sind wir am Ende doch bei der schwierigen, aber zentralen Frage der Philosophie des Mülls angekommen: der Umgang mit dem Müll, zu dem wir alle einmal werden. Die Entsorgung von Leichen – oder vielmehr: die Sorge um sie? – ist eine uralte Praxis. Die Archäologie hat ihr immer besondere Aufmerksamkeit geschenkt, da die Bestattung als sicherer Hinweis darauf gilt, dass die Menschen begannen, ihr Leben nicht mehr bewusstlos zu fristen, sondern sich Gedanken darüber machten, wo das Leben herkommt und wo es nach dem Tode hingeht, also eine spirituelle Einstellung zur Welt und ihrer Existenz erlangten. Das älteste bisher bekannte Grab wurde an der kenianischen Küste des indischen Ozeans gefunden und wird auf ein Alter von knapp 80 000 Jahren geschätzt.[36] Es birgt spärliche Überreste eines 2 bis 3 Jahre alten Kindes in kniender Haltung mit nach vorn gelegten Armen. Während der weit vornüber gebeugte Kopf, der der Haltung etwas Andächtiges verleiht, auch ein bloßes Resultat der Schwerkraft sein könnte, deutet die aufrechte Haltung insgesamt auf eine absichtliche Positionierung hin. Hier hat jemand Abschied genommen und hat dabei auch etwas gefühlt und gedacht, auch wenn wir nicht mehr wissen können, was.

Umgekehrt darf die Abwesenheit von Gräbern nicht als Hinweis auf das Fehlen von Glaubensvorstellungen gedeutet werden. «Nur die rohsten grausamtsten menschen könnten es über sich gewinnen ihre todthen offen auf das gefilde zu legen, wo sie den wölfen und vögeln zur beute würden», urteilte einst Jacob Grimm.[37] Zumindest in Zentralasien hat sich niemand von den Worten des deutschen Philologen beeindrucken lassen, denn dort kennt man noch die Praxis der «Himmelsbestattung».[38] Zieht etwa in Tibet jemand bei der Wahl, wem der eigene Körper übereignet und zur Nahrung überlassen werden soll, die Luft den anderen Elementen vor, so wird der Leichnam an geeignete Stelle verbracht und mit einem Strick am Boden befestigt. Sobald die Leichenschneider den ersten langen Schnitt vom Nacken das Rückgrat hinunter vornehmen und damit beginnen, die Haut abzuziehen, stellen sich schon die ersten Geier ein. Die Berichte, wie weit der Körper geöffnet wird und ob auch die Gliedmaßen abgetrennt werden, variieren. Sind die Knochen aber einmal sauber abgefressen, werden sie sorgfältig zerstoßen, damit auch sie, gemischt mit Haferflocken, an die großen Vögel verfüttert werden können, bis dass der Leichnam spurlos verschwunden ist.

Gegenpol des Verschwindens ist das Aufbewahren. In der vorgeschichtlichen und schon lang wieder verschwundenen Chinchorro-Kultur, die die ersten eintreffenden Menschen am Rande der lebensfeindlichen Atacama-Wüste hervorbrachten – dort, wo sich heute die unverkaufte *fast fashion* zu Müll-landschaften aufhäuft –, kannte man schon vor 7000 Jahren Techniken der Mumifizierung. Anfangs wurden die Leichen der Mitmenschen, gleich ob Erwachsene oder totgeborene Föten, skalpiert und vom Fleisch befreit, bevor man sie vergrub, um der natürlichen Verwesung die weitere Arbeit zu überlassen. Das Skelett wurde nach einigen Jahren wieder ausgegraben und gründlich gereinigt, zusammengesetzt und mit Holzstücken verstärkt, um sodann mit Ton die verstorbene Person wieder modellieren zu können. Später ging man dazu über, den frischen Leichnam von Hirn, Organen und Muskeln zu befreien (wozu man den Kopf vorübergehend abnahm), den Körper vermutlich mithilfe eingebrachter heißer Asche zu trocknen, die Hohlräume mit Vogelfedern, Kamelhaar und Erde zu füllen und sodann einzig unter Aussparung des Gesichts, welches sich schwarz verfärbte, mit Ocker leuchtend rot zu färben. In Form der Mumien kehrten die Toten wieder in die Gemeinschaft zurück. «Jetzt mischten sich die Toten und die Lebenden und teilten wieder dieselbe Landschaft, und die ganze Gemeinschaft konnte zu ihrem täglichen Rhythmus zurückkehren.»[39]

Himbeerroter Porphyr am Onegasee

Vollständige Auflösung und weitestmögliche Erhaltung werden als die zwei Pole im Umgang mit dem toten Körper sichtbar. Der müllphilosophische Reiz liegt gerade darin, dass unser Umgang mit den Toten offenbar beides zugleich sein kann, Wegwerfen und Aufbewahren, Zergehenlassen und Fixieren, Entsorgung und Sorge, Schutz vor dem Leichnam und Schutz des Leichnams – Distanz und Nähe also, wobei der Sinn unserer eigenen Riten und Praktiken genauso schwer zu entziffern sein kann, wie bei in Raum und Zeit von uns weit entfernten Kulturen. Was zum Beispiel, wenn man die gerade genannten Paare von Gegensätzen im Sinn behält, war wohl der Sinn folgender umständlicher Behandlung, die der Leichnam des am 5. Mai 1821 im Longwood House auf Sankt Helena verstorbenen Napoléon Bonarparte erfuhr und die den ausführenden Personen ja unmittelbar plausibel gewesen zu sein scheint, insofern weder von Beratschlagungen noch Diskussionen berichtet wird:

> Sein Leichnam wurde am 6. Mai um 14 Uhr im Wartesaal (oder Billardzimmer) von Longwood von Dr. Antommarchi, dem sieben britische Ärzte assistierten, in Anwesenheit von französischen und englischen Zeugen obduziert. Seine sterblichen Überreste wurden dann in die Uniform eines Obersts der Gardejäger gekleidet und umringt von Kerzen in seinem Arbeitszimmer aufgebahrt. Das Herz und der Magen wurden in eine Schüssel gelegt und dann in zwei silberne Gefäße gegeben.
>
> Am späten Nachmittag des 7. Mai wurde der Körper bewegt und umgedreht, damit Dr. Burton mit Unterstützung von Dr. Antommarchi einen dreiteiligen Abguss des Kopfes (Gesicht, Schädel und Hinterkopf) anfertigen konnte. Diesem Vorgang folgte unmittelbar die Einsargung in drei Särge: einer aus verzinntem Stahlblech, verlötet, einer aus Holz, verschraubt, und einer aus Blei, verlötet. Die silbernen Gefäße werden in die Bahre gelegt.
>
> Am 9. Mai bei Tagesanbruch wird der Bleisarg in einen Mahagoniholzsarg gelegt. Die Beisetzung erfolgt im Geraniental in einer Gruft aus Steinplatten, die sich drei Meter tief in einer gemauerten Grube befindet und mit einer Monolithplatte verschlossen ist, die wiederum mit einer ersten Zementschicht versiegelt ist.
>
> Am nächsten Tag wird eine zweite Zementschicht eingebracht und die Grube mit zwei Metern Kieselsteinen und Lehm aufgefüllt und mit drei Steinplatten abgedeckt. Ein Umfassungsgitter wird etwas später angebracht.[40]

Wollte man den toten Napoléon vor den Menschen oder diese vor ihm schützen? Wie dem auch sei, neunzehn Jahre später – unter den veränderten politischen Umständen der Julimonarchie, die aus opportunistischen Gründen das Erbe Napoléons für sich nutzen wollte und der Idee des kulturellen Erbes jenen reaktionären Dreh verlieh, der die ursprüngliche Intention des Abbé Grégoire genau entgegengesetzt ist – werden das Grab und die diversen Särge einer nach dem anderen geöffnet, um den Leichnam, der in einem guten Erhaltungszustand vorgefunden wird, zu inspizieren. (Wie könnten wir hier nicht an die feierliche, einmalige Öffnung eines Castors im Jahr 1999 denken!) Die Särge werden unverzüglich wieder verschlossen und mit einem weiteren Bleisarg umgeben, der von einem nur zu diesem Zweck aus dem fernen Paris beorderten Handwerker verschlossen und seinerseits in einen Ebenholzsarkophag platziert wird, der über ein kompliziertes mechanisches Schließsystem verfügt. Dieser Sarkophag wird in den Pariser Invalidendom überführt und nach zwanzig weiteren Jahren 1861 im Beisein des Kaisers Napoléon III. in einen gewaltigen Steinsarkophag von vier Metern Länge, zwei Metern Breite und viereinhalb Metern Höhe gefügt, den man noch heute unter der goldenen Kuppel der Kirche thronen sieht. Für diesen Sarkophag hatte man nach dem Vorbild der römischen Kaisergräber roten Porphyr vorgesehen, ein Vulkangestein aus eben jener Epoche, in welcher sich am Grunde des Zechsteinmeeres der Kupferschiefer und die Salzschichten ablagerten, und die man mit einem Begriff aus dem Mansfelder Land, dessen Pyramiden wir bereits gesehen haben, das «Rotliegend» nennt. Blöcke des erwünschten Gesteins in ausreichender Größe und gleichförmiger Struktur waren indes in Westeuropa nicht mehr aufzutreiben, weshalb man den Radius der Suche ausdehnen musste. Der französische Diplomat Louis Léouzon Le Duc – der viele Jahre später, als er die Bösartigkeit der deutschen Presse nicht mehr ertrug, ein interessantes Buch mit dem Titel *Die Gerüche von Berlin* veröffentlichte, was aber, obgleich hochaktuell, nun wirklich eine andere Geschichte ist – dieser Léouzon Le Duc also wurde 1846 im hohen Norden Russlands fündig, als er in Shoksha am Onegasee, unweit der finnischen Grenze, auf den heute berühmten, himbeerfarbenen Shokshinsky-Quarzit stieß, ein Porphyr von vorzüglicher Qualität, der später auch in der Ausgestaltung des Lenin-Mausoleums verwendet werden sollte.[41] Mit der Erlaubnis des Zaren beginnt man, Blöcke aus dem Gestein zu hauen und präzise ihre Qualität und farbliche Passung zu kontrollieren. Le Duc erinnert sich später:

> Um die geforderten fünfzehn Blöcke zu beschaffen, mussten fast zweihundert Blöcke herausgebrochen werden. Heute bieten die von dem Steinbruch verwüsteten Ufer des Onegasees nur noch das Bild eines düsteren Katastrophengebietes, das dem Andenken an den berühmten Toten, dem sie ein Grab gegeben haben, würdig ist.[42]

«Willkommen im Anthropozän!», möchte man ausrufen. «Wir zerstören die Welt, um die Gräber unserer Fürsten und Schlächter zu errichten.» Auf dem Seeweg, mit Dampfbooten, die sich durch die Herbststürme des Jahres 1846 kämpfen, werden die bis zu 200 Tonnen schweren Porphyrblöcke schließlich nach Frankreich gebracht, wo sie, flussaufwärts über die Seine, Paris erreichten.

Wie es wohl heute im Inneren des innersten Sarges aus Weißblech aussieht? Wir wissen es nicht, wie wir auch nur mutmaßen können, was in dem letzten großen Sarkophag vor sich geht, den die Menschheit baute. Bereits im Herbst 1986, unmittelbar nach dem Unglück, ist die Reaktorruine von Tschernobyl mit einem Sarkophag aus 300 000 Tonnen Stahl und Beton umgeben worden. Dieser erste Sarg wurde 2016 von einem weiteren ummantelt, diesmal nicht aus Mahagoni, sondern wiederum aus Stahl in einem gigantischen Tonnengewölbe mit 245 Meter weiten Bögen. Das Innere wird minutiös überwacht. Elektronische Sonden messen pausenlos Parameter wie Gammastrahlung, Neutronenfluss, Temperatur, Wärmebildung, Konzentrationen von Wasserstoff, Kohlenmonoxid und Wasserdampf.[43] Aber all diese Werte geben höchstens indirekten Aufschluss. Was wirklich im Herzen des Sarkophags passiert, wo das nukleare Feuer noch Jahrhunderte weiter schwelen wird, weiß niemand.

Kontrolle, Immobilisierung und das beständige Scheitern daran – diese Motive aus dem Umgang mit *ultimate waste* treffen wir unerwartet in diesen Beerdigungsriten wieder. Und sie reichen auch bis in unsere Gegenwart. Die amtierende dänische Königin Margarethe II., Jahrgang 1940, hat ihr Grab im Dom zu Roskilde, der Ruhestätte von vierzig Generationen von Regentinnen und Regenten des Landes, bereits zu Lebzeiten gestalten lassen: Auf einem Podest aus französischem Sandstein und drei Säulen aus dänischem Granit, grönländischem Marmor und Basalt von den Färöerinseln, je von einem seltsam kolonial anmutenden, silbernen Elefantenhaupt geziert, ruht ein mit bronzenen Figuren geschmückter, stromlinienförmiger Sarkophag aus massivem, bläulich schimmernden Glas, in dessen Inneres in Form von gefrästen Hohlräumen mit sandgestrahlter Oberfläche zwei das wässrige Blau des Glases durchschimmernde Figuren eingelassen sind, die das Königspaar in Lebensgröße darstellen.[44] So verewigt sich die Herrscherin, gleichsam vitrifiziert, als Glaskokille, wie sie regelmäßig unter Protesten nach Gorleben transportiert wurden. Aber auch hier widersetzt sich die Welt den Träumen der Müllentsorgung, und wie immer von überraschender Seite, nämlich, wie wir der Klatschpresse, hier dem *Royal Blog* von *Paris Match*, entnehmen können, diesmal in der Person des Gemahls, Prinz Henrik, an dessen Herkunft das Podest aus französischem Sandstein erinnert, und der aus ungenannten Gründen die ihm zugedachte Ruhestatt an der Seite seiner Gattin verweigerte. Er bevorzugte es, sich verbrennen und die Asche teils ins Meer streuen und teils im Park des Königssitzes beisetzen zu lassen.[45]

Die Verbrennung des Leichnams ist in der Tat das große Konkurrenzmodell zur traditionellen Erdbestattung, die, vor wenigen Jahrzehnten noch der Regelfall, heute nur noch einen Anteil von 25 % an den Beerdigungen ausmacht.[46] Aufgekommen ist die Feuerbestattung im späten 19. Jahrhundert im Zuge des hygienistischen Projekts. Der uns schon aus dem vorhergehenden Kapitel gut bekannte Hygienist Carl Reclam empfahl 1879 in seinem Bericht über die «seit Jahrhunderten» erste legale Verbrennung einer Leiche in Deutschland die Feuerbestattung der Leserschaft der Illustrierten *Die Gartenlaube* als saubere Alternative zur langsamen Verwesung mit ihren «ekelen Fäulnißerscheinungen an den Resten dahingeschiedener Lieber».[47] Die Verbrennung galt als wissenschaftlich-rational (und damit auch tendenziell anti-kirchlich), modern, technologisch up to date und industrienah (die Verbrennungstechnologie stammt aus der Glasindustrie, den ersten Brenner lieferte Siemens), keimfrei, platzsparend, wie im urbanen Rahmen nötig – kurz: als eine rundum saubere Lösung. War sie zuerst die Sache des progressiven Bürgertums, nahm sich bald die Sozialdemokratie ihrer an als «Gegenentwurf zu der von emotionalem Pathos und gesellschaftlichem Repräsentationsstreben geprägten bürgerlich-christlichen Trauerkultur des 19. Jahrhunderts».[48] In dem Roman *Abschied*, der in den letzten Jahren des deutschen Kaiserreiches spielt, beschreibt Johannes R. Becher humorvoll, wie die erzreaktionäre Familie eines bayerischen Staatsanwalts zähneknirschend den letzten Willen der Großmutter achten muss, die, wie man bei Testamentseröffnung erfährt, die anrüchige Feuerbestattung verfügt hat. Dem jugendlichen Protagonisten und Ich-Erzähler des Romans geht ein Licht auf: «Nun entsann ich mich nachträglich mancher Äußerungen der Großmutter, die mir als Billigung umstürzlerischer Ideen erschienen. […] Aus dem Tod heraus hatte sie mir ihre wahre Meinung mitgeteilt.»[49] So tritt die Familie, den Sarg im Gepäckwagen des Zuges, die Reise von München nach Ulm an, wo sich das einzige Krematorium des Landes befindet. In den kräftigen Farben spätexpressionistischer Prosa beschreibt Becher die Prozedur der Verbrennung:

Der Leichendiener gab einen Wink: Verschwinde! Großmutter, verschwinde! Die Versenkung öffnete sich. Der Sarg versank. «Komm, Kerlchen, komm!» zog Onkel Oskar das Kerlchen von den Eltern weg und führte es einige Stufen abwärts vor eine dicke feuerfeste Glasscheibe. Das Kerlchen mußte sich am Arm des Onkels festhalten. «Die Hölle!» stammelte es und schaute dem Feuertod zu, den die Großmutter erlitt. Im Nu platzte der Sarg ab. Die Flammenlohe hüllte den Leib ein, umschloß ihn mit Stichflammen. Wie zu einem kurzen Lebensaugenblick erwacht, wehrte sich der, aber die Glut krampfte ihn zusammen und streckte ihn, wälzte ihn um und um auf ihren glühenden Rosten. [...] Als wir ins Freie traten, schlängelte sich ein feines, dünnes Rauchwölkchen aus dem Schlot des Krematoriums. Ich sah angestrengt dorthin, wo in der untergehenden Sonne ein Wald leuchtete ...[50]

Vielleicht, frage ich mich an dieser Stelle, ist die Feuerbestattung gar nicht das Gegenteil der Erdbestattung, sondern nur die konsequente Fortsetzung einer Entwicklungslinie, in die beide gehören. In jungsteinzeitlichen Siedlungen, belehrt uns die Literatur, schien es durchaus noch üblich gewesen zu sein, die Toten im Fußboden der eigenen Behausung zu bestatten und sie somit bei sich zu behalten, mit ihnen zu leben.[51] Die Toten waren nicht tot, zumindest waren sie nicht abwesend. Die Sphären der Toten und Lebenden wurden erst entmischt, als ihre Reiche auch geographisch geschieden, nämlich eigene Friedhöfe als Wohnstatt der Toten geschaffen wurden.[52] Der Philosoph Justus Christian Hennings klagte diese Trennung im Namen eines frühen Hygienegedankens 1778 vehement ein: «Ich fordere auch von einem blühenden und wohleingerichteten Staate, daß derselbe durch die schärffsten Befehle, die Gottesäkker an einsame und von den Wohnungen der

Menschen entfernte Oerter anzulegen, die Unterthanen anweise.»[53] Die Trennung steigert sich zu einer «Apartheid der Lebenden und der Toten» (wie ich in drastischer, aber doch nachvollziehbarer Formulierung irgendwo in der Müllliteratur gelesen habe, ohne die Quelle mehr finden zu können). Und hier schließt sich ganz natürlich nun auch die Idee der Verbrennung an, die Hennings beiläufig erwähnt und auch weder aus theologischen noch hygienistischen, sondern nur aus praktischen Gründen ablehnt, da sie zu viel Holz benötigt und die Luft mit Rauch verunreinigt.[54]

Die Toten sollen aus der Welt verschwinden. Einiges von dem, was man erst in der Praxis der Verbrennung sieht, mag mithin schon in Entwicklungen der Erdbestattung präsent gewesen sein. Die verschiedenen Weisen des Umgangs mit Leichen lassen sich auf der Klaviatur der Gegensätze nicht immer eindeutig interpretieren. Die inhärenten Gegensätze durchziehen auch aktuelle Entwicklungen in einer sich individualisierenden Bestattungskultur. In der laut einem Werbetext «besonders individuellen und exklusiven» Variante der Diamantbestattung wird aus der Krematoriumsasche der restliche Kohlenstoff extrahiert und bei hohen Temperaturen zu einem künstlichen Diamanten gepresst. Hier ergänzen sich Vorstellungen von Hygiene und Immobilisierung. Gegenläufig – und hier nähern wir uns wieder den «rohen und grausamen» Sitten Zentralasiens – artikuliert sich aber auch der Wunsch einer möglichst natürlichen und ökologischen Bestattung. Die schwedische Biologin Susanne Wiigh-Mäsak hat in zwanzigjähriger Arbeit eine technische Lösung entwickelt, die erlauben soll, wenigstens im eigenen Tod den unheilbaren Riss nicht fortzuschreiben.[55] Der Prozess der «Promession» beginnt damit, die Leiche im vollautomatischen «Promator» mit flüssigem Stickstoff auf –196 °C abzukühlen und derart in einen spröden, tiefgefrorenen Block zu transformieren, der sich im nächsten Schritt innerhalb weniger Minuten durch bloße Vibration pulverisieren lässt, woraufhin dem feinen Granulat durch Vakuumtrocknung sämtliches Wasser entzogen wird. Zahnfüllungen und Prothesen werden ausgesiebt. Das fertige Granulat wird anschließend in einer biologisch abbaubaren Urne in geringer Tiefe vergraben, so dass Mikroorganismen und andere Lebewesen aus dem Oberboden die Überreste in wenigen Monaten kompostieren können.

Die Methode wird als «vollautomatisch» und «elegant» beschrieben.[56] Hier soll das ökologische Anliegen offenbar mit den Sauberkeitsvorstellungen der modernen Konsumentinnen und Konsumenten versöhnt werden. Inzwischen ist eine Alternative auf dem Markt, die auf *low tech* setzt: In der Re-Erdigung wird der Leichnam einfach in einem belüfteten Edelstahlsarkophag auf ein organisches Substrat aus Stroh und Grünschnitt gebettet, um sich sodann – ohne Zugabe von Mikroorganismen, geschweige denn chemischen Zusatzstoffen – innerhalb von nur vierzig Tagen unter einziger Ausnahme der Knochen, die später separat feingemahlen werden müssen, vollständig in Humus zu verwandeln. Die hohe Prozessgeschwindigkeit verdankt sich einer gesteigerten Temperatur von 70 °C im Stahlkokon, bei welcher thermophile Bakterien wirksam werden. Einzelheiten über den Prozessablauf sind nicht bekannt und wurden einer Gruppe von Rechtsmedizinern auch auf Nachfrage bei dem anbietenden Unternehmen nicht mitgeteilt.[57]

Auch dieser Sarkophag ist ein epistemisches Objekt, dessen Innenleben sich der genauen Kenntnis entzieht. Immerhin liefert uns die natürliche Verwesung eine gute Vorstellung, wenn wir den ersten Schritt – Verbiss durch Tiere und Besiedelung durch Maden, die im Kokon nicht stattfinden – weglassen. Wir wissen schon, dass die Zersetzung des Leichnams von innen heraus beginnt, wenn das körpereigene Mikrobiom und auch zelleigene Enzyme nach Ausfall des Immunsystems mit der Verdauung des Gewebes beginnen. Gewebeerweichung und Verflüssigung des Körperinneren ohne Gasbildung sind die Folge. In der Haut bricht der Säureschutz zusammen, wodurch auch aerobe Bakterien von außen her wirksam werden können. Was den weiteren Prozess der Fäulnis angeht, vertrauen wir uns der in ihrer stilistischen Ökonomie wundervollen Wissenschaftsprosa aus berufener Feder an:

Die Fäulnis ist mit einer erheblichen Gasbildung kombiniert, wobei insbesondere Methan, Ammoniak, Stickstoff und Schwefelwasserstoff freigesetzt werden. Die Gasbildung führt zu einer charakteristischen Auftreibung des Leichnams und einer knisternden Beschaffenheit des faulen Gewebes. Durch den erheblichen Gasdruck werden die Augenlider polsterartig balloniert, die Zunge hervorgetrieben und die Extremitäten abgespreizt and angewinkelt. Vielfach kommt es zum Urin- und Kotabgang. Skrotum [Hodensack] und Brüste können monströs balloniert sein, der Penis ist erigiert. Bei Schwangeren kann die Austreibung der Frucht festgestellt werden, die auch mit einer Eversion [Ausstülpung] der Gebärmutter verbunden sein kann (sogenannte Sarggeburt). Das gesamte, äußerst typische Erscheinungsbild der hochgradig faulen Leiche ist auf diese Vorgänge zurückzuführen. Die Gasbildung findet auch an den inneren Organen statt, die von den Gasen blasenartig durchsetzt werden. Es bilden sich die charakteristischen Schaumorgane, insbesondere eine Schaumleber, aus. […] Der gesamte Fäulnisprozess ist ein sehr feuchter Vorgang, der zur Freisetzung großer Flüssigkeitsmengen führt, die sich zuerst unter der Oberhaut (Epidermis) ansammeln und diese blasenartig abheben. Auf diese Weise können große Flüssigkeitssäcke gebildet werden, die schließlich platzen und die missfarbene Fäulnisflüssigkeit in die Umgebung entlassen. Der starke Flüssigkeitsverlust während der Fäulnisphase führt zu einer zunehmenden Austrocknung der Leiche und die Fäulnis geht ohne scharfe zeitliche Grenze in die Verwesung über.[58]

Die auf die Fäulnis folgende, eigentliche Verwesung, so lesen wir weiter, «ist durch trockene, oxidative Prozesse gekennzeichnet und führt unter Mitwirkung einer Pilzbesiedelung zu einem zundrigen Zerfall der Weichteilreste». Solche Schimmelpilze, deren Sporen eine Lungenaspergillose verursachen können, werden auch immer wieder zur Erklärung des «Fluchs des Pharaos» genannt, also der angeblichen mysteriösen Sterbefälle im Zusammenhang mit der Öffnung von altägyptischen Gräbern. Als gesichert gilt, dass solche Pilze das kulturelle Erbe – um diesen Begriff nebenbei noch einmal in Erinnerung zu rufen – in Bibliotheken, Archiven und Museen regelrecht zerfressen können.[59] In einem seiner letzten Romane setzte Siegfried Lenz eine Krankheit, die Steine mürbe werden und zerplatzen lässt – und mit den Denkmälern und Grabsteinen das eigenste Symbol der Unvergänglichkeit und Herz der bürgerlichen Erinnerungskultur befällt – als ein *memento mori* ein, das in seiner literarischen Funktionsweise wohl ein wenig zu leicht durchschaubar ist, um seine Wirkung voll zu entfalten: Nicht nur wir sind sterblich, sondern auch die Erinnerung an uns.[60]

In der Natur folgt auf Fäulnis und Verwesung die Skelettdekomposition durch physikalische (mechanische, thermische), chemische und biologische Faktoren. Die Knochensubstanz kristallisiert aus und wird brüchig. Die wasserlöslichen Kristalle werden im feuchten Boden allmählich ausgeschwemmt, womit schließlich das gesamte Skelett verschwindet. «Es resultiert ein sogenannter Leichenschatten.»

Einige Fälle von Kannibalismus

Eine Mahnung an unsere Endlichkeit? Sicher, auch das, aber es geht müllphilosophisch um mehr, nämlich darum, wie wir uns mit unserer Sterblichkeit in die Funktionsweise unserer

Welt einschreiben. Wir nähern uns mit der Technik des *Human Composting* dem schwierigen Gedanken des Recyclings von Leichen. Die Vorstellung verliert an Schrecken, wenn man sich nur vor Augen führt, dass auch unsere Kultur akzeptierte Formen der Weiterverwendung kennt, nämlich Organtransplantation oder Spende des Leichnams für wissenschaftliche Zwecke und anatomische Museen.[61] Haben wir mit der Düngung der englischen Äcker mit den Knochen geplünderter Friedhöfe und Schlachtfelder nicht schon die Leichenverwertung kennengelernt? In Ägypten sollen die Böden der Felder mit hunderttausenden grobzermahlenen Mumien angereichert worden sein.[62] *Mumia*, das in den balsamierten Leichnamen gefundene Mumienharz, war in der arabischen Welt wie im frühneuzeitlichen Europa eine gesuchte Arznei. Der Arzt Joachim Strupp zählte 1574 in seinem Werk über die «etlichen köstlichen hochnötigen fremden Artzneien» viele Anwendungsgebiete auf – aber wohlgemerkt nur der «wahrhafften Mumia», da die große Nachfrage nach der Substanz geschäftstüchtige Fälscher auf den Plan gerufen hatte. Noch 1924 konnte man *Mumia vera aegyptica* bei Merck zum Preis von 24 Goldmark erwerben.[63] Auch der «Totenhand» schrieb der Volksglaube heilende Wirkung zu, aber ausgelassenes Menschenfett fand unter dem Markennamen Humanol sogar Eingang in die Schulmedizin.[64] Bezugsquellen waren natürlich die Scharfrichter. Noch 1860 berichtete der englische Reiseschriftsteller Horace Marryat folgende grausige Szene aus Dänemark:

Die Todesstrafe gibt es in Dänemark noch immer: keine eurer neumodischen philantropischen Guillotinen, sondern die Enthauptung, wie in alten Zeiten, mit dem Schwert auf dem Holzblock; und noch heute, in diesem Jahrhundert, stehen die Epileptiker, wenn eine Hinrichtung auf der Insel Amak oder Møen stattfindet, in Scharen um das Schafott herum, den Becher in der Hand, bereit, hastig das rote

Blut zu schlürfen, das aus dem noch zitternden Körper des Übeltäters fließt.[65]

Während sich der Gebrauch dieser Produkte spätestens im frühen 20. Jahrhundert ausschlich, kommt die im Tierreich weitverbreitete Placentophagie, also das Verspeisen der Nachgeburt, gerade erst wieder in Mode – Berühmtheiten aus dem US-amerikanischen Showgeschäft berichten vom Verzehr meist in Form von Tabletten, die individuell aus der dehydratisierten Plazenta hergestellt werden, aber manchmal auch als hausgemachter Smoothie oder gebraten auf einem Eiersandwich.[66]

Die gewöhnungsbedürftige Idee der Verwertung hat uns somit zu der noch schauderhafteren Vorstellung des Kannibalismus geführt. Damit berühren wir das Gravitationszentrum unseres kulturellen Müllregimes, die in äußerstem Maße mit Ekel, Abscheu und Kontaminationsangst verbundenen zentralen Tabus oder Berührungsverbote: Kannibalismus oder Verzehr von Unseresgleichen, Koprophagie oder Verzehr von Fäkalien, Inzest oder sexueller «Verzehr» von Verwandten.[67] Der Philosoph Hennings, dem wir eben bereits begegneten, fand in dem Werk des italienischen Renaissancegelehrten Lilio Gregorio Giraldi *Über die Gräber und verschiedenen Bestattungsriten* (*De sepulchris et vario sepeliendi ritu*) von 1539 eine interessante Beobachtung, wonach im Grunde auch der Kannibalismus als ein Begräbnis anzusehen sei, nämlich ein Begräbnis im lebendigen Grab des menschlichen Leibes (*sepulchra animata*) statt im toten Grab der Erde (*sepulchra inanima*).[68] Der Gedanke ist gut, bleibt aber auf halbem Wege stehen. Annie Francé-Harrar hätte den beiden Philosophen zumindest nicht durchgehen lassen, die Erde als tot zu betrachten. Das Irdische und den Humus begriff sie als ein materielles Jenseits, aber auch als einen Durchgangsort:

Jene dunkle, immer und allezeit unbegreifliche [Seite des Lebens], in der alles wie in einem ewigen Schlund verschwindet und alles wieder neu gestaltet ans Licht tritt. – Dessen muß man sich bewußt sein, wenn man die ‹Nachtseite der Dinge›, ihr Dahingehen und Verschwinden betrachtet. – Der reine, schwarze Humus, feucht und frisch duftend, Inbegriff aller Zukunft, fernen Blühens, fernen Fruchtens, jenes ewigen Wandels, der wie eine Fontäne aus sich selbst emporsteigt und wieder in sich zurücksinkt – unaufhaltsam – zeitenlos.[69]

Als gründlichste und radikalste der Müllphilosophinnen verfolgte sie den Gedanken konsequent an sein Ende. Essen und Verwesen im Boden, Fäulnis und Verdauung, beginnend mit dem Kauen im Mund, sind im Grunde derselbe Prozess, nur dass sie nicht in demselben Medium stattfinden.[70] Auch unser Maul ist ein Grab, und jedes Grab ist ein Maul der Erde. Können wir uns noch wundern, dass wir Fäkalnoten in *Chanel N° 5* fanden und den wohldosierten Verwesungsgeruch in so vielen unserer Lebensmittel schätzen?

Koth bistu, in und vom Koth lebestu

Und damit sind wir endlich wieder bei Ouroboros angelangt, dem Ökosystem, welches lebt, indem es sich selbst verschlingt, als echter Fall von Autokannibalismus: «Biß er sich ißt gantz und speyt / sich tödt und das Leben schafft.» Diese Vorstellung eines Kreislaufs, in welchen sich die körperliche Existenz des Menschen einschreibt, war es auch, die dem Gedanken der Dreckapotheke bei Paullini unterlag. Denn der Arzt versammelte seine Dreckrezepte durchaus nicht gedankenlos oder aus reiner Provokation, sondern verfolgte ein theoretisches Konzept. Aus dem christlichen Erbe – exemplifiziert durch die Ansicht des Hl. Bernard, den ich eingangs dieses Kapitels in Paullinis Übersetzung zitierte – übernahm er die Vorstellung von der dreckigen Natur des Menschen, radikalisierte sie sogar in der Figur des Menschen als Dreckesser:

> Einem Schwein ist jeder Dreck angenehm /
> wir essens hinwieder /
> samt dem Unflat /
> und düncken uns gute Schnabelweide gehabt zu haben.
> Von rotzichten Schnecken hie nichts zu gedencken. [...]
> Summa: ein Mensch vom Scheitel biß zun Füssen /
> ist ein rechter Sack voll Dreck:
> eine Sau die sich immer im Koth weltzet.[71]

Als Arzt, der noch im Denken der Renaissance verwurzelt ist, zieht er aus dieser ökologischen *conditio humana* indes andere Konsequenzen als die Theologie. Gemäß dem alten *Simile*-Prinzip – «similia similibus curantur», Gleiches wird durch Gleiches geheilt, wie z.B. laut Paracelsus Leinsamen gegen Verstopfung helfen, weil sie dieselbe schleimartige Natur wie der Darminhalt haben[72] –, gemäß diesem Analogieprinzip also sucht Paullini im Dreck nach den uns kommensurablen Heilmitteln: «Zeige mir doch einen einzeln Dreck in der ganzen weiten Welt / (möcht ihn gern sehen) / dem die Güte des Herrn nicht eine sonderbare Heyl=krafft eingetruckt habe.» Plausibilität erhält der Ansatz vor der Erfahrungsgrundlage der Landwirtschaft, auf die Paullini verweist: «So lang wir Dreck haben / haben wir auch Brot. Dünge deinen Acker nicht / und harre denn auf reiche Erndte.»

Als die *Dreck=Apotheke* offenbar auf Skepsis beim gelehrten Publikum stößt, verteidigt Paullini den Grundgedanken gegen die Kritiken der «hirn=bedürftigen Doch=Thoren» in einer wahren Eloge auf den Dreck, die er 1700 in seinem Büchlein *Philosophischer Feyerabend* veröffentlicht. Unter dem gewohnt barocken Titel «Daß Dreck das allererste / älteste / edelste / vornehmste / nützlichste und nothwendigste unter allem in der gantzen Welt sey /und ohne solchen nichts werden / leben / wachsen / noch bestehen könne» holt er weit aus zu einer wahren Dreckmeditation, mit der wir als Juwel der Müllliteratur dieses Kapitel angemessen schließen können:

Denn die Erde ist unser aller Mutter.
Alles wächßt aus derselben /
und wird wieder in sie verkehrt.
Die Fäule giebt das Leben /
und folgentlich der stetige Wechsel eine zeitliche Ewigkeit.
Sie zeugt / ernehrt / und erhält alles.
Was ist aber Erde anders als *Koth*? [...]
Wenn alles / nach der Philosophischen Regul /
wieder das wird / wovon es ehmals war /
und alles was stirbt / verfault /
oder sonst verdirbt /
wieder zu Dreck wird /
so muß folglich unfehlbar solcher auch aller Dinge erster Ursprung und Materie seyn.
Schau einen todten Hund an /
wird deßen faules Aas nicht endlich zu lauter Koth zu seinem allerersten principio?
Alles / was aus der Erden kömmt /
muß wieder zu Erden werden.
GOtt ist und bleibt / der alte Töpfer / so auf seiner Scheiben aus Dohn /
oder Koth täglich allerhand dreht und formiret.
Herr / wir sind Dohn / du bist unser Töpfer /
und wir alle sind deiner Hände Wercck. [...]
Wer den Koth verachtet /
verachtet seinen Ursprung /

und alles / was nur schön / gut /
nützlich und nothwendig in der Welt genennt werden kan.
Koth bistu / in und vom Koth lebestu /
und wirst endlich zu Koth wieder werden.[73]

Swaantje Güntzel, *Discounter Still Life II*, 2017

Zeitgenössische Neuinterpretation des Stilllebens «Großes Prunkstillleben mit Früchten und Geflügel» (1651) des niederländischen Stilllebenmalers Abraham Hendrickz van Beyeren (* um 1620/21 in Den Haag; † 1690 in Overschie). Die Wahl der Lebensmittel entspricht den heutigen Konsumgewohnheiten. Foto von Henriette Pogoda.

6

Kompostmoderne

Hitler ante portas

Eines wissen wir nach fünf langen Kapiteln ganz bestimmt: Die Moderne ist dreckig – dreckig wie noch keine Zeit zuvor. Dahinter, so sahen wir, steckt die Entwicklung des «exosomatischen» Stoffwechsels, also die Auslagerung körperlicher Funktionen in externe Technologien, mit der erstmals in der Natur- und Kulturgeschichte Müll anfällt, der von der Biosphäre nicht mehr resorbiert werden kann. Dies führt zu dem unheilbaren Riss, und zwar in einem verallgemeinerten Sinn, denn nicht nur beim Abwasser, nein, überall sind die Kreisläufe zerrissen, so dass sich an ihren Enden nun der Müll aufhäuft, der sich aus den Gedärmen unserer Zivilisation ergießt. Vorher gab es keinen Müll, dann gab es ihn, er war da, und heute ist er so hochgradig komplex und giftig, dass er sich sogar mit den Mitteln unserer technologischen Zivilisation, deren Produkt er doch ist, nicht mehr bändigen und beherrschen lässt. Er ist uns über den Kopf gewachsen.

Dies ist die hässliche Rückseite der Moderne. Aber diese Diagnose lässt noch zwei Fragen offen. Eine davon lautet natürlich: Gibt es einen Ausweg aus dieser Müll-Welt? Diese Frage ist unausweichlich, und wir werden sie stellen, also auf den letzten Etappen unserer Reise eine Antwort suchen. Zuvor gilt es aber eine andere Frage zu klären, ohne deren Beantwortung unsere Diagnose der Müllmoderne unvollständig wäre. Sie lautet: Wieso sehen wir es nicht? Wie können wir unseren Müll so gründlich verdrängen? Das reibungslose Funktionieren unserer Müllabfuhr allein kann dies nicht erklären. Der Grund muss tiefer in uns selbst zu finden sein, in unseren Wahrnehmungs- und Denkmustern, die wir nun genauer unter die Lupe werden nehmen.

Auf der Suche nach dem richtigen Winkel, unter welchem sich diese Frage angehen lässt, bleibe ich an einer merkwürdigen Notiz in meinen Unterlagen hängen. Als ich auf der Spur der Brüder Philbert – die beiden, die unseren Atommüll über dem antarktischen Eispanzer abwerfen wollten – in einem aktuellen Heft der merkwürdigen, mir vormals unbekannten Zeitschrift *Medizin & Ideologie* blätterte, die sich aus einer Haltung der Technologieskepsis offenbar vor allem dem Kampf gegen Verhütung und Abtreibung verschrieben hat, und in welcher sich eben auch der Priester-Physiker Karl Philbert noch heute mit Leserbriefen zu Wort meldet, stolperte ich über ein Zitat von Nicolás Gómez Dávila, jenes kolumbianischen Philosophen und Aphoristikers, der eine antimoderne, elitäre und zutiefst reaktionäre Haltung zu seinem Markenzeichen gemacht hat: «Der Moderne», schreibt Gómez Dávila, «glaubt fest, daß nur das Unreine authentisch ist.»[1]

«Unrein», mit diesem Wort sind wir genau beim Müll. Woran mag der südamerikanische Philosoph gedacht haben? An den Abfall der Moderne von der Mutter Gottes und ihrer unbefleckten Empfängnis? An den Verlust jeglicher Ideale und jeder echten Hingabe an eine Sache? Gar an die Reinheit einer Kultur, die einem multikulturellen Durcheinander geopfert wurde? Wir haben indes eine ganz andere Moderne kennengelernt, die in den vergangenen Kapiteln allmählich Gestalt angenommen hat. Halten wir Gómez Dávila ein Zitat aus dem *Philosophischen Müll-Führer* seines Kollegen, des französischen Müllphilosophen Jean-Luc Coudray entgegen: «Unsere

Gesellschaft des Mülls ist zugleich eine Gesellschaft der Sauberkeit.»[2] Die Sauberkeit hat etwas mit dem Schmutz zu tun, unterhält eine heimliche Verbindung zu ihm und birgt daher eine vertrackte Diagnose – darüber, was die Müllmoderne in ihrer paradoxen Verfassung ist und wie sie sich über sich selbst täuscht. Das sollen wir genauer verstehen.

Von Mary Douglas haben wir gelernt, dass Müll und Ordnung immer wechselseitig aufeinander bezogen sind. Müll fällt an, wo eine Ordnung hergestellt wird, und dieser Satz scheint eine physikalische wie auch eine kulturelle Gültigkeit zu haben. Im Müll legt die Welt ihr Veto gegen unsere Ordnungsversuche ein, er ist, nach den Worten Zygmunt Baumans, «was nicht passt und sich nicht passend machen lässt» – ob es sich nun um Dinge, Menschen oder Ideen handelt.[3] Nun, Ordnung, so mag man einwenden, ist nichts Modernes, sondern ein allgemeines Merkmal menschlicher Kultur, insofern Kultur doch gerade darin besteht, dem Kosmos und unseren Geschäften darin eine Ordnung zu unterlegen, wie auch immer diese geartet sein mag. Insofern muss jede Praxis ihren Müll, jede Gemeinschaft ihre *outcasts*, jede Kosmologie ihre Mischwesen und jede Weltanschauung ihre unerhörten Gedanken haben. Mary Douglas deutet aber auch an, dass der Umgang mit Ambiguität, also mit den Dingen, die sich nicht einordnen lassen wollen oder aus der Ordnung herausfallen, seinerseits ein kulturelles, kulturspezifisches Phänomen darstellt.[4] Nicht nur die Art und Weise, wie wir den Kosmos ordnen – welche Elemente und Sphären wir unterscheiden, wie wir uns selbst begreifen, welche Stellung wir uns in der Welt zuweisen usw. –, ist kulturell, sondern auch die Art und Weise unseres Umgangs mit der Erfahrung, dass keine Ordnung vollständig auf den Kosmos passt, dass es immer Dinge, Personen und Ideen gibt, die sich nicht einordnen lassen, Zwischenwesen, von denen man nicht weiß, in welche Sphäre sie gehören.

Und nun also noch einmal gefragt: Wie geht die Moderne, wie gehen wir Modernen mit Uneindeutigkeit um? Die Antwort kennen wir schon lange, wir haben sie vom Gipfel des Röti gesehen, damals, an jenem wolkenlosen Julimorgen des Jahres 1836. Zumindest hätten wir sie sehen können. Ein Blick durch das Fernrohr hätte uns in der Rheinebene, winzig klein und betriebsam wie ein Ameisenhaufen, das Heer von Arbeitern ahnen lassen, die emsig und unbeirrt die Verwirklichung von Tullas großem Plan voranbringen, die «Rectification» des Rheins. Aber vergessen wir nicht: Der Oberrhein ist nicht nur ein Handelsweg, die ökonomische Lebensader der Region, sondern auch die Grenze zweier Nationen. Tullas Projekt berührt mithin auch eine politische Realität, was die Begradigung des Flusslaufes aber nicht erschwerte, sondern in den Augen der Autoritäten umso wünschenswerter erscheinen ließ. So notierte 1814 ein Straßburger Militäringenieur:

Alle sind sich einig, dass Grenzen so fest und unveränderlich wie möglich sein sollten; doch was ist veränderlicher als die Mitte des Rheins, d.h. der schiffbare Teil des Flusses? Der Rhein ändert seinen Lauf jedes Jahr, manchmal zwei- oder dreimal. Mit dem Hochwasser wird eine Insel oder eine Gemeinde, die im Frühjahr französisch war, im folgenden Winter deutsch, in zwei oder drei Jahren wieder französisch, und durch Dämme oder Deiche holen sich die Uferbewohner und manchmal auch die Anrainerstaaten eine Insel an ihr jeweiliges Ufer zurück. Diese Inseln, ohne feste und anerkannte Eigentümer, begünstigen Unruhen jeglicher Art.[5]

Den Rhein zu begradigen hieß mithin auch, der politischen Ordnung eine eindeutige Gestalt zu geben, eine feste Grenze herzustellen und jene widerspenstigen Chimäreninseln einzuordnen, von denen man nicht nur nicht genau wissen konnte, ob sie französisch oder deutsch sind, sondern die durch ihre Existenz die Sinnhaftigkeit der dichotomischen Unterscheidung infrage stellten, weil sie vielleicht gar beides zugleich oder, obgleich mittendrin, weder das eine noch das andere waren.

Der namenlose Straßburger Militäringenieur hatte aus der Perspektive von Staatlichkeit, Verwaltung und öffentlicher Ordnung unbenommen seine guten Gründe, eine eindeutige Grenze zu wünschen. Aber hinter seinem Rücken, im Medium seiner guten Gründe und doch davon verschieden, arbeitet ein großes Zivilisationsprojekt, das langsam Gestalt annimmt – eine Moderne, die keine uneindeutigen Grenzen duldet. Gut einhundert Jahre später, am selben Ort, machte jemand stellvertretend für uns die Probe aufs Exempel und forderte den Geist dieses Zivilisationsprojekts heraus. Vom Röti aus ist dies nun kaum mehr zu erkennen. Durchs Fernrohr machen wir gerade noch einen kleinen Punkt auf der Rheinbrücke zu Straßburg aus. Gehen wir näher heran, erkennen wir: Tatsächlich, da steht jemand, mitten auf der Brücke. Lässig, aber mit herausfordernder Mine lehnt er sich an das Schild, das die Hoheitsgrenze zwischen dem Deutschen Reich und der Französischen Republik markiert. Es muss um das Jahr 1930 sein, und vor uns steht der Schriftsteller René Schickele. Das Foto, das ihn in dieser Pose zeigt, ist kein zufälliger Schnappschuss, sondern Programm.[6] Schickele pflegte sich als «*citoyen français* und deutscher Dichter» vorzustellen. Aber er war nicht nur *queer* hinsichtlich der Nationalkulturen, sondern pflegte auch literarisch ein *crossover*, indem er respektlos die Gattungen von Roman und Reportage mischte, Poet und Journalist in einer Person war, realistische Schilderungen unversehens mit lyrischen Intermezzi und expressionistischen Ausbrüchen durchsetzte. Geografisches und metaphorisches Gravitationszentrum seines literarischen Schaffens ist indes genau der uns inzwischen so gut bekannte Oberrheingraben, dieser «große geründete Garten zwischen Vogesen und Schwarzwald, der so eins und unteilbar ist, daß die politischen Grenzen deutlich als eine Fiktion erscheinen».[7] Für diesen Enttarnungsversuch wird sich die Fiktion indes rächen. Schon im Juni 1931 notiert Schickele in sein Tagebuch: «Hitler *ante portas*.» Der «elsässische Jude» und «Kriegssaboteur» (sprich: Pazifist), der, wie der anonyme Schreiberling einer SS-Postille Schickele in aufgeregter Empörung zitiert, ein «Leben *zwischen* den Zeiten, Rassen und Völkern» führt – mithin im unerhörten, suspekten Reich der Chimären und Mischwesen, die sich unseren Ordnungen verweigern –, gerät früh in das Visier der deutschen Faschisten. 1932 siedelte er in Vorahnung einer «mehrjährigen Sonnenfinsternis» nach Südfrankreich über, gleichsam als Vorhut einer ganzen Welle von Emigrantinnen und Emigranten in den Folgejahren. 1934, als Nachrichten von den ersten politischen Morden nach Frankreich dringen, notiert Schickele mit sichtlicher Verzweiflung in sein Tagebuch: «Ich bin wie betrunken von Trauer. Schwarzes Blut. Haß. Befreiend. *Glorie* der Gewalttat. Rache. Größte aller Wollüste.»[8]

Schwerelosigkeit im freien Fall

Die guten Gründe der Moderne nehmen in dieser Epoche eine dämonische Gestalt an, in welcher sie aber besonders kenntlich werden. In diesem Licht verstehen wir, was Zygmunt Bauman meint, wenn er sagt, dass die Moderne «einen Krieg gegen die Ambivalenz» führt.[9] Die Moderne ist besessen von der Vorstellung von Reinheit. Den Krieg gegen den Schmutz führt sie an verschiedenen Fronten, wie Bauman zu verstehen gibt, wenn er «Qualitäts- und Grenzkontrolle» als seine Vorposten bezeichnet. Diese beiden Fälle kennen wir schon: die Sauberkeit der modernen Konsumentinnen und Konsumenten auf der eine Seite, die Reinheit von Nation, Kultur und Volk auf der anderen. Die Diagnose eines modernen «Reinheitswahns» ist nun gewiss nicht neu. Sie geistert durch die gesamte Müll-Literatur. Aber hier deutet sich an, dass wir sie als Gegenstück unserer Diagnose eines materiellen Müllregimes verstehen können: Es hat etwas mit dem Reinheitsideal zu tun, dass wir unseren Müll so gut ignorieren können. Nehmen wir uns also einen Moment Zeit, uns in die Literatur zu vertiefen. Ich versuche, die fragmentarischen Fundstücke meiner Lektüre zu einem leidlichen Mosaik zusammenzufügen. Drei Momente drängen sich mir im Studium der Schmutzliteratur als Angelpunkte der modernen Sauberkeit auf: angstgetriebener Rückzug, Austreibung des Lebens und Verblendung. Im Einzelnen:

Motiv I: Das moderne Sauberkeitsregime ist durch eine Rückzugsbewegung charakterisiert, die bei unserem gemeinsamen Leben und seinen materiellen Bedingungen beginnt und bei einem abstrakten, cartesischen Ego endet: Die saubere Stadt (weiß, licht, gepflastert, modern) zieht sich aus dem dreckigen Land zurück (der Heimat von Bauern und Tieren, Rückständigkeit, Aberglauben), die saubere Wohnung (Ordnung, Eigentum, Sauberkeit) aus der dreckigen Stadt (Halbwelt, Zwielicht, Straßendreck, Obdachlosigkeit), der saubere Körper (wohlriechend, gewaschen, rein, gepflegt, enthaart) aus der dreckigen Wohnung (Moder, Staub, festhängende Gerüche, Schimmel), schließlich das saubere Bewusstsein (Klarheit und Deutlichkeit, Wahrheit, Rationalität, Notwendigkeit, reines Gewissen) in einem letzten Verzweiflungsakt aus dem dreckigen Körper (Geruch, Ausscheidungen, Schmerz, Vergänglichkeit, Sünde). Damit sind wir bei der cartesischen *res cogitans* angelangt, der Substanz, die nur im Denken besteht und der gegenüber nun nicht nur der Körper, sondern die ganze Welt und alle Materie als Dreck und Schmutz erscheinen, als Reich der Kontingenz. Christian Enzensberger beschreibt in seinem *Größeren Versuch über den Schmutz* treffend den inneren Widerspruch, der die Dynamik dieses verzweifelten Rückzugs ausmacht und befeuert:

Die Person begreife sich als wesentlich oben, und treibe damit die logische Unsinnigkeit bis ins Lachhafte. Denn jedes Oben, wie hoch es auch hinauswolle, wie tief es sich beuge, habe doch sein Darunter, und so gerate die Person in ein Beschmutzungsverhältnis nicht nur nach außen, sondern auch zu sich selbst: heillos dieses wie jenes. Seien ihr zuerst nur bestimmte Leibesteile nicht recht, so dann schon der ganze Leib, und schließlich überhaupt nichts mehr an sich außer einem verfeinerten unstofflichen Lüftchen, dem ganz Oberen, ganz Sauberen, ganz Zeitlosem, bestimmt nicht Teilbaren und Zerfallenden – und was geschehe? Durch das Seelenlüftchen werde der ganze übrige Rest der Person zum Schmutz deklariert, und es müsse fortan, was es doch gerade nicht wollte, hausen im ewigen Darunter, im Zerfall und Gebrösel, ja schlimmer noch, es erweise sich sogleich als extrem beschmutzbar.[10]

Angetrieben wird dieser Rückzug durch eine fatale innere Dynamik. Unterscheidet man einmal zwischen dem Sauberen und dem Dreckigen, so kann sich das Saubere nicht mehr halten, da es an seiner Grenze an den Dreck stößt und vor der Verschmutzung immer weiter zurückweichen muss. Subjektiv übersetzt sich dies in ein Gefühl der Angst. Draußen lauert die Gefahr: Vor den Toren der Renaissancestadt die Bestien, Chimären, Meeresungeheuer, Drachen und Hydren, seit Pasteur nun überall die unsichtbaren Mikroben, die jede Oberfläche besiedeln, womit unsere Angst eine besondere und für die Hygiene charakteristische Form annimmt: Kontaminationsangst.[11] So widerfährt es jedem, der die Ordnung wahren und sich vom Schmutz befreien will. Erst beim Ausgeschlossenen kommt die Körperlichkeit wieder zu ihrem Recht: «Im Bodensatz der Gesellschaft kann der Asoziale, der Aussteiger, der Fremde wieder spucken und kotzen, sich besaufen und urinieren, obszöne Lieder singen und gröhlen, öffentlich – sogar lustvoll – die Schranken der Peinlichkeit durchbrechen», bemerkte in seiner *Schmutz*-Rede einst Horst

Baier, den Kenner der Soziologieszene hier vielleicht nicht erwartet hätten.[12]

Motiv II: Die Sauberkeit treibt das Leben aus. Mary Douglas kondensierte diesen Zusammenhang von Reinheit und Sterilität in einem veritablen «Paradox der Reinheit»:

Wenn die Reinheit nicht nur ein Symbol ist, sondern tatsächlich gelebt wird, muss sie deshalb leer und unfruchtbar sein. Es gehört zu unserem Dasein, dass die Reinheit, nach der wir so sehr streben und für die wir so viele Opfer bringen, sich als hart und tot wie ein Stein erweist, sobald wir sie erlangen. […] Das letztendliche Paradoxon der Suche nach Reinheit besteht darin, dass sie die Erfahrung in logische Kategorien des Nicht-Widerspruchs zwingen will. Aber die Erfahrung fügt sich nicht, und derjenige, der es versucht, gerät selbst in einen Widerspruch.[13]

Man findet diesen Zusammenhang in allen Dimensionen der menschlichen Existenz, wenn sie einmal von dem Ideal der Sauberkeit erfasst worden sind. Wie der Kunsthistoriker Roger Fayet, der wie kaum ein anderer der Sauberkeitsobsession der Moderne nachgegangen ist, vollkommen zu Recht betont, hat sich das Denken als cartesianisches Cogito durch seinen Rückzug aus Welt und Körper selbst «steril gemacht»: Es hat nichts mehr in sich als sich selbst und kommt somit nicht mehr vom Fleck. Zur produktiven Tätigkeit fehlt ihm das äußere Objekt, welches ihm aber gerade als Äußeres, Ausgestoßenes, Fremdes, Anderes, nur mehr als zweifelhafte Repräsentation zugänglich ist.[14] Auch die moderne Stadt bezahlt für ihre Sauberkeit diesen Preis, wie Victor Hugo in seiner Beschreibung des neuen Paris deutlich werden lässt:

Überall schnurgerade Gebäude, flache Bauten, lange kalte Linien und die düstere Tristesse rechter Winkel. Keine Überraschung im Gelände, keine Eigenwilligkeit in der Architektur, keine Falte. Ein eiskaltes, regelmäßiges, hässliches Ganzes. Nichts schnürt das Herz so sehr ein wie Symmetrie.[15]

Ihren sozialen Unrat hat die moderne Stadt ebenfalls fortgeschafft. Nach den Revolutionen im Paris des 19. Jahrhunderts wurde der aufmüpfige Bodensatz in den Müllhalden der Kolonien abgeladen, 1848 in Algerien und 1871 in Neu Kaledonien.[16] Was bleibt, ist kein Lebensraum mehr:

Der sterile Raum unterbindet jeden Näherungs- und Aktivitätsversuch, der ihn verunreinigen könnte. Zu sauber, zu schön, um es zu wagen, ihn zu berühren, darin eine Daseinsberechtigung zu finden und sich nützlich zu machen. Nichts ist mehr zu tun. Der Monolog des Sauberen ruft somit eine ganze Reihe von einschränkenden Einheiten auf: Monolog, Austauschbarkeit der Orte, Monotonie, Gleichförmigkeit.[17]

Das für unsere Untersuchung wichtigste Beispiel für diesen Zusammenhang von Sauberkeit und Sterilität ist sicherlich die Ware, um die der Konsum kreist. Auch sie soll möglichst der Vergänglichkeit entrissen werden, auch sie wird immobilisiert, pasteurisiert, geometrisiert, in Plastik abgepackt und neuerdings auch «kontaktlos» (und daher kontaminationsfrei) bezahlt. Die Müll- und Konsumtheoretikerin Jeanne Guien hat in ihren Studien die enorme Bedeutung des Hygienearguments für die Etablierung der modernen Wegwerfartikel herausgearbeitet, sieht darin aber einen reinen Opportunismus von Verkaufsstrategien, die auf jeden fahrenden Zug aufspringen.[18] Ich habe aber den Eindruck, dass mit der Hygiene etwas Wesentliches der Ware berührt wird. Nehmen wir uns die Freiheit, dem Gedanken ein wenig zu folgen.

Was Enzensberger für den Rückzug der Person herausarbeitete, leistete der Müllphilosoph François Dagognet für die Ware, wobei er seine Überlegung in der Betrachtung eines

Kunstwerks entwickelte. 1969 stellte der Künstler Gérard Titus-Carmel in Paris seine *Grande bananeraie culturelle* aus. Die Installation bestand aus 60 Bananen, die in kleinen, weißen Halterungen steckten, die in regelmäßigen Reihen und Spalten an der Wand befestigt waren. Nur eine dieser Bananen war echt, die anderen 59 täuschend echte Plastikimitate. Die Pointe der Installation entfaltet sich erst in der Zeit: Die einzig echte Banane vergeht, die falschen Bananen bleiben erhalten. Es liegt nahe, das Kunstwerk als eine Lektion über Schein und Wirklichkeit zu verstehen.[19] Dagognet entfaltete eine tiefergehende Interpretation, die in der Installation eine Meditation über das gute Leben unter der Bedingung unserer körperlichen Verfasstheit erblickt: die immobilisierte, schöne, haltbare, ewige Banane ist gerade durch ihre Immobilisierung dem menschlichen Genuss nicht mehr verfügbar. Die Banalität hört auf, eine zu sein, wenn man sie im Spiegel liest: Umgekehrt nämlich ist die echte Banane nur genießbar, trägt nur zum Genuss bei, weil sie vergänglich ist. Erst durch ihre Vergänglichkeit schreibt sie sich dem menschlichen Genuss ein. «Die Früchte selbst reifen, um sich schließlich zu zersetzen und zu verfaulen – sie halten nur für eine kurze Zeit», bemerkt Dagognet,[20] um von dieser Einsicht ausgehend eine ganze alchemistische Ontologie des Guten zu entwerfen: Wir sind es gewohnt, die Eigenbewegung der Materie, das Fermentieren, Gären, Faulen, Schimmeln als ein Verderben, Schlecht-werden zu denken. «Wir verlangen vom Philosophen», wirft Dagognet dagegen ein, «diese Chemie der Veränderung entgegen seinen Gewohnheiten wahrzunehmen: Dem Fermentierten verdanken wir die Fülle der Produkte, es bereichert das Universum, ja mehr noch, es schenkt uns die köstlichsten unter ihnen: den Wein, das Brot, den Käse.»[21] Die Liste lässt sich verlängern: Butter, Wurst, Essig – und natürlich das Sauerkraut, welches nun auch endlich ontologisch zu seinem Recht kommt. Als historisches Beispiel können wir das *liquamen* nennen, eine Soße aus verfaultem Fisch, die einen Grundpfeiler der römischen Küche bildete und in großen Mengen hergestellt wurde – aufgrund des enormen Gestanks freilich außerhalb der Ortschaften. Auch der Schimmel hat hier seinen Platz: Er ist das schlimmste Schreckgespenst des Hygienismus, zugleich aber veredelt er manches Lebensmittel. Wenn die Winzer des Jura den bei Alterung auftretenden Volumenverlust des Weins – die sogenannte *part des anges* – nicht kompensieren, bildet sich im Fass in den präzise bemessenen sechs Jahren und drei Monaten der Reifung eine dicke Schicht aus Mikroorganismen, unter der der *vin jaune* als gesuchte Delikatesse ein komplexes Spektrum von Aromen mit den charakteristischen, oxidativen, metallischen und pilzigmodrigen Noten entwickelt. Dies ist der wahre Reichtum der Welt.

Halten wir also fest: Das Werden und Vergehen ist der eigentliche Daseinsmodus des Guten. Wir dürfen das Gute gar nicht als Zustand denken, sondern benötigen eine Prozessontologie, um es zu fassen. Die blanke, blitzende, «festgestellte» Ware zeigt uns ein anderes Gesicht. Sie kann sich nicht entwickeln, sondern nur verderben. Unter dem Titel «Das allzu Neue hält sich schlecht» beschreibt Coudray die Erfahrung der bitteren Enttäuschung, die wohl schon jede und jeder von uns aus dem Konsumentenleben kennt:

> Seltsamerweise scheint es, als seien die heutigen Produkte so konzipiert, dass sie die Patina der Zeit nicht vertragen. Als Werkstücke, glatt wie Zäpfchen, aus künstlichen Materialien verarbeitet, können sie nur in der Perfektion ihres Idealbildes bestehen. Der kleinste Fleck oder Kratzer verweist sie sofort in den Bereich des Abfalls.[22]

Denn der Kratzer, so klein er sein mag, bewirkt bei der modernen Ware keine graduelle Abnutzung – die ja auch eine Aneignung bedeuten könnte, weil die Dinge nun die «unsrigen» werden, unsere Spuren zeigen, sich individualisieren und unserer Lebensgeschichte einschreiben –, sondern einen kategorischen Sturz, zurück in den Kehricht und Schlamm dieser Welt. Daher der plötzliche Überdruss, unsere Enttäuschung im Wortsinn: Die Ware hat ihr Versprechen gebrochen, sie ist doch von dieser Welt, hässlich und vergänglich. Diese Verfasstheit der Ware setzt damit eben jene Fluchtdynamik in Gang, wie wir sie schon am eigenen Körper kennengelernt haben. Wie wir «uns selbst» als Bewusstsein von unserem allzu irdischen, schmutzigen Körper trennen mussten, so müssen wir auch die Essenz des «Guten» aus dem Erdenrest seiner körperlichen Existenz befreien. Die Lösung der Aufgabe finden wir im Geld – dem Geld, welches zwar, obschon im noblen Gewand der Edelmetalle, doch lange als materielle Münze existieren musste, aber sich nun Medien sucht, die seinem eigentlich abstrakten, immateriellen und symbolischen Wesen angemessener sind. Das Geld ist der offizielle Wertausdruck unserer Zivilisation, es ist die imaginierte perfekte Ware, die reine Ware, die Mutter Gottes in der Warenwelt.[23]

Hier zeigt der müllphilosophische Blick sein Potenzial. Konsumkritik begnügt sich oft damit, die negativen Folgen unseres Wohlstands aufzuzeigen. Auch die ökologische Ökonomie macht lediglich auf den unvermeidlichen Müll als dunklen Zwilling der Waren aufmerksam. Auf diese Weise werden die negativen Folgen der Ware nachvollzogen, aber man geht nicht so weit, den Wert der Waren selbst infrage zu stellen. Allmählich wird allerdings fraglich, ob der Wohlstand in dieser Kosten-Nutzen-Rechnung wirklich so zweifelsfrei auf der Nutzenseite verbucht werden kann, wie der Müll auf der Kostenseite nachzutragen ist. Die Müllphilosophie zwingt uns zu eben dieser Frage: Ist es nicht so, dass wir uns und unseren Nachkommen die Hölle auf Erden bereiten als Preis für ein zweifelhaftes Paradies, das uns immer fadenscheiniger und schaler erscheint? Die Müllmoderne droht sich als *lose-*

lose-Situation zu entpuppen. Mit dem Müll erkaufen wir uns nur die Illusion von Sauberkeit.

Interludium: Die Gesellschaft der Hygiene. Halten wir kurz inne, bevor wir den letzten Schritt unserer kleinen Untersuchung des Zusammenhangs von Müll und Sauberkeit gehen. Auf den letzten Seiten schimmerte bisweilen eine politische Bedeutung von Hygiene durch. Enthält die Sauberkeit auch einen Gesellschaftsentwurf? Hier springt uns Jean-Luc Coudray bei. In seinem aphoristisch gehaltenen *Philosophischen Müllführer* berührt er zweimal diesen Zusammenhang, und beide Zugänge sind auf ihre Weise lehrreich. Einen ersten Hinweis findet Coudray im Gedanken der Kontamination, der für die hygienistische Logik in der Tat zentral ist. Die Hygiene sucht die Kontamination zu unterbinden, die jedoch in unseren «horizontalen» Beziehungen ihre Brutstätte hat: Freundschaft, Umarmung, Kuss, Solidarität, Hilfe, Teilen, Zusammenarbeit, Dialog, Austausch. In der hygienischen Gesellschaft weichen diese Formen einer privilegierten «vertikalen» Beziehung von der staatlichen Autorität zu den Einzelnen, Vereinzelten.[24] Was die Gesellschaft noch zusammenhält, ist die bloße Angst vor der Kontamination – sie ist das neue «gesellschaftliche Band», wie wir mit Harpet ergänzen können.[25] Kontamination, existenzielle Angst und der Wunsch nach persönlicher Sicherheit entpuppen sich damit als die Grundelemente des hygienistischen Gesellschaftsentwurfs und der ihr eigenen Regierungstechnik. (Und umgekehrt stellt im Evangelium das Berühren des Aussätzigen durch Jesus eine subversive Geste dar, die in dem Motiv der «ansteckenden Reinheit» die gesamte Kontaminationslogik auf den Kopf stellt und politisch ganz neue Räume eröffnet.[26]) Zygmunt Bauman erinnerte unsere saubere Gesellschaft daher an den alptraumhaften Kerker, als welcher das Zusammenleben in den Werken Kafkas erscheint. Er zitiert in seiner Müllsoziologie Siegfried Kracauers Kafka-Interpretation:

> In der Tat, finster ist der Bau, den eine Generation nach der anderen errichtet. Finster aber darum, weil er eine Sicherheit gewähren soll, die für Menschen nicht zu erlangen ist. Je systematischer sie ihn anlegen, desto weniger können sie in ihm atmen, je lückenloser sie ihn auszuführen streben, desto unvermeidlicher wird er zum Kerker. [...] Da diese Angst auch jene Unsicherheiten ausschalten will, die mit dem kreatürlichen Dasein selber gegeben sind, ist der Bau ein Werk der Verblendung.[27]

Ergänzen können wir hier lediglich, dass der Kerker nicht als solcher empfunden wird, denn er hat uns einen schönen Ersatz zu bieten. Belohnt werden wir Konsumenten schließlich mit einem rundum neuen Lebensgefühl: modern, sauber und so wahnsinnig bequem. Wie war das früher umständlich und dreckig!

Coudray gibt uns auch einen zweiten, diesmal aber etwas vertrackteren Hinweis: Der Hygienismus ist ein Puritanismus, lesen wir bei ihm.[28] Die Stärke dieser These liegt darin, dass sie auf den ersten Blick nicht plausibel ist: Bitte schön, ausgerechnet die hedonistische und vergnügungssüchtige Konsumgesellschaft soll puritanisch sein? Aber ja doch, und ihr Puritanismus zeigt sich am deutlichsten dort, wo sie es am wenigsten zu sein scheint, nämlich in der Pornografie. Die vermeintlich hyperrealistische Darstellungsform basiert nämlich auf einer eigenen Form von Abstraktion, erläutert Coudray: «In Wahrheit ist das pornografische Bild puritanisch, entleert von jeglicher Innerlichkeit, entledigt von aller Intimität.» Die Nahaufnahme des schattenlos ausgeleuchteten Genitals nähert sich nicht der Person, sondern entfernt sich von ihr, indem es sie auf einen austauschbaren, warenförmigen Körper reduziert. Die Körper der Pornografie sind keine Subjekte, keine Individuen, haben weder die Innerlichkeit, deren Annäherung die wirkliche Intimität ausmacht, noch dürfen sie die äußeren, individualisierenden Spuren des Er- und Gelebten wie Lach- und Sorgenfalten, die Patina eines Lebens aufweisen.

Nun, das kennen wir schon: Waren können nicht altern und müssen den Schein wahren. Dies ist die Schamhaftigkeit einer Moderne, die im Konflikt mit unserer Körperlichkeit steht. Allein, was hat dies mit Politik zu tun? Der italienische Psychoanalytiker Massimo Recalcati erläutert, dass der Hygienismus im Grunde dasselbe mit uns allen macht, was die Pornografie mit ihren Subjekten tut. Er setzt eine universelle Norm der Gesundheit und Sauberkeit, die unserem Begehren, seiner Partikularität, Unverfügbarkeit und bisweilen auch selbstzerstörerischen Unmäßigkeit, die für Recalcati den Kern des individuellen Subjekts ausmachen, als Maß auferlegt wird.[29] Das hygienistische Ideal zähmt uns wie die Waren und entleert uns wie die Pornografie ihre Subjekte. Für Recalcati zeigt sich darin eine totalitäre Tendenz des Hygienismus, weil mit dem Begehren der Kern des Individuums berührt und die irreduzible Pluralität der Menschen im Namen eines universellen Guts negiert wird. In unserer offenen und toleranten Gesellschaft bleibt in Wahrheit kein Platz mehr für dasjenige, «was nicht passt und sich nicht passend machen lässt». Der letzte Rückzugsort der Subjektivität in uns ist das Träumen, die Eigenbewegung unserer psychischen Materie, das Gären unseres geistigen Sauerkrauttopfes, das geheimnisvolle blaue Leuchten im Innern der Schädelkapsel, jenes diffuse Gefühl, das nach Camus den aufbegehrenden Menschen dazu bringt, gegen die Zumutungen der Welt ein «Nein!» zu setzen und darin seine Menschlichkeit zu beweisen und seine Würde zu realisieren.[30] Im Arsenal der Reinigung finden sich, wie Faßler in seiner Müllsoziologie bemerkt, auch die psychohygienischen Hilfsmittel der Psychopharmaka, die uns traumlose Nächte bescheren und somit in uns endlich schaffen, woran die Ingenieure der Castoren scheiterten, nämlich das Gären der Materie abzustellen.[31]

Kontaminationsangst und Reinheitsobsession sind also vielleicht nicht nur bloße Oberflächenphänomene. Ist die moderne Sauberkeit letzten Endes genauso gefährlich wie der moderne Müll? Wie tief sickert sie in unser Denken und Empfinden?

Motiv III: Hygiene als Verblendung. Im Grunde müssen wir in unserem Versuch, den Zusammenhang von Müll und Sauberkeit zu verstehen, nur noch eins und eins zusammenzählen. Erstens: Die Moderne ist dreckig, wie keine Zeit zuvor, weil sie jeden Winkel des Planeten mit ihrem hochkomplexen Dreck vollstopft. Zweitens: Die Moderne ist besessen von dem Ideal der Sauberkeit, wie nie eine Epoche zuvor es war. Aber wir haben auch gelernt, dieser Sauberkeit zu misstrauen. Sie ist eine falsche Sauberkeit.

Dass eins und eins zwei ergibt, heißt aber nicht einfach, dass (echter) Dreck und (falsche) Sauberkeit nebeneinander bestehen. Vielmehr hängen sie miteinander zusammen. Der Müll-Soziologe Manfred Faßler mutmaßte einst über die Hygiene: «Mit ihr verdeckt die industrielle Moderne ihren Abfallkult.»[32] Was sich hier andeutet, ist, dass die Hygiene eine Illusion schafft, die uns irgendwie erst den riesigen blinden Fleck ermöglicht, mit dem wir die Welt des Abfalls belegen. Aber was genau verbirgt sich dahinter?

In der Literatur finde ich eine suggestive und, wenn man sie nur ernst nimmt, auch sehr beängstigende Metapher für diesen Zusammenhang: «Der freie Fall», schreibt Jean-Luc Coudray, «erzeugt die Illusion von Schwerelosigkeit.»[33] Der «freie Fall» beschreibt die fürchterliche und katastrophische Verlaufsbahn unserer Welt: immer mehr Müll, immer gefährlicherer Müll. Schwerelosigkeit ist das Gefühl, welches uns die schöne neue Welt von Sauberkeit, Konsum und Komfort vermittelt. Schwerelos heißt: sauber, der körperlichen Existenz mit ihrer Unbill von Geruch, Exkrementen, Schmerz, Altern und überhaupt körperlicher, geistiger und moralischer Fehlbarkeit enthoben.

Für mich ist dies die eigentliche Botschaft der Werbung, das verführerische Angebot der Luxuswelten: Es geht oft gar nicht um Macht, Ansehen, Potenz und Stärke, sondern um Leichtigkeit, Sorglosigkeit, Befreiung vom Altern – ein Körper, der nicht schwitzt und schmerzt, sondern noch im Hochsommer eine tiefe Kühle ausstrahlt. Aber dieses Gefühl der Schwerelosigkeit, so analysiert Coudray präzise, verdankt sich dem freien Fall, also dem eigensten, ungebremsten Wirken der schmutzigen Seite unserer modernen Welt, die gerade durch ihr Wirken sich selbst verhüllt, wie die geniale Metapher nahelegt. Es offenbart sich hier ein wechselseitiges Konstitutionsverhältnis: Der industrielle Dreck ermöglicht uns die Illusion von Reinheit, und diese lässt uns umgekehrt jenen übersehen. Hygiene ist die Form, in welcher unser Müllregime sich selbst verhüllt. Diese Einsicht ergänzt die Kritik der Hygiene um eine ganz neue Dimension: Hygiene als Ideologie, als Matrix einer Illusion, ohne die die Müllmoderne nicht funktionieren würde, weil der Müll dann als das erschiene, was er ist: ein unhaltbarer Skandal. Im Lichte dieser Analyse erscheint der Müll immer mehr als das gesellschaftlich Unbewusste, das kollektiv Verdrängte. Indes warnte schon Freud: «Die verdrängte Vorstellung rächt sich aber dadurch, dass sie pathogen wird.»[34] Und dies erleben wir heute, im Anthropozän.

Und kam gar wenig Guts darvon,
dann daß es alles verbrannt

Wir haben damit unsere Zeitdiagnose der Müllmoderne. Wir haben sie von der exosomatischen Müllproduktion bis in die Verästelung der als solche kenntlich werdenden Hygieneideologie verfolgt. Und nun, wie sollen wir uns nun verhalten? Steigen wir wieder hinab von der Hygiene und dem Problem kultureller Ordnungen in das materielle Reich des Mülls, kennen wir die offizielle Antwort. Wir haben sie schon früh unter dem Namen «Kreislaufwirtschaftsgesetz» kennengelernt. Der Gesetzestext führt uns eine begriffliche Treppe hinunter, die uns – in großen Sprüngen – von der Kreislaufwirtschaft zur Bewirtschaftung, von dort zur Verwertung und endlich zum Recycling führt:

§ 1 (1) Zweck des Gesetzes ist es, die Kreislaufwirtschaft zur Schonung der natürlichen Ressourcen zu fördern und den Schutz von Mensch und Umwelt bei der Erzeugung und Bewirtschaftung von Abfällen sicherzustellen.

§ 3 (14) Abfallbewirtschaftung im Sinne dieses Gesetzes ist die Bereitstellung, die Überlassung, die Sammlung, die Beförderung sowie die Verwertung und die Beseitigung von Abfällen; die beiden letztgenannten Verfahren schließen die Sortierung der Abfälle ein.

§ 3 (23a) Stoffliche Verwertung im Sinne dieses Gesetzes ist jedes Verwertungsverfahren mit Ausnahme der energetischen Verwertung [...]. Zur stofflichen Verwertung zählen insbesondere die Vorbereitung zur Wiederverwendung, das Recycling und die Verfüllung.

§ 3 (25) Recycling im Sinne dieses Gesetzes ist jedes Verwertungsverfahren, durch das Abfälle zu Erzeugnissen, Materialien oder Stoffen entweder für den ursprünglichen Zweck oder für andere Zwecke aufbereitet werden [...].

Recycling bestimmt das nächste Ziel der Reise. Zum zweiten Mal auf dieser Reise begegnen wir – nach Philippsburg, schräg gegenüber von der Insel Flotzgrün – einem Atomkraftwerk, dem bereits der Kühlturm geraubt wurde. Zwischen den Zweigen der auf den Höhen blühenden Kirschbäume fällt unser Blick auf die kläglichen Reste des Kernkraftwerks Mülheim-

Kärlich. Es liegt in der Ebene zu unseren Füßen, wo die Berge des Rheinischen Schiefergebirges im Neuwieder Becken ein wenig vom Rheinufer zurückweichen. Sie machen in ihrem Gürtel einer fruchtbaren Ebene Platz, die erst einige Kilometer weiter im Norden wieder von den Bergen umschlossen wird, wo sie wieder an den Rhein heranreichen und die enge Andernacher Pforte bilden. Das AKW Mülheim-Kärlich ist in die Geschichte der deutschen Nuklearindustrie eingegangen, da es nach sage und schreibe nur einhundert Tagen des Regelbetriebs wieder vom Netz genommen und abgeschaltet werden musste. Man hatte es wider besseres Wissen in eine seismisch aktive Zone gebaut und war, um Schlimmstes zu verhindern, während des Baus mehrfach von den genehmigten Plänen abgewichen. Unter anderem versetzte man das Reaktorgebäude um 70 Meter, da sich an der ursprünglich vorgesehenen Stelle der Untergrund als besonders instabil erwies.

Wie zum Beweis der Gefahr machen sich die vulkanischen Tiefen der Eifel noch zwei Tage vor meinem Besuch bemerkbar, als ich für ein Seminar bereits in die Region gereist bin. Es scheint, dass man die Spannungen, die sich in der Tiefe aufbauen, schon vor dem Beben spüren kann, denn ich war nicht der einzige im Haus, der am frühen Morgen, um 3 Uhr 23, schon lange wach lag, als ein fernes, anschwellendes Grollen die sich nähernde Schockwelle in der Erdkruste ankündigte, die endlich dem Gebäude einen einzigen, trockenen, aber deutlich spürbaren Schlag versetzte, um von dort ihren Weg fortzusetzen und sich wieder in der Ferne mit demselben, nun leiser werdenden Geräusch zu verlieren. Der Ursprung des Erdbebens, so ist später zu erfahren, lag in 13 km Tiefe nahe dem Moselort Kobern-Gondorf in der sogenannten Ochtendung-Störung (OFZ, *Ochtendung Fault Zone*). Folgen wir dieser geologischen Störung, so führt sie uns von der Mosel direkt zu dem schlafenden Vulkan des Laacher Sees. Sein wassergefüllter Krater zeugt von einer gewaltigen Explosion vor etwa 13 000 Jahren, deren Aschen den europäischen Kontinent von Schweden bis Italien bedeckten. Die in 30 Kilometer Höhe aufsteigende schwarze Wolke muss auch noch in 500 Kilometern Entfernung vom Gipfel des Röti aus zu sehen gewesen sein, genau in Élie de Beaumonts Blickrichtung zwischen Schwarzwald und Vogesen, über dem Haupt des unglücklichen René Schickele. Bis zu sieben Meter hohe Ascheablagerungen legten sich über das Umland und verstopften auch das sich an der Andernacher Pforte wieder verengende Rheintal, so dass sich im Neuwieder Becken, in welches wir gerade von der Höhe blicken, der Fluss zu einem gewaltigen See aufstaute.[35]

Niederfrequente Vibrationen, die die Messstationen registrieren, deuten darauf hin, dass sich die Magmakammern in der Tiefe langsam wieder füllen – der Vulkan ist noch aktiv.[36] An den Ufern des Laacher Sees kann man vielerorts beobachten, wie in feinen Fäden aufsteigende Gasblasen die Wasseroberfläche kräuseln. Der Rheingraben war von jeher unruhig. Das Baseler Erdbeben aus dem 14. Jahrhundert ist im kollektiven Gedächtnis verhaftet:

> Da man zalt von Gottes Geburt 1356 Jahre, uf St. Lux Tag des heiligen Evangelisten, kam ze Basel ein großer Erdbidem, und ward der am Abend als stark, daß er die große Stadt, mit dem Münster, mit allen Kilchen, Clöstern, Thürnen, und allen Hüsern niederwarf, und verdurben by tusend Menschen. […] Es fielen auch viel Burgen uf dem Rhine umb den Howenstein nieder. […] Und nach dem Niederfallen gieng Füre an und brannt ein halb Jar aneinander, und kam gar wenig Guts darvon, dann daß es alles verbrannt.[37]

Das Kernkraftwerk Mülheim-Kärlich hätte dasselbe Schicksal ereilen können, aber just das verheerende Baseler Erdbeben wurde entgegen den einschlägigen Richtlinien von den Gutachtern außer Acht gelassen.[38] Sein Feuer, wie uns die Ruinen von Tschernobyl und Fukushima belehren, hätte aber nicht ein halbes Jahr, sondern Jahrzehnte, gar Jahrhunderte gelodert. Auf einen skandalträchtigen Genehmigungs- und Bauprozess folgte nach kurzer Laufzeit das gerichtliche Aus. Die Gemeinde hat auf den Steuerausfall frühzeitig reagiert, weshalb nun im Neuwieder Becken, in das unser Blick fällt, eines jener kanzerösen Gewerbegebiete wuchert, die die Weichbilder der Städte zerfressen, während sie zugleich ihre Zentren absterben lassen. An seinem Rande findet sich das Ziel dieser Reiseetappe, das Testzentrum Europa von Tomra, dem norwegischen Weltmarktführer für automatisiertes «Mixed Waste Sorting» (MWS), eine «Endstufenlösung für die Rückgewinnung von wiederverwertbaren Materialien wie Kunststoffen, Metallen und Papier, bevor der Restmüll verbrannt oder deponiert wird.»[39]

Die Oekonomie der Exkremente der Produktion

Ich werde von der Ingenieurin empfangen, die für die Testzentren in Europa und China verantwortlich ist. Bisher habe ich die Müllwelt als eine Domäne der Männer kennengelernt. In den Testhallen von Tomra ändert sich dies merklich – im Abfallingenieurwesen durchaus Normalität, erfahre ich. In den Hallen stehen die riesigen Sortiermaschinen, zwei Etagen hoch, wohl gut zwei bis drei Meter breit und zehn bis fünfzehn Meter lang. Das Aussortieren möglichst homogener Stoffgruppen ist die entscheidende Vorbedingung für gelingendes Recycling. Im Zentrum stehen Metalle, die wieder eingeschmolzen werden, und Plastik, also – chemisch betrachtet – synthetische, sehr langkettige Makromoleküle, die sogenannten Polymere, die aus kleineren Molekülen zusammengesetzt werden. Diese gewinnt man wiederum aus organischem Material, und zwar vor allem aus fossilen Brennstoffen, allen voran dem Erdöl. Sortenreine Plastikabfälle kann man mechanisch weiterverarbeiten, also meist zu geringerwertigen Produkten «downcyclen», oder aber in thermischen und chemischen Verfahren wieder in ihre Vorprodukte aufspalten («Depolymerisation») oder sogar in synthetisches Rohöl rückverwandeln («Cracking»).

Vor den Sortiermaschinen sieht man Körbe mit Abfallproben, die interessierte Hersteller aus der ganzen Welt einsenden – lebhaft erinnere ich mich an Säcke mit geschredderten Skibrettern aus Frankreich, auf denen sich vor kurzem noch ganze Konsumentenfamilien auf Kunstschneepisten dem unschuldigen Vergnügen hingaben. Auf Fließbändern werden die Abfälle in das Herz der Maschine geführt. Sie laufen unter einer Detektoreneinheit durch, die, ausgestattet mit Kameras und Nahinfrarot-Spektrometern, Bruchstücke der vorgegebenen Form-, Farb- und Materialeigenschaften erkennt, so dass diese nur Bruchteile von Sekunden später von automatisch gesteuerten Düsen «geschossen», also per Luftdruck vom restlichen Müll getrennt werden können. Die neueste Maschine, die wir sehen, vermag dank laserinduzierter Plasmaspektroskopie sogar Aluminiumschrott nach Legierungstyp zu sortieren. Nur kurze Zeit später stolpere ich – vollkommen verblüfft – in einem Freilichtmuseum über eine Maschine desselben Bautyps, nur wohl 150 Jahre älter: Das Fließband, auf dem nun ein Pferd steht, dient hier dem Antrieb, und im mechanischen Herzstück werden nicht Plastikfragmente von Papier und Metall, sondern die Spreu vom Weizen getrennt. Der historische Wink ist bedeutungsschwanger, denn die Dreschmaschine, die zuerst von Pferden, später von Dampf betrieben wurde, nimmt in der europäischen Technikgeschichte eine Sonderstellung ein. Ihr Aufkommen im England des frühen 19. Jahrhunderts, begünstigt durch eine vorübergehende Knappheit an Arbeitskräften während der Napoleonischen Kriege, führte 1830 zu den berühmten *Swing Riots*, den Aufständen der Ludditen oder Maschinenstürmer, also der Tagelöhner und einfachen Arbeiter, die ihre Einkommensquelle während der langen Wintermonate, die die manuelle Drusch in Anspruch nahm, bedroht sahen. Mit «Captain Swing» zeichneten sie ihre Drohbriefe gegen die Gutsbesitzer.

Europa gelangte in diesem Aufstand an einen kritischen Punkt. Zum letzten Mal vielleicht bot sich ihm die Möglichkeit, sich zu der Frage von Modernisierung, Mechanisierung und Industrialisierung aktiv zu verhalten, bevor die Eigendynamik der Prozesse die Überhand gewinnt. «Es bedarf Zeit und Erfahrung, bevor der Arbeiter die Maschinerie von ihrer kapitalistischen Anwendung unterscheiden und daher seine Angriffe vom materiellen Produktionsmittel selbst auf dessen gesellschaftliche Exploitationsform übertragen lernt», tadelte rückblickend Karl Marx, der sich von der Industrialisierung ja den Sprung in eine gerechte Gesellschaft jenseits kapitalistischer Ausbeutung erhoffte.[40] 1830 muss sich dies indessen anders dargestellt haben, denn überraschenderweise sympathisierten die geschädigten Bauern mit ihren rebellierenden Arbeitern. Schon in diesem ersten zaghaften Schritt der Mechanisierung erlebten sie nämlich jenen «Alptraum», als den der Agrarökonom Williard W. Cochrane den technischen Fortschritt im Rückblick beschrieb – im Jahr 1957, als es nichts mehr zu entscheiden gab.[41] Die Bauern investierten anfänglich in die Dreschmaschine, um das Korn frühzeitig auf den Markt bringen zu können, bevor die Preise aufgrund des steigenden Angebots fielen. Aber je mehr Bauern die Maschine verwendeten, desto früher fielen die Preise. Cochrane prägte dafür die Metapher der Tretmühle, in der wir ja auch schon die modernen Konsumenten gefangen sahen. «Der Grund für die allgemeine Sympathie mit dem Maschinenstürmen war», schloss Eric Hobsbawm, «dass die Ludditen als eine Art glückliche ‹Fügung Gottes› erschienen, die, sieht man einmal von dem undenkbaren gesetzlichen Verbot von Maschinen ab, als einzige alle Bauern aus einer Situation befreien konnte, in die sie wider besseres Wissen gezwungen worden waren. Denn der Einzelne war dem Prozess der Mechanisierung hilflos ausgeliefert.»[42]

Wir stehen noch immer in dem hochmodernen Testzentrum, aber unter dem Lack der Sortiermaschine schimmert nun wie eine dunkle Ahnung die Dreschmaschine durch. Was sie uns sagen will? Vertraut nicht darauf, hier steht nicht die Wunderlösung, sondern bloß die nächste Maschine. Auch wenn Recycling in der Theorie die Stoffströme zu Kreisläufen schließen kann, sieht dies in der Praxis ganz anders aus. Recycling ist sehr energieaufwändig, Recycling erreicht in der Regel nicht die Güte des Ursprungsprodukts, sondern ist de facto ein Downcycling, viele moderne Verbundmaterialien und Legierungen entziehen sich prinzipiell allen Versuchen der Wiederverwertung.[43] Ins Grübeln komme ich, als ich höre, dass die neueste Generation von Detektoren in den Sortiermaschinen neuronale Netzwerke verwenden, also auf künstlicher Intelligenz beruhen. In einem *White Paper* des Recyclingunternehmens hatte ich mir bei der Vorbereitung meines Besuchs folgende Sätze angestrichen:

Fortgeschrittene MWS-Anlagen mit mechanischer Sortiertechnik sorgen für eine so hohe Effizienz, dass sie sogar keine Trennung von Kunststoff- und Metallverpackungen an der Quelle mehr erfordern. Studien in Norwegen zeigen, dass sich die Recyclingraten für Kunststoffverpackungen mehr als verdoppeln können, wenn die Systeme MWS-Anlagen einführen und sich nicht mehr darauf verlassen, dass die Anwohner Kunststoffverpackungen vom Hausmüll trennen. Schließlich liegt es in der menschlichen Natur: Wenn die Trennung an der Quelle unbequem, kompliziert oder missverständlich wird, landet der *post-consumer*-Abfall schnell in der falschen Tonne.[44]

Das Wort *«post-consumer»* wiegt hier schwer. Zu Beginn der Reise, in der Emschergenossenschaft, habe ich es mit einem anderen Klang gehört. Die Kläranlagen sollen in naher Zukunft eine vierte Reinigungsstufe ergänzen, um Schwermetalle und organische Mikroverunreinigungen aus dem Abwasser zu filtern – die «Liste prioritärer Stoffe im Bereich der Wasserpolitik», Anhang X der Wasserrahmenrichtlinie 2000/60/EG, liest sich so schauerlich wie die Sickerwasseranalyse von Flotzgrün. Die Politik setzt auf die «nachgeschaltete Abwasserreinigungstechnik», denn, wie das Umweltbundesministerium 2015 nüchtern erklärte: «Die Forderung, das Verursacherprinzip stärker zur Anwendung zu bringen und die Stoffeinträge an ihrer Quelle zu reduzieren, erweist sich [...] in vielen Bereichen als nicht operabel.»[45] In der Emschergenossenschaft hatte man mir den Sinn dieses Satzes erläutert. Trägt man zum Beispiel an die Pharmaindustrie die Bitte heran, die Entsorgungsproblematik nach Ausscheiden aus dem menschlichen Körper im Design ihrer Medikamente von vornherein zu berücksichtigen, so fragt diese irritiert, aber freundlich nach: «Ach, sie wollen keine Krebsmedikamente?»

Die Industrie wiegelt ab, aber selbst wenn, wie beim Haushaltsmüll, der Konsument an der Quelle steht, springt sie wieder bei und sagt: nein, er soll nicht tätig werden, denn – ach, die menschliche Natur! – der Mensch ist dumm, die Maschine klug. An dieser Stelle werden so etwas wie die heimlichen Grundsätze einer Politik des Recyclings sichtbar. Der erste Grundsatz lautet: Von außen sichtbar darf sich gar nichts ändern, wir passen auf unsichtbare Weise an, hinter den Kulissen der schönen neuen Konsumwelt. Und was passiert hinter den Kulissen? Zygmunt Bauman ruft uns eine etwas brutale, aber hilfreiche Unterscheidung ins Gedächtnis, die einst Lewis Mumford traf, nämlich die zwischen *agriculture* und *mining*, «Anbau» und «Abbau», wie der amerikanische Kulturhistoriker selbst es um der schönen Pointe willen auf Deutsch ausdrückte.[46] Wesentlicher Unterschied ist die Form der Stoffströme, zirkulär und regenerativ dort, linear und destruktiv hier. Das Recycling beansprucht nicht weniger, als die industrielle Produktion von ihrem Extraktivismus zu erlösen, indem es diese beiden Modi miteinander versöhnt. Wie das konkret aussieht, können wir an den Worten des IAEA-Direktors ablesen, der 1959 in Monaco erklärt hatte, Atommüll sei kein Müll, sondern lediglich ein Material, «für das sich noch keine anderweitige Verwendung gefunden habe». Recycling sucht nach einer neuen Verwendung, aber – und dies ist der entscheidende Punkt – es tut dies noch immer im Modus des *mining*. Deutlich wird dies in der Technik des *enhanced landfill mining* (ELFM), welches darin besteht, alte Mülldeponien als Rohstoffquellen zu erschließen. Allein in Europa schätzt man die Zahl der Deponien auf 150000 bis 500000. Nur 10% entsprechen den Standards «kontrollierter und sachgemäßer Abfallbehandlung» entsprechend der EG Richtlinie über Abfalldeponien 1999/31/EG. Wäre es nicht eine wundervolle Vorstellung, die erste Generation zu sein, die nicht nur nichts mehr wegwirft, sondern sogar die alten Deponien allmählich verschwinden ließe? Wer sich vom *landfill mining* eine Versöhnung mit der Natur verspricht, ein Heilen der Wunden der Erde, oder wenigstens das große Aufräumen nach fünf Jahrhunderten «Abbau»-Wirtschaft, wird enttäuscht. Eine aktuelle Fallstudie hält sofort unmissverständlich fest: «[E]in entscheidender Faktor, der vor Beginn eines ELFM-Projekts berücksichtigt werden muss, ist die Qualität der zu verwertenden Materialien und der Marktpreis», um in konsequenter Anwendung dieses Maßstabs schließlich zu einem unumstößlichen Urteil zu kommen.

Aus 2785 t abgebautem Deponieabfall könnten fast 90 t Eisenmetalle zurückgewonnen werden (ca. 3%). Doch selbst in Kombination mit dem Gewinn aus Nichteisenmetallen würde der erzielbare Profit nicht ausreichen, um ein solches Deponieabbauprojekt heute durchführbar zu machen.[47]

Für einen Moment war die Vision des großen Rückbaus faszinierend, aber in Wahrheit geht es hier nicht um Ökologie. Wie schon in Molières Komödie entpuppen sich auch die gelehrten Frauen von Tomra als Cartesianerinnen: Von der traditionellen Frauenrolle haben sie sich emanzipiert, aber sie bleiben in einer Weltsicht befangen, die Geist und sinnliche Welt, Mensch und Natur, Ökonomie und Ökologie kategorisch trennt. So schaffen sie nicht die fällige Versöhnung der Gegensätze, die Heilung des unheilbaren Risses, wie aus der Armande Rat an ihre zur Heirat entschlossene Schwester allzu deutlich wird:

Doch, Henriette, du erhebe dich
Zu reineren, zu höheren Freuden!
Entreiße dich dem Schlamm des Sinnlichen,
Und hebe dich empor zum Geistigen! [...]
Statt über dich ein Recht dem Manne zu gestatten,
Nimm die Philosophie zu deinem Gatten!
Die siehest stolz herab aufs menschliche Geschlecht,
Gibt der Vernunft allein der Oberherrschaft Recht,
Und reinigt uns von jenen gröberen Trieben,
Durch die wir gleich dem Thiere blieben.[48]

«Entreiße dich dem Schlamm des Sinnlichen» – wie anders klang erinnerlich Sigmund Freuds Rat, uns zu unserem unbequemen Erdenrest zu bekennen und «ihm soviel Veredlung angedeihen zu lassen, als seine Natur gestattet».

Anbau versus Abbau, Veredelung versus Negation: Hier wird die Grundsatzfrage kenntlich, die wir an das Recycling zu stellen haben. Wenn das Kreislaufwirtschaftsgesetz «Recycling» unter «Verwertung» subsumierte, müssen wir letztere offenbar in einem traditionellen ökonomischen Sinne verstehen, als eine Gewinnchance. Und dies ist der zweite Grundsatz des Recycling: Recycling, die «Oekonomie der Exkremente der Production», wie Karl Marx es nannte,[49] ist de facto kein «Anbau», keine Kreislaufwirtschaft, sondern bloß ein Abbau zweiter Ordnung, eben *landfill mining*, ein Extraktivismus des Mülls, ein Meta-*mining*, verbunden mit dem Versprechen, dass am Ende die Quadratur des Kreises gelingt und der konsequente Abbau höherer Ordnung, die Verschachtelung des Abbaus in sich selbst, letztendlich in eine Figur des Anbaus mündet. Das Gefährliche an diesem Versprechen liegt darin, dass es theoretisch nicht unmöglich ist, schließlich gelang es irgendwann auch den Mathematikern, die Fläche des Kreises als Summe kleiner Quadrate zu berechnen. Wir können daran glauben, wenn wir unbedingt wollen. Die Geschichte zeigt uns indes ein anderes Bild. Als Runge einen Weg fand, den vormals nutzlosen Steinkohleteer zu verwerten, hat er damit keinen Kreislauf geschlossen, sondern lineare Ströme ungekannten Ausmaßes in die Wege geleitet. Vor allem aber zeichnet sich nun der diesem Versprechen unterliegende Gesellschaftsentwurf ab: Die Konsumentenwelt soll eine solche bleiben, während sich hinter den Kulissen die nächste Eskalationsspirale der technischen Zivilisation vorbereitet, nämlich wieder eine neue Technik erfunden wird, um die Probleme zu lösen, die uns die alte Technik eingebracht hat.[50] Denken wir an Victor Hugos Küstenwanderer, der umso schneller im Treibsand versinkt, je verzweifelter er sich zu retten versucht. Aber dieses Mal, wo den Maschinen die künstliche Intelligenz zur Verfügung steht, wird es bestimmt klappen, da unsere Dummheit nun endlich kompensiert werden kann.

Captain Swing hat verloren

Und wieder finden wir uns Seite an Seite mit Élie de Beaumont auf dem Röti, aber ungleich ihm beschäftigen sich unsere Gedanken nicht mit den Katastrophen der Vergangenheit, sondern denen der Zukunft. Die Brust verengt sich bei dem Gedanken, dass wir heute, an diesem wunderbaren Julimorgen des Jahres 1836, die letzte Chance bereits verpasst haben. Captain Swing hat verloren. Und nun? Wenn die Erlösung nicht am unteren Ende der Müllkette liegt, nämlich in der hochtechnologischen Müllverwertung, dann müssen wir eben wieder an ihren Anfang steigen, wo wir wieder auf uns selbst treffen. Und was können wir tun? *Zero Waste* mag einem in den Sinn kommen. Laut statistischem Bundesamt verursacht jede Person in Deutschland pro Jahr 159 kg Hausmüll, 134 kg Biomüll, 149 kg Altglas, 65 kg Altpapier und 78 kg getrennt gesammelten Verpackungsmüll. Hier in Frankreich, wo ich am Schreibtisch sitze und schreibe, fallen durchschnittlich 250 kg Hausmüll pro Kopf und Jahr an, da der Biomüll nicht abgesondert wird. Anlässlich der Arbeit am vorliegenden Buch habe ich über zwei Wochen systematisch nachgemessen und komme – nach nunmehr einigen Jahren ernsthafter Bemühungen Richtung *zero waste* – auf 60 kg Restmüll und 28 kg Verpackungen pro Kopf – ein ansehnlicher Erfolg und ein hoffnungsloses Scheitern zugleich. Die ersten Reduktionsschritte gelingen ganz einfach, aber schnell wird der Aufwand immer größer, der Erfolg jeder Maßnahme aber geringer, während sich die asymptotische Kurve auch nicht der Null nähert, sondern einem widerständigen Sockelwert. Dieser hartnäckige Rest ist für mich umso rätselhafter, als ja gilt – wie Kant als Prinzip der Metaphysik anführt –, «daß bey allen Veränderungen der Natur keine Substanz weder entstehe noch vergehe», sprich: wir können nur wegwerfen, was wir vorher auch nachhause gebracht haben.[51] Da wir zudem die Einkäufe ohne Auto erledigen, müssen wir die gute Vierteltonne Müll, die wir als Familie erzeugen, mithin vorher zu Fuß nachhause getragen haben! Zu diesem Scheitern am eigenen Hausmüll kommt, dass, wie wir ja schon wissen, 90% der Pro-Kopf-Abfälle nie durch unsere eigenen Hände gehen, sondern z. B. als Produktionsabfälle hinter unserem Rücken anfallen, so dass wir durch unser Konsumverhalten bestenfalls einen indirekten Einfluss auf diese Größe ausüben. *Zero Waste* ist als politische Maßnahme ein Kampf gegen Dämonen, die man nicht kennt und nicht benennen kann, aber von denen man schnell erfährt, dass sie die Übermacht haben. Was also tun?

Das ideale Dorf des Bürgermeisters Petit

Szenenwechsel. Ein winziges Dorf in Lothringen, Dommartin-la-Chaussée, nicht mehr als dreißig Einwohner in naturstein- und kalkfarbenen Häusern und Höfen aus einer zeitlosen Vergangenheit. Nicolas Petit steht vor einer Scheune, die bis zum Bersten mit Gerümpel gefüllt ist. Seit 23 Jahren ist er Bürgermeister des Ortes, und von den letzten hundert Jahren lag der Posten 94 Jahre in der Familie, bei seinem Vater, Großvater und Urgroßvater. «Kommt es vor, dass Sie etwas wegwerfen», fragt ihn Françoise Monnin, Chefredakteurin der Kunst-Zeitschrift *Artension* und Spezialistin für *art brut*, d. h. für die «rohe Kunst» von Autodidakten, Außenseitern, Anarchisten, Gefängnisinsassen und Geisteskranken – «irreguläre Kunst», wie es der Schöpfer des Begriffs, Jean Dubuffet, einst fasste.[52] Am Beginn der kleinen Straße, auf der die beiden stehen, ragt am Rand eine Art Totempfahl, an welchem etliche, übereinander gestaffelte Verkehrsschilder, durch die widersprüchliche Anordnung ihres ursprünglichen Inhalts beraubt, eine ungeahnte ästhetische Energie freisetzen. Die Hauswand auf der gegenüberliegenden Straßenseite ziert ein langgestrecktes Ornament aus Passiersieben und alten Waffeleisen an langen Stielen, mit denen man sie in den Holzofen schob. An der folgenden Gartenmauer lehnen eins nach dem anderen etliche Fahrräder in gleichen Abständen, je unterbrochen durch einen metallenen Bottich, darüber am Zaun hängt eine Girlande aus rostigen Bratpfannen. Weiter hinten im Garten ahnt man im ungemähten Gras geometrische Anordnungen von alten Glasgallonen, Teekesseln, Töpfen, dazwischen Puppen, Ziegelsteine und unerdenkliche Fundstücke in magischen Miniaturen, an der Straße nun eine lange Reihe leerer Weinflaschen, dann steht man vor dem Hoftor des Bürgermeisters, wo die beiden ins Gespräch vertieft sind:

– Kommt es vor, dass Sie etwas wegwerfen?
– Ja! Ich werfe weg, was weg kann, bringe die Sachen zurück, nehme sie wieder, lade sie ins Auto …
– Und was kann also weggeworfen werden?
– … tja, das ist es ja eben. Ich werfe erstmal etwas weg, ich verändere den Ort. Ich werfe nicht weg, ich verändere den Ort, und dann verändere ich ihn nochmal, und schlussendlich sind es zwei oder drei Sachen, die ich wegwerfe. Hach, das ist als würde man mir das Herz aus dem Leib reißen.
– Jaja.
– Ich glaube, dass ich wirklich krank bin – aber was soll's!
– Aber nein, vielleicht erfassen Sie einfach die Schönheit der Dinge, weil Sie sich die Zeit nehmen, sie richtig anzusehen!?

Das Gespräch ist Teil eines Dokumentarfilms, von dem uns der Regisseur, Didier Sallustro, bei einem Abendessen erzählt.[53] Damit steht die nächste und auch letzte Station der Müllreise fest, bei schönem Frühsommerwetter, mit großer Delegation aus der Nachbarschaft und prall gefüllten Picknickkörben. Was gibt es alles zu entdecken! Die Kirche bordet über von Bildern, Büchern, religiösem Kitsch – und zwar nicht nur christlichen Ursprungs, wenn man genau hinschaut. Nur der Beichtstuhl fehlt, denn der steht inzwischen außerhalb des Dorfes auf einer Pferdeweide, gleich unter den in einem Baum hängenden Resten eines kleinen Flugzeugwracks. Welcher Start in den Himmel ist hier wohl schiefgegangen? Die wie Megalithen in langer Linie aufgereihten Betonblöcke wissen es auch nicht. An einem hohen Pfahl zu Beginn des dahinterliegenden Feldwegs sind übereinander in absteigender Größe sieben Fahrräder bis in schwindelerregende Höhe montiert, den Abschluss bildet ein Wetterhahn – vielleicht eine Art kosmische Antenne für den darunter auf einem Schränkchen meditierenden Buddha? Auf dem Rückweg zum Dorf verwittert ein Klavier mit aufgesetztem Röhrenradio zwischen den Alleebäumen. Ein Poesiebaum lädt zur Lektüre ein. An der Birke auf dem winzigen alten Friedhof mit Gräbern aus dem 18. Jahrhundert hängen zwei Kruzifixe mit in den Farben eines Superhelden aus dem Comic angemalten Jesusfiguren. Schräg gegenüber hängt am Zaun ein Schild «Altern ist eine Dummheit» – usw. usf. Das gesamte Dorf verwandelte sich unter den Händen des rastlosen Bürgermeisters Petit in ein Kunstwerk.

– Also, ist es schlimm, Frau Doktor? Ich weiß es nicht.
– Na ja, das hat einen Namen, aber …
– Ach ja? Ich kenne ihn nicht.
– Jaja, auf jeden Fall gibt es ein Syndrom …
– Vielleicht, vielleicht!
– … man spricht vom Diogenes-Syndrom.
– Ach! … So ist das!

Das Diogenes-Syndrom. Im Deutschen spricht man salopp von «Messies», in der englischen Fachliteratur lautet der korrekte Terminus «*compulsive hoarding*», zwanghaftes Horten.

Die neueste Auflage des US-amerikanischen Standardhandbuchs zur Diagnose von psychischen Störungen, der *DSM-5*, hat das Krankheitsbild, an dem in den Industrienationen zwischen 2 und 6% der Bevölkerung leiden sollen, nun erstmalig aufgenommen und wie folgt definiert:

> Anhaltende Unfähigkeit, sich von Besitztümern ungeachtet ihres tatsächlichen Werts zu trennen. Diese Unfähigkeit basiert auf der empfundenen Not, die Gegenstände aufbewahren zu müssen, und auf dem extremen Schmerz, der mit dem Wegwerfen der Gegenstände verbunden ist.[54]

Kann man hier der Versuchung widerstehen, den Selbsttest zu machen? Ich selbst finde mich sehr widersprüchlich. Einerseits bin ich minimalistisch und empfinde manchmal allen Besitz als Last. Kürzlich musste ich mich selbst davon abhalten, beim Aufräumen das Manuskript meiner Doktorarbeit wegzuwerfen. Andererseits kenne ich auch das merkwürdige Gefühl, die Dinge vor ihrer Zerstreuung retten zu müssen, wie Walter Benjamin einmal das Sammeln beschrieb.[55] Zwei Bretter meines Bücherregals sind inzwischen mit Müllliteratur gefüllt – wer weiß, vielleicht eine weltweite Einmaligkeit. Benjamin, der wie so viele der Modernen (André Breton, Pablo Neruda, Umberto Eco …) ungeachtet seines unsteten Lebenswandels selbst auch einer Sammelleidenschaft erlegen war – ihm hatten es Kinderbücher und -spielzeuge angetan –, sprach von der Sammlung als einer «magischen Enzyklopädie»: «[D]em Sammler ist in jedem seiner Gegenstände die Welt präsent und zwar geordnet. Geordnet aber nach einem überraschenden, ja dem Profanen unverständlichen Zusammenhang.» Es ist schon merkwürdig, dass das Sammeln aus der Perspektive des Mülls wie ein subversiver Akt anmutet. Benjamin selbst war bei dieser Sache nicht ganz wohl, und er unterstrich die Ambivalenz in diesem Verhältnis zu den Dingen: Einerseits befreit es die Dinge «von der Fron, nützlich zu sein», andererseits aber stellt es gerade dadurch das Besitzen über das Benutzen. Für den Sammler ist «der Besitz das allertiefste Verhältnis, das man zu Dingen überhaupt haben kann».[56] Ich komme ins Grübeln: Ist das Besitzen nicht gerade das Kennzeichen der bürgerlichen, hygienistischen Gesellschaft des 19. Jahrhunderts? Dass die französische Sprache das «Eigene» und das «Saubere» mit demselben Wort benennt, «*propre*», ist geradezu ein Topos der Müllliteratur dieser Sprache, die einen direkten Zusammenhang zwischen Sauberkeit und Eigentum wähnt.

Können Sammeln und Aufheben also eine subversive Geste sein? Hier bin ich mit meinem Latein am Ende, und am liebsten würde ich Erich Fromm dazu befragen, der für seine scharfe Kritik einer Gesellschaft bekannt ist, die das Sein in ein obsessives «Haben» sperren will und deren Weltverhältnis zu dem des Besitzens degeneriert.[57] Wie würde er heute, noch einmal fünfzig Jahre nach der Veröffentlichung von *Haben oder Sein*, die Lage einschätzen? Haben sich die Achsen verschoben? Zum Glück erreiche ich per Videokonferenz Fromms letzten Privatassistenten, den Psychoanalytiker Rainer Funk. Dass Müll das kollektiv Verdrängte sei, leuchtet ihm sofort ein, und er ergänzt, dass das Verdrängte mit Gewalt zurückkommt, in der Destruktivität unserer Zivilisation, der «Vermüllung der Wirklichkeit», wie er sagt, nicht zuletzt im Krieg und der aktuell wieder aufflammenden Kriegsbegeisterung, die er spürbar aufgewühlt zur Kenntnis nimmt. Auf mein Grübeln über obsessives Horten will er sich nicht einlassen, da er als Therapeut vor allem das individuelle Leid dahinter sieht. Aber was das Sammeln und Haben angeht, gibt er mir einen wertvollen Hinweis. Schon Fromm hatte in seine Klassifikation als zeitgemäßen Typ der westlichen Nachkriegsgesellschaft noch den konformistischen «Marketing-Konsumenten» aufgenommen, der nicht mehr um des Besitzes, sondern der sozialen Teilhabe willen kauft. Schon hier verändert sich das Bild. Funk ergänzte noch eine neuere Form, die er – im Anschluss an einen Begriff von Fromm – den «nekrophilen Konsumenten» nennt:

[Der nekrophile Konsument] verfolgt mit dem Konsumieren das leidenschaftliche Streben, etwas – im Wortsinne – zu verbrauchen, etwas zu kaufen, damit es weg ist, damit es weggeschafft und aufgebraucht ist, damit es zunichte, tot und zu Kot wird, wertlos und zu Abfall gemacht ist, zu Müll wird, unbrauchbar wird, verschwendet wird, zerstört wird. Je größer der Mülleimer, der Altkleidersack, die Altpapierbündel, der Altglascontainer und der Sperrmüllberg vor dem Haus und je liebevoller die Sortierung des Mülls, desto besser.[58]

Die «Neigung zum Toten» beschreibt dabei nicht das subjektive Erleben dieses Konsumententyps, sondern die objektive Struktur seines Verhaltens, das sich für ihn selbst ganz anders darstellen kann. Denken wir nur an Calvinos tägliche Selbsterneuerung an der Mülltonne. «Solange ich wegwerfe, bin ich. Solange ich Abfall produziere, bin ich selbst noch kein Abfall», brachte es Konrad Lotter auf den Punkt.[59]

Der Verdacht erhärtet sich: Wenn dies der gegenwärtige Typ unseres Verhaltens ist – wofür wir ja selbst schon einige Hinweise aufgelesen haben –, nehmen sich Sammeln und Aufbewahren als Wegwerfverweigerung durchaus subversiv aus. Und hat diese Form von Sammeln und des Stemmens gegen den Konsumfluss überhaupt etwas mit dem «Haben» und «Besitzen» zu tun? Bei unserem Besuch in Dommartin-la-Chaussée treffen wir Nicolas Petit an, der gerade ein Scheunentor ausbessert. Erfreut über das Interesse an seinem Werk, öffnet er uns das Rathaus, dessen Inneres sich seinen gestaltenden Händen ebenfalls nicht entziehen konnte. Die Wände sind fast lückenlos bedeckt mit Bildern. In einer Ecke finden sich auch die Porträtfotos sämtlicher Präsidenten der 5. französischen Republik, von 1958 bis heute, die hier offenbar bei der Wahl nicht wie üblich ausgetauscht, sondern immer nur ergänzt werden. Im Gespräch wird klar: Das Sammeln geschieht hier nicht um seiner selbst willen und, Gott bewahre, auch nicht aus Patriotismus oder auch nur einem naiven Glauben an die Institutionen. Die Bilder sind vielmehr der materielle Beweis, dass sich die in ihnen dokumentierte Geschichte wirklich zugetragen hat. Während der nekrophile Konsument in einer halluzinatorischen Gegenwart mit ihm selbst als leerem Zentrum versinkt und auch die Geschichte, wenn überhaupt, dann nur als Konsumobjekt kennt, bewahrt Petit die materielle Spur einer Vergangenheit, die es wirklich gegeben hat, die zu ihrer Zeit selbst einmal Gegenwart war und heute noch nachwirkt. Hier werden die Toten nicht entsorgt, sondern nehmen noch am Leben teil. Sie liegen im Boden unter unseren Füßen und träumen.

Aber auch die Objekte außerhalb des Rathauses lassen sich in ihrem demonstrativen Existenzmodus nicht dem Besitz unterordnen. Vielmehr wird gerade ihre Vergänglichkeit und Fragilität betont. Rost, Sprünge, Brüche, abblätternde Farbe werden nicht versteckt. Sie sind das Gegenteil von Coudrays «pornografischen» Waren. Schauerlich sind die Dinge manchmal vielmehr in ihrer Weigerung, endlich zu vergehen, wie jene eisernen Granaten und Waffenreste aus dem 1. Weltkrieg, die sich in den Wäldern der leidgeprüften Region noch zuhauf finden und die auf dem Picknickplatz am Rande des Dorfes zu einem düsteren Tor und einem toten Baum verschweißt wurden. Lieber denke ich an die kleine nackte Puppe, die sich im Schatten einer Häuserecke zutraulich an einen gekreuzigten Christus schmiegt, mit dem sie in einer Mondsichel Platz genommen hat. «Vielleicht erfassen Sie einfach die Schönheit der Sachen, weil Sie sich die Zeit nehmen, sie richtig anzusehen», hatte Françoise Monnin vorgeschlagen. Petit lässt sich auf die

Dinge ein, auf jedes einzelne, fast mit einer Art Zärtlichkeit. Dass wir Müllmodernen «nicht mehr bei den Dingen» sind, ist die zentrale These des Müllsoziologen Andreas Nebelung, der vor zwanzig Jahren wegweisende Arbeiten zum Abfall verfasst hat. Heute lebt er zurückgezogen in den Bergen einer kanarischen Insel, wo ich ihn dank seines Verlegers aufstöbere. In seinen empirischen Müllstudien hatte sich gezeigt, dass das Müllverhalten mit keiner der üblichen sozialen Determinanten wie arm und reich oder Stadt und Land korreliert. Aber es zeichneten sich durchaus charakteristische Typen des Müllverhaltens ab. Interessant für uns sind die «Eindeutigen» und die «Selbstverständlichen». Erstere sind als rationale Personen mit starker, internalisierter Ethik durchaus sensibel für Abfallprobleme, vertrauen aber auf technische Lösungen wie das Recycling.

> Überrascht waren wir von dem vormodernen Typus der Selbstverständlichen, der den Dingen in seiner Welt sehr nahe ist. Er zeichnet sich durch geringe formale Bildung aus, lebt unpolitisch und das Lokale wahrnehmend (eremitisch, aber keineswegs fatalistisch) vor sich hin und trennt die Welt nicht modern auf: in Subjekt und Objekt, in erkennend und moralisierend, in fortschreitend und trauernd. […] Das ist ein Hauptergebnis unserer zweijährigen Untersuchung: *Der Selbstverständliche Typus ist am ehesten der Mensch, der sich um die DINGE sorgt.*[60]

Hier zeichnet sich ein grundsätzliches Weltverhältnis ab. Wer konsumiert und wegwirft, sieht nicht den Wert der Dinge und verliert seine Welt. «Ohne Melancholie und ohne Erotik wird das moderne System zum Lager», lese ich bei Nebelung.[61] Darin leuchtet so etwas wie eine Utopie auf. Wenn die «Entsorgung» bloß die Illusion eines Kreislaufs von Produktion und Konsum aufrecht hält, dann lässt ihr Scheitern im Umkehrschluss die «Sorge», das Sorgen für und Sorgen um, als wahre

Grundkategorie eines gesunden Weltverhältnisses sichtbar werden. Vielleicht ist dies die Lehre, die die Abfallwirtschaft für uns parat hält. «Sorge» fungiert dabei nicht bloß als Gegenbegriff zur «Entsorgung» – der Bemühung, die Dinge aus dem Kreis unserer Verantwortung verschwinden zu lassen – sondern zugleich auch als Gegengewicht zum Recycling, denn während die technologische Rationalität und ihre sinnbildlichen Fließband-Maschinen auf möglichst verallgemeinerbaren Regeln basieren, gilt die Sorge jeweils dem Einzelfall und Individuellen, weshalb sie sich auch nicht im selben Maße automatisieren lässt.[62]

Mit Scheiße hört es auf

So etwas wie eine Utopie beginnt hier, Gestalt anzunehmen. Die sich mit dem *obsessive hoarding* beschäftigende Forschung hat dafür indes keinen Sinn. Schon die Idee, dass die vermeintlichen Pathologien der Verrückten überhaupt etwas mit der Gesellschaft zu tun haben könnten, liegt außerhalb ihrer Vorstellungskraft. Sie sucht die Ursachen nur im einzelnen Menschen, und dort auch nur als eine Störung oder ein Defekt. Für die Wirtschaftswissenschaften handelt es sich beim Horten schlicht um eine emotionale Störung im Prozess der ökonomischen Entscheidungsfindung, der die «faktische Ressourcenverfügbarkeit nicht korrekt widerspiegelt»[63] – sprich: wer in einer Überflussgesellschaft nicht beim Wegwerfen mitmacht, ist irrational, weil er nicht der Tatsache Rechnung trägt, dass doch immer mehr nachströmt! Auch die Psychologie geht hart ins Gericht. Als Hauptursachen nennt sie «Defizite in der Informationsverarbeitung», eine «Störung im Aufbau emotionaler Bindungen» und «irreführende Ansichten über die Besitztümer».[64] Ungläubig konstatieren die Psychologinnen in neueren Studien, dass sich bei Menschen wie Nicholas Petit einfach keine kognitiven Defizite finden lassen. Denk- und Sprachvermögen funktionieren erstklassig. Zwanghafte Horter zeigen ganz im Gegenteil eine Tendenz, die Dinge nuancierter wahrzunehmen und in ihren Kategorisierungen entsprechend vorsichtiger zu sein, nicht so vorschnell über Besonderheiten hinweggehen zu wollen.[65] Für Nebelung sind sie «hochempfindsame Trennunfähige», «ihr poetischer Ort ist die Ruine, ihr Stern – als der fernste – der Saturn».[66] Sie nehmen sich Zeit für das Einzelne und sind noch nicht ausreichend abgestumpft, um im atemlosen Tempo des Konsumismus reibungslos funktionieren zu können.

Das Horten erscheint mithin bisweilen als Widerstand gegen die Müllmoderne, gegen ihre Ordnungsobsession und ihren wütenden Verbrauch. Die Kulturwissenschaftlerin Laura Moisi sieht in der Figur des Messies eine Geste der Verweigerung, der Auflehnung. Das Sammeln des Abfalls führt zu einem «Bruch im Kreislauf von Konsum und Entsorgung», zu einem «Bruch mit der ästhetischen Ordnung» unserer sauberen Welt. Das Sammeln wird für Moisi zu einer «Strategie von Selbstbehauptung und Subjektivierung».[67] Franz Ehrlich, der unfreiwillige Schmied des Tores von Buchenwald, kommt mir wieder in den Sinn, sein verzweifelter Versuch, im Lager die eigene Würde zu behaupten.

Gerade weil das Messietum Widerstand leistet, ist dieses Phänomen jedoch nicht älter als die Müllmoderne, der es sich entgegensetzt. Es entpuppt sich als Zwilling dieser Moderne und verkörpert damit selbst eine Haltung, die man als «modern» bezeichnen kann – allein schon, weil man nur im Überfluss horten kann. Die Romanistin Rebecca Falkoff identifiziert in ihrer lesenswerten Kulturgeschichte des Hortens in den «Zufallsbegegnungen mit in ihrem Wert verkannten Dingen» geradezu die charakteristische Eigenschaft der originär modernen Figuren, wie man sie im 19. Jahrhundert als Gegenpol zum modernen Ordnungs-, Hygiene- und Konsumregime aufkommen sieht: Künstler, Poeten, Flaneure, Historiker und Detektive, und natürlich Straßenfotografen wie jener Eugène Atget, der Walter Benjamins Begriff der Aura inspirierte – allesamt Personen, die nach dem Modell des Klaubens, Trödelns, Schrottelns und Containerns vorgehen, die im Wertlosen, das der weitereilende Fortschritt hinter sich zurücklässt, nach dem Wertvollen suchen, sich am Einzelnen aufhalten und im unbeachteten Detail den entscheidenden Hinweis entdecken.[68] Auch der vorliegende Text folgte diesem Prinzip, der psychogeografischen Methode der «*dérive*», des Umherschweifens oder Sich-treiben-lassens, um der zufälligen Begegnung mit den Dingen den ihnen gebührenden Raum geben zu können, «sich den Anforderungen des Ortes und den ihm entsprechenden Begegnungen hinzugeben», wie der Philosoph Guy Debord sie in Reaktion auf das moderne, geregelte Leben in den festgefügten Bahnen der von Haussmann zugerichteten Stadt entwickelte.[69] Für die Produktion des vorliegenden Textes übersetzte sich dies in die Technik des Mäanderns, wie wir es auf der Reise bei den Flüssen Mulde, Emscher und Rhein in ihrem vorindustriellen Zustand kennengelernt haben, nämlich der Erzählung genau den Raum zu geben, den sie sich selber nimmt, sie selbst entscheiden zu lassen, an welchen Stellen sie eine Wendung nehmen will. «Fäden spinnen» und somit neue Verbindungen herstellen, nennt Haraway dies. Der schwedische Dreckphilosoph Oli Lagerspetz stellte fest: «Das moderne Buch der Natur ist ein Kassenbuch, kein Reisetagebuch.»[70] Es verbucht Fakten, aber spinnt keine Fäden. Ich habe versucht, die Fakten sich wieder in einer Erzählung auflösen zu lassen, denn das Anthropozän verlangt beides, Fakten und Fäden. Relevant mag in diesem Zusammenhang allerdings der Unterschied sein, den Falkoff zwischen dem Hortenden und dem Detektiv als den zwei Extremen im Spektrum der modernen Kontingenzsuchenden ausmacht: «Der Hortende, der von der Flut an Details überwältigt wird und nicht bereit ist, auch nur eine Wahrnehmung als irrelevant oder unwichtig abzutun, stellt ein Extrem dar. Der Detektiv hingegen konzentriert sich auf ein scheinbar nutzloses, nebensächliches Detail und nutzt es als eine Art Scharnier, das die Untersuchung mit einer anderen Schicht der Erzähl- oder Bedeutungsebene verbindet.»[71]

Und dann stoße ich bei meinen Recherchen wohl auf einen der schlimmsten Sätze, den ich in meinen Mülllektüren gelesen habe, auch wenn er in lauterer Absicht verfasst worden sein mag:

> Diese Ergebnisse deuten darauf hin, dass Menschen mit einer Hortungsstörung eine besonders stark ausgeprägte Fähigkeit haben, einen Wert in Gegenständen zu sehen, die andere als wertlos ansehen würden. Dies könnte ein wichtiger Schwerpunkt für die Behandlung sein.[72]

Nun, der *DSM-5* erklärte auch alle, die nach Verlust eines geliebten Menschen mehr als zwölf Monate trauern, für behandlungsbedürftig, sprich: sie müssen durch Medikamente wieder auf die Spur gebracht werden. Haben Sie manchmal keine Lust, immer weiter zu konsumieren? Trauern Sie um Ihre Liebsten länger als ein Jahr? Kommt es vor, dass Sie Bücher über Müll lesen? Kennen Sie das blaue Leuchten im Kopf, auch wenn es draußen dunkel ist? Dann verzagen sie nicht. Es gibt Medikamente dagegen. – Oft wird dahinter ein Einfluss der Pharmaindustrie vermutet, die durch übertriebene Diagnosen ihren Absatz erhöhen will.[73] Zugleich scheint aber ein tieferer Zusammenhang auf. Genau wie Hygiene sich nicht auf ein opportunistisch gebrauchtes Verkaufsargument von Marketingstrategen reduziert, sondern dem modernen Konsumismus und seinem Ideal eines aseptischen, haltbaren Werts tief eingeschrieben ist, so kann uns hier nicht der Furor entgehen, mit dem die Psychiatrie Menschen pathologisiert, die im

Konsumstrom nicht mitschwimmen, nicht reibungslos funktionieren, zum Beispiel die Dinge nicht einfach wegwerfen, sondern sich bei ihnen aufhalten möchten – Menschen, die im vermeintlich Wertlosen einen Wert entdecken.

Der Bürgermeister Petit erzählt uns von Aggressionen und Vandalismus, die ihm Angst machen. Wie kann seine wunderbare Kunstwelt nur Aggression hervorrufen? Vielleicht einfach, weil sie ihrerseits Angst macht. An ihrer Intoleranz zeigt die «Normalität», wie wenig sie ihrer selbst sicher ist. Sie ist eben nicht normal, sondern muss aktiv hergestellt und ständig aktualisiert werden, sie verlangt, dass jede und jeder in sich aktiv unterdrückt, was in uns allen nicht normal ist, was in uns «nicht passt und sich nicht passend machen lassen will». Wir müssen immer wieder das Abfallcurriculum durchlaufen. Denn auf die Welt kommen wir alle ursprünglich als Messies, wie Walter Benjamin wusste:

> Kaum tritt [das Kind] ins Leben, so ist es Jäger. Es jagt die Geister, deren Spur es in den Dingen wittert. […] Jeder Stein, den es findet, jede gepflückte Blume und jeder gefangene Schmetterling ist ihm schon Anfang einer Sammlung, und alles, was es überhaupt besitzt, macht ihm eine einzige Sammlung aus. […] Seine Nomadenjahre sind Stunden im Traumwald. Dorther schleppt es die Beute heim, um sie zu reinigen, zu festigen, zu entzaubern. Seine Schubladen müssen Zeughaus und Zoo, Kriminalmuseum und Krypta werden. «Aufräumen» hieße einen Bau vernichten voll stachliger Kastanien, die Morgensterne, Stanniolpapiere, die ein Silberhort, Bauklötze, die Särge, Kakteen, die Totembäume und Kupferpfennige, die Schilde sind.[74]

Wenn etwas zerstört wird, baut es Petit eben wieder auf. Bei unserem Rundgang treffen wir ihn später wieder, wie er am Ortsausgang um einen Wegweiser, der den Platz als «Nirgends» ausweist und mit einem Pfeil nach «Dahinten, 3 km» zeigt, sorgfältig den Rasen mäht. Aber ebenso wenig, wie das Sammeln des Bürgermeisters Petit ein Besitzen ist, reduziert es sich auf ein Aufheben und Bewahren – «keine Trauerarbeit», unterstreicht Falkoff, «sondern eine des Wiederbelebens, Reparierens, die Toten erwecken und wieder Fügen, was zerschlagen worden ist».[75] Den unheilbaren Riss heilen, die Netze flicken. Das Wort «unterpflügen» drängt sich auf. Was die Müllmoderne als kaputt oder bloß altbacken hinter sich lassen wollte, pflügt Petit der Realität wieder unter. «Was ausgesondert wurde», können wir auch bei Mary Douglas lesen, «wird zur Erneuerung des Lebens wieder untergepflügt.»[76] Der Kunsthistoriker Roger Fayet, der mit besonderer Schärfe die Moderne als Regime der Selbstreinigung analysierte, erkannte darin ein Modell für die Nachmoderne, die die falsche, aseptische und sterile Sauberkeit der Moderne hinter sich lässt:

> Mit den rigorosen Reinigungen der Moderne türmt sich also der Abfall, zugleich aber *fehlen* die verworfenen Dinge in der Sphäre der akzeptierten Wirklichkeit. Eine Welt, in der das Alte verneint, das Vermischte, Zweideutige, Heteronome ausgeschlossen, die undeutlichen Übergänge und das Ineinanderfließen beseitigt ist, gerät zu einer verarmten Welt. Eine solche Welt ist zwar hochgradig rein, aber auch ihres Reichtums und ihrer Fruchtbarkeit entledigt. [...]
>
> Wie bei der Kompostierung im Garten, wo der Gärtner den verarmten Boden durch die Anwendung von kompostierbarem Abfall wieder fruchtbar macht, führt der Transfer von Abfällen in den Bereich des Wertvollen allgemein dazu, dass eine durch Reinigungen arm gewordene Wirklichkeit mit neuem Reichtum versehen wird.[77]

Merkwürdigerweise bleibt Fayet dabei stehen, in der Praxis der ironischen Zitate, wie man sie in der zeitgenössischen Kunst findet, eine Postmoderne erkennen zu wollen, die die Moderne damit schon hinreichend überwunden habe. Aber zeichnet sich in seinen eigenen Überlegungen nicht eine ganz andere, viel gründlichere, umfassendere und darin kosmologische Vision ab, die nämlich einer – Kompostmoderne? «*We are humus, not Homo, not anthropos; we are compost, not posthuman*», lesen wir bei Haraway.[78] «Kompost ist der Eros der Natur», befand Andreas Nebelung,[79] und hier scheint der Kompost als das eigentliche Gegenmodell zum Recycling auf. Recycling ist die Hightech-Lösung für die «Eindeutigen», wie Nebelung sie nannte, die Lösung von Rationalität und Technik. Humus ist nicht nur *low-tech*, sondern auch metaphysisch und kosmologisch ein Gegenentwurf. Von den Mikroorganismen im Humus schrieb Annie Francé-Harrar einst:

Sie alle sind buchstäblich die Laboranten, Zerkleinerer, Aufspalter, Vermischer im Humus. Als Einheit gesehen, verwendet dieses unsichtbare Leben alles für alle. Es verarbeitet Gifte, Gummi, Schlacken, das Scheußlichste und das Erlesenste, es macht keine Unterschiede zwischen dem einen und dem anderen, es verflüssigt, vergast, verdaut, veratmet alle irdischen Stoffe und alle irdischen Zustände. Zeit und Raum sind Worte, die ihm gegenüber zur Bedeutungslosigkeit zusammenschrumpfen. [...] Das alles schaltet die Bodenchemie nun fast völlig aus ihren Berechnungen aus. Das große, ewig labile, ewig ‹unexakte› X, das Humus aus Leben, Leben aus Humus bildet, erweckt ihr Mißtrauen und nicht selten ihre Abneigung. Der Techniker will nicht gerne mit der Eigenwilligkeit von Organismen zu tun haben (die man zunächst vergebens als ‹mechanisch funktionierende Maschine› abzustempeln versuchte), die jedoch eine, wenn auch nur winzige Wahlfähigkeit besitzen. Ihre Unfügsamkeit, ihre Minimal- und Maximalspannen sind auf die Dauer absolut unberechenbar. In der Petrischale entarten sie mit Vorliebe und tun oft etwas ganz anderes, als im freien Land. Mit einem Wort – mit den «exakten», den anorganischen Dingen ist sowohl leichter, als zuverlässiger zu arbeiten.[80]

Der Humus scheint damit als Ort vor und jenseits von Trennungen und Ordnungen auf, die erst den Müll hervorbringen. Dies ist der Sinn des «X», des Unbenennbaren. Der Humus ist ein «Zwischenzustand», nicht das eine, noch das andere, auf jeden Fall nicht fassbar und daher fruchtbar:

> Er ist nicht mehr die große Disharmonie des Zerfalls, er ist aber ebensowenig die zielbewußte Entwicklung rasenden Aufbaus. Er ist – oder sollte es wenigstens sein – ein wenn auch nicht zur längeren Dauer bestimmter, so doch in sich ausgeglichener *Zwischenzustand*, harmonisch ausgewogen, wenn er wirklich alles enthält, dessen er zur Funktion der Schaffung künftigen Lebens bedarf.[81]

Humus bewohnt dasselbe Zwischenreich wie die Hexen, Vagabunden, Messies und Melancholiker. Damit sind wir wieder beim Erbe angekommen. Was auch immer die spätere Politik daraus gemacht hat, der Abbé Grégoire hat das kulturelle Erbe gegen den Ikonoklasmus, gegen die Selbstreinigung der Moderne in ihrem «absurden Rigorismus» (Diderot) und ihrer «Nekrophilie» (Fromm) gerade als Kompost gefasst, aus dem das Neue wachsen kann. Der Humus ist der Gegenpol des Geldes, er ist die Währung der Zukunft, der wahre Reichtum. Hier haben wir die Lösungen zu suchen.

Stellen wir uns doch für einen Moment vor, der Abbé Grégoire weilte als umtriebiger Politiker noch unter uns und würde weiterhin die Aufträge des Parlaments mit derselben Zuverlässigkeit bearbeiten, mit der er in den 1790er Jahren die Fälle von Vandalismus im Land registrierte und kommentierte. Eine der schwierigsten Aufgaben, die das Müllregime ungelöst der Zukunft überlässt, besteht darin, die Gefahren, die vom Atommüll ausgehen, einer unbekannten Zukunft zu kommunizieren. Noch immer haben die klügsten Köpfe keine Lösung gefunden, wie man die zukünftigen Generationen – in einhundert, eintausend, fünfzigtausend, einhunderttausend

Jahren – vor unserer tödlichen Hinterlassenschaft, dem Atommüll, warnen soll. Wer werden diese Menschen sein, wie werden sie leben, welche Sprache sprechen? Wir sprechen hier von einer Zukunft, die weiter entfernt liegt, als die vorgeschichtlichen Ursprünge unserer Spezies homo sapiens. Grégoire würde vielleicht eine Antwort finden, weil er die Frage anders stellen würde: «Ich habe das Problem bedacht, und denke, dass wir nur deshalb keine Lösung finden, weil wir die Frage falsch formulieren. Wir entwerfen unser Problemverständnis von einem bestimmten, vorgeformten Lösungsverständnis her, das auf einem technologischen Modell beruht. Im vorliegenden Fall ist dies das Modell von Sender, Signal und Empfänger. Wie können wir heute, zum Zeitpunkt A, ein Signal senden, welches durch die Zeit reist, um von einem unbekannten Empfänger zu einem weit entfernten Zeitpunkt B empfangen und verstanden werden zu können? Nun, es geht nicht, weil die schiere Größe der Zeitspanne das Modell ad absurdum führt. Aber es gibt auch andere Lösungen als die der Technologie. Wir müssen es machen wie das Leben auf diesem Planeten, nach dem Prinzip des Humus. Als vor mehr als drei Milliarden Jahren das erste Leben entstand, hat es auch keine Vorkehrung treffen können, über die Äonen zu bestehen. Aber es hat die Aufgabe gemeistert, indem es immer eine neue Generation hervorbrachte, die auf dem Humus der alten abgestorbenen Lebewesen wachsen konnte. So sollen auch wir verfahren: wir erzählen der nächsten Generation vom Müll und seinen Gefahren, auf dass diese es weitererzähle. Wir senden das Signal nicht von A nach B über die Generationen hinweg – als einem Hindernis, dass es zu überspringen gilt –, sondern, ihrem eigenen Lebensprinzip folgend, durch sie hindurch, als dem Medium der Botschaft. So macht es das Leben, und so sollen auch wir verfahren, nicht mehr gegen die Kräfte der Natur, sondern in ihrer Komplizenschaft.»

Sicher, das muss nicht funktionieren, aber es ist die einzige

Chance. Und niemand hat gesagt, dass es einfach würde. Am Fuß einer Schuppenwand, die von rostigen Werkzeugen aus alter Zeit geziert ist, stolpern wir in Dommartin-la-Chaussée über einige Blumenkübel aus gestutzten Stahlfässern, wie wir sie aus Gorleben und Herfa-Neurode kennen. Sie tragen Aufschriften wie «Chateau La Pompe 2008» – etwa: «Weingut Pumpe, Jahrgang 2008» –, «Vorrat an Wüstensänden» oder «Die Erde läuft nicht rund» – wie wahr, wenn man es nur wahrhaben will! Eine Inschrift ist mir in besonderer Erinnerung geblieben. Den Stoßseufzer «*C'est pas facile* – Es ist nicht leicht!» ergänzt sie bekräftigend zu: «*C'est pas facile, c'est difficile* – Es ist nicht leicht, sondern schwer.» Wie bei einem Zaubertrick kehrt sich die Aussage unter ihrer scheinbaren Bekräftigung um. «Es ist nicht leicht» heißt: Es ist zum Verzweifeln, und vielleicht schaffen wir es nicht. «Es ist nicht leicht, sondern schwer» heißt: Wir versuchen es, gegen alle Widerstände, immer wieder. Niemand hat gesagt, dass es leicht werden würde in den Abfalllandschaften des Anthropozäns. Betreten haben wir sie in B., über dem Eingangstor stand «Willkommen». Einen Ausgang suchen wir vergebens, es gibt ihn nicht, und wenn wir es recht bedenken, schwang diese bittere Pointe in der uns begrüßenden Inschrift von Anfang an mit und gab ihr ihren düsteren Klang. Es gibt keinen Ausgang. Wir treffen lediglich auf den dezenten Hinweis auf dieser alten Stahltonne, am Fuße eines Schuppens in Dommartin-la-Chaussée, das unscheinbare Zentrum der Welt. Das Magma der Geschichte fließt weniger frei, bricht sich an den Realitäten, die mit dem Müll ein für alle Mal in der Welt sind.

Ein letztes Mal sehen wir Élie de Beaumont auf dem Röti über Solothurn, weit über Europa, den Blick noch immer auf den fernen Horizont im Norden geheftet, wo sich Politik und Geologie in ihren Katastrophen gegenseitig zu übertrumpfen suchen. Er steht dort im gleißenden Licht der Sonne, die ihren täglichen Lauf nun beendet hat und im Westen untergeht. Es würde reichen, wenn er den Kopf nur einmal kurz nach rechts, nach Osten drehte, dann würde er uns sehen, in Pfäffikon, auf einer Anhöhe hinter dem Zürcher See, beleuchtet von den letzten Strahlen der Sonne. Im Abendlicht steht hier Friedensreich Hundertwasser, einen Zettel in der Hand, zumindest stelle ich es mir so vor. Wir haben schon einmal seinen Weg gekreuzt, auf dem Weg nach Gorleben. Auf seinen letzten Wunsch hin wurde er nach seinem Tod im Jahr 2000 nackt, eingewickelt nur in eine von ihm entworfene Phantasiefahne, in der Erde seiner Wahlheimat Neuseeland beigesetzt: «Ich freue mich schon darauf, selbst zu Humus zu werden.»[82] Unsere Reise beenden wir aber schon früher, im Jahr 1979. Élie de Beaumont, auf der fernen Höhe als dunkle Silhouette vor dem brennenden Himmel, sieht uns nicht, sondern schaut unverwandt nach Norden, gebannt von den Katastrophen der Vergangenheit. Lassen wir ihn also. Denn schon hebt Friedensreich Hundertwasser zu seiner Rede an: «Scheißkultur – die heilige Scheiße». Wir lassen uns nieder und hören zu. Seine Rede soll das Schlusswort stellen. Wir können das Buch aber auch bloß als ihre Einleitung betrachten, denn nun, nach dieser Reise, verstehen wir seine Worte und wissen, dass sie wohlbedacht und präzise gewählt sind:

Ich möchte über die Hauptursache des Zerfalls unserer Zivilisation sprechen.

Die Vegetation hat Jahrmillionen gebraucht,
um die Schleimnis, die Giftstoffe, zuzudecken
mit einer Humusschicht, einer Vegetationsschicht,
einer Sauerstoffschicht, damit der Mensch auf Erden leben kann.

Und dieser undankbare Mensch holt eben diese
mit langwieriger kosmischer Mühe zugedeckte Schleimnis
und eben diese Giftstoffe wieder an die Oberfläche.

So wird durch die Untat des verantwortungslosen Menschen
das Ende der Welt zum Anfang aller Zeiten.
Wir begehen Selbstmord.
Unsere Städte sind Krebsgeschwüre.
Von oben sieht man das genau.

Wir essen nicht das, was bei uns wächst,
wir holen Essen von weit her, aus Afrika, Amerika, China und Neuseeland.
Die Scheiße behalten wir nicht.
Unser Unrat, unser Abfall wird weit weggeschwemmt.
Wir vergiften damit Flüsse, Seen und Meere,
oder wir transportieren sie
in hochkomplizierte teure Kläranlagen,
selten in zentralisierte Kompostfabriken,
oder aber unser Abfall wird vernichtet.
Die Scheiße kommt nie auf unsere Felder zurück,
auch nie dorthin, wo das Essen herkommt.

Der Kreislauf vom Essen zur Scheiße funktioniert.
Der Kreislauf von der Scheiße zum Essen ist unterbrochen.

Wir machen uns einen falschen Begriff über unseren Abfall.
Jedesmal wenn wir die Wasserspülung betätigen, im Glauben,
eine hygienische Handlung zu vollziehen,
verstoßen wir gegen kosmische Gesetze,
denn in Wahrheit ist es eine gottlose Tat,
eine frevelhafte Geste des Todes.

Wenn wir auf die Toilette gehen,
von innen zusperren und unsere Scheiße wegspülen,
ziehen wir einen Schlußstrich.
Warum schämen wir uns?
Wovor haben wir Angst?

Was mit unserer Scheiße nachher geschieht,
verdrängen wir, wie den Tod.
Das Klosettloch erscheint uns wie das Tor in den Tod,
nur rasch weg davon, nur schnell vergessen, die Fäulnis und Verwesung.
Dabei ist es gerade umgekehrt. Mit der Scheiße beginnt erst das Leben.

Die Scheiße ist viel wichtiger als das Essen.
Das Essen erhält nur eine Menschheit,
die sich massenweise vermehrt,
an Qualität sich vermindert und eine Todesgefahr für die Erde geworden ist,
eine Todesgefahr für die Vegetation, die Tierwelt, das Wasser, die Luft, die Humusschicht.

Scheiße aber ist der Baustein unserer Wiederauferstehung.

Seit der Mensch denken kann, versucht er, unsterblich zu sein.
Der Mensch will eine Seele haben.
Die Scheiße ist unsere Seele.
Durch die Scheiße können wir überleben.
Durch die Scheiße werden wir unsterblich.

Warum haben wir Angst vor dem Tod?
Wer eine Humustoilette benützt,
hat keine Angst vor dem Tod,
denn unsere Scheiße macht zukünftiges Leben,
macht unsere Wiedergeburt möglich.

Wenn wir unsere Scheiße nicht schätzen
und in Humus umwandeln zu Ehren Gottes und der Welt,
verlieren wir unsere Berechtigung,
auf der Erde anwesend sein zu dürfen.

Im Namen falscher hygienischer Gesetze
verlieren wir unsere kosmische Substanz,
verlieren wir unsere Wiedergeburt.
Schmutz ist Leben.
Sterile Sauberkeit ist Tod.
Du sollst nicht töten,
doch wir sterilisieren alles Leben mit Gift und Beton.
Das ist Mord.

Der Mensch ist nur ein Rohr.
Auf der einen Seite gibt er Dinge hinein,
auf der anderen kommen sie verdaut heraus.
Der Mund ist vorne, der After hinten. Warum?
Umgekehrt sollte es sein.
Wieso ist speisen positiv?
Wieso ist Scheiße negativ?

Was aus uns herauskommt, ist kein Abfall,
sondern der Baustein der Welt,
unser Gold, unser Blut.
Wir verbluten, unsere Zivilisation verblutet,
unsere Erde verblutet
durch die wahnwitzige Unterbrechung des Kreislaufes.
Wer immer zur Ader läßt, immer nur Blut verliert
und nicht durch neues ersetzt, der verblutet.
Freud hatte recht, als er in der Traumdeutung sagte:
Scheiße ist synonym für Gold.
Daß es nicht nur ein Traum ist, sondern Wirklichkeit,
müssen wir jetzt feststellen.
Als Pasolini in einem Film Schauspieler Scheiße essen ließ,
war das ein Symbol des Kreislaufschließens,
ein verzweifeltes Beschleunigen-Wollen.

Dieselbe Liebe, dieselbe Zeit und Sorgfalt
muss aufgewendet werden für das, was «hinten» herauskommt,
wie für das, was «vorne» hineinkommt.
Dieselbe Zeremonie wie beim Speisen,
mit Tischdecken, Messer, Gabel, Löffel,
chinesischen Eßstäbchen, Silberbesteck und Kerzenlicht.

Wir haben Tischgebete vor und nach dem Essen.
Beim Scheißen betet niemand.
Wir danken Gott für unser tägliches Brot,
das aus der Erde kommt,
wir beten aber nicht,
auf dass sich unsere Scheiße wieder in Erde umwandle.

Abfälle sind schön.
Das Sortieren und Wiedereingliedern
der Abfälle ist eine frohe Tätigkeit.

Diese Tätigkeit spielt sich nicht in Kellern und Hinterhöfen,
auf Miststätten, Toiletten und Aborten ab,
sondern dort, wo wir leben,
wo Licht und Sonne ist,
im Wohnzimmer, in unserem Prunkraum.

Es gibt keine Abfälle.
Abfälle existieren nicht.

Die Humustoilette ist ein Statussymbol.

Wir haben das Privileg, Zeuge zu sein,
wie sich mit Hilfe unserer Weisheit unser eigener Abfall,
unsere eigene Scheiße in Humus umwandelt,
so wie der Baum wächst und die Ernte reift.
Bei uns zu Hause, als wärs unser eigener Sohn.

Homo – Humus – Humanitas,
drei Schicksalswörter gleichen Ursprungs.
Humus ist das wahre schwarze Gold.
Humus hat einen guten Geruch.
Humusduft ist heiliger und Gott näher, als der Geruch von Weihrauch.
Wer nach dem Regen im Wald spazieren geht, kennt diesen Geruch.
Natürlich ist es etwas Ungeheuerliches,
wenn der Abfallkübel in den Mittelpunkt unserer Wohnung kommt
und die Humustoilette auf den schönsten Platz zum Ehrensitz wird.
Das ist jedoch genau die Kehrwendung,
die unsere Gesellschaft, unsere Zivilisation jetzt nehmen muss,
wenn sie überleben will.

Der Humusgeruch ist der Geruch Gottes,
der Geruch der Wiederauferstehung,
der Geruch der Unsterblichkeit.[83]

Danksagung

Für das vorliegende Buch habe ich Schreibtisch und Bibliothek zeitweise verlassen und mich in die Welt des Mülls begeben, wo ich Menschen begegnet bin, die einen Gutteil ihres Lebens dem Müll widmen – dem Müll, den wir gedankenlos wegwerfen. Dass dies in den meisten Fällen eher einem biographischen Zufall als einer leidenschaftlichen Entscheidung geschuldet sein mag, macht schlussendlich keinen Unterschied. Menschen gerecht zu werden ist schwieriger als Texten, Argumenten und Ideen – wie es eigentlich mein tägliches Geschäft ist. Der Geograph und Autor von Reportagen Bruno Valentin, Gründer der Agentur *Zeppelin*, hat mich freundlicherweise mit den Grundregeln der Recherche «da draußen» vertraut gemacht. Die oberste Regel lautet für ihn: Für einen Augenblick muss man die Menschen, denen man an einem Ort begegnet, lieben. Egal was man davon denkt und was man später im Text daraus macht: Man muss verstehen, dass sie ihr Wissen und Können an ihrem Ort einsetzen, um etwas zu tun, was ihnen sinnvoll erscheint. Die Menschen, denen ich begegnet bin, haben es mir denkbar leicht gemacht. Sie haben mich herzlich empfangen und viele ihrer Gedanken mit mir offenherzig geteilt. Viele von ihnen haben mich als Beschäftigte privater Unternehmen und öffentlicher Einrichtungen empfangen und waren daher nicht immer frei in ihren Entscheidungen und Äußerungen. Im Text habe ich mich an eine einfache Regel gehalten und nur diejenigen Gesprächspartner mit Namen genannt, die eine öffentliche Funktion ausüben oder publizistisch tätig sind. Allen, den namentlich Genannten wie den anonym Gebliebenen, sei herzlich gedankt. Jennifer Timrott, Autorin eines Bestimmungsbuches für Plastikfundstücke an der Küste – ein eigenwilliges Kleinod der Müllliteratur! – danke ich für die Einladung zu einer von *Exit Plastik* organisierten Podiumsdiskussion, bei welcher ich Swaantje Güntzel kennenlernte – ein Umstand, dem das vorliegende Buch viel verdankt. Der Abdruck des *Scheißkultur*-Manifests von Friedensreich Hunderwasser geschieht mit freundlicher Genehmigung von Joram Hamel für die Gemeinnützige Privatstiftung Hundertwasser / Hundertwasserarchiv, Wien.

Auswahlbibliografie

Thematisch geordnete Auswahl einiger nützlicher, klassischer und zeitgenössischer Schriften zum Müll.

Müll: Allgemeines, Daten und Nachschlagewerke

Volker Grassmuck und Christian Unverzagt, *Das Müll-System*. Frankfurt a. M.: Suhrkamp, 1991

Daniel Hoornweg und Perinaz Bhada-Tata, *What a Waste : A Global Review of Solid Waste Management*. Washington DC: World Bank, 2012

Silpa Kaza, Lisa C. Yao, Perinaz Bhada-Tata und Frank van Woerden, *What a Waste 2.0: A Global Snapshot of Solid Waste Management to 2050*. Washington, DC: World Bank, 2018.

Silpa Kaza, Siddarth Shrikanth, Sarur Chaudhary, *More Growth, Less Garbage*. Washington DC: World Bank, 2021

Kate O'Neill, *Waste*. Cambridge: Polity Press, 2019

Carl A. Zimring, William L. Rathje (Hg.), *Encyclopedia of Consumption and Waste: The Social Science of Garbage*. Los Angeles: SAGE, 2012

Philosophie des Mülls

Philosophie des Mülls. Themenheft von *Widerspruch. Münchner Zeitschrift für Philosophie*, 14. Jg, Heft 25, 1994

Jean-Luc Coudray, *Guide philosophique des déchets*. Paris: édition i, 2018

François Dagognet, *Des Détritus, des déchets, de l'abject. Une philosophie écologique*. Le Plessis-Robinson: Institut Synthélabo, 1997

Cyrille Harpet, *Du Déchet: philosophie des immondices. Corps, ville, industrie*. Paris: L'Harmattan, 1998

Martin O'Brien, *A Crisis of Waste? Understanding the Rubbish Society.* New York: Routledge, 2009
John Scanlan, *On Garbage.* London: Reaktion Books, 2005
William Viney, *Waste. A Philosophy of Things.* London: Bloomsbury, 2014

Kulturtheorie des Mülls, Waste Studies

Roger Fayet, *Reinigungen. Vom Abfall der Moderne zum Kompost der Nachmoderne.* Wien: Passagen, 2003
Zsuzsa Gille und Josh Lepawsky (Hg.), *The Routledge Handbook of Waste Studies.* London: Routledge, 2022
Edward Humes, *Garbology. Our Dirty Love Affair with Trash.* New York: Avery, 2013
Reiner Keller, *Müll – die gesellschaftliche Konstruktion des Wertvollen. Die öffentliche Diskussion über Abfall in Deutschland und Frankreich.* Opladen: Westdeutscher Verlag, 1998
Laura Moisi, *Die Politisierung des Abfalls. Elemente einer Kulturtheorie häuslicher Müllentsorgung.* Berlin: de Gruyter, 2020
Michael Thompson, *Rubbish Theory. The Creation and Destruction of Waste.* Oxford: Oxford University Press, 1979

Historisches zum Müll und zur Abfallentsorgung

Gottfried Hösel, *Unser Abfall aller Zeiten*
Wolfgang König, *Geschichte der Wegwerfgesellschaft. Die Kehrseite des Konsums.* Stuttgart: Franz Steiner, 2019
Roman Köster, *Hausmüll. Abfall und Gesellschaft in Westdeutschland 1945–1990.* Göttingen: Vandenhoeck & Ruprecht, 2017
Ders., *Müll. Eine schmutzige Geschichte der Menschheit.* München: C.H.Beck, 2023

Dreck, Schmutz, Sauberkeit

Mary Douglas, *Purity and Danger. An Analysis of Concepts of Pollution and Taboo.* London: Routledge & Kegan Paul, 1966
Christian Enzensberger, *Größerer Versuch über den Schmutz.* München: Hanser, 1968

Julia Kristeva, *Pouvoirs de l'horreur. Essai sur l'abjection*. Paris: Seuil, 1980
Oli Lagerspetz, *A Philosophy of Dirt*. London: Reaktion Books, 2018
Ellen Lupton und J. Abbott Miller, *The Bathroom, the Kitchen, and the Aesthetics of Waste. A Process of Elimination*. New York: Kiosk, 2. Aufl. 1996
Alexander Mitscherlich, «Sinnieren über Schmutz», in: *Merkur*, Heft 271, November 1970, S. 1016–1031
Jens Soentgen, *Staub. Alles über fast nichts*. München: DTV, 2022
Georges Vigarello, *Le propre et le sale. L'hygiène du corps depuis le Moyen Âge*. Paris: Seuil, 1985
Lawrence Wright, *Clean and Decent. The Fascinating History of the Bathroom and the W. C.* London: Routledge & Kegan Paul, 1960

Kot und Humus

Bibliotheca Scatologica. Scatopolis, 5850 (d.i. Paris, 1849)
John Gregory Bourke, *Der Unrat in Sitte, Brauch, Glauben und Gewohnheitsrecht der Völker.* Leipzig: Ethnologischer Verlag, 1913
Annie Francé-Harrar, *Die letzte Chance für eine Zukunft ohne Not.* München: Bayerischer Landwirtschaftsverlag, 1950
Annie Francé-Harrar, *Humus. Bodenleben und Fruchtbarkeit.* München: Bayerischer Landwirtschaftsverlag, 1957
Gaspard Kœnig, *Humus* (Roman). Paris: Éditions de l'Observatoire, 2023
Dominique Laporte, *Histoire de la merde. (Prologue)*. Paris: Christian Bourgeois, 1978
Ralph A. Lewin, *Merde. Excursions in Scientific, Cultural, and Socio-Historical Corprology.* New York: Random House, 1999
Lina Zeldovich, *The Other Dark Matter. The Science and Business of Turning Waste into Wealth and Health.* Chicago: University of Chicago Press, 2021

Müllsoziologie, Abfallleben

Horst Baier, *Schmutz – Über Abfälle in der Zivilisation Europas.* Konstanz: Universitätsverlag, 1991

Zygmunt Bauman, *Wasted Lives: Modernity and its Outcasts.* Cambridge: Polity Press, 2004

Denis Chevallier und Yann-Philippe Tastevin (Hrsg.), *Vies d'ordures. De l'économie des déchets.* Marseille: Musée des Civilisations de l'Europe et de la Méditerranée, und Paris: Artelys, 2017

Manfred Faßler, *Abfall. Moderne. Gegenwart. Beiträge zum evolutionären Eigenrecht der Gegenwart*. Gießen: Focus, 1991

Andreas Nebelung und Daniel Pick, *Der Rest ist Schweigen: Die Dinge und ihre Vernichtung. Empirische Abfall-Studien hin zu einer ökologischen Kultur-/Naturtheorie*. Gießen: Focus, 2003

Müll, Konsumgesellschaft, Müllsammeln

Rebecca R. Falkoff, *Possessed. A Cultural History of Hoarding.* Ithaca: Cornell University Press, 2021

Arno Geiger, *Das glückliche Geheimnis.* München: Hanser, 2023

Evelyn Grill, *Der Sammler. Roman.* St. Pölten: Residenzverlag, 2006

Jeanne Guien, *Le Consumérisme à travers ses objets*. Paris: Éditions Divergences, 2021, und *Une histoire des produits menstruels*. Paris: Éditions Divergences, 2023

Christian Kreiß, *Geplanter Verschleiß. Wie die Industrie uns zu immer mehr und immer schnellerem Konsum antreibt – und wie wir uns dagegen wehren können*. Berlin: Europa, 2014

Vance Packard, *The Waste Makers.* London: Longmans, Green & Co., 1960

William Rathje und Cullen Murphy, *Rubbish! The Archaeology of Garbage. What our Garbage Tells Us about Ourselves.* New York: Harper Collins, 1992

Susan Strassers, *Waste and Want. A Social History of Trash*. New York: Metropolitan Books, 1999

Jennifer Timrott, *Strandgut aus Plastik und anderer Meeresmüll.* Kiel: Wachholtz, 2015

Müll und Kunst

Paolo Bianchi (Hg.), *Theorien des Abfalls.* Themenheft der Zeitschrift *Kunstforum international*, Bd 167 (2003)

Paolo Bianchi (Hg.), *Müllkunst.* Themenheft der Zeitschrift *Kunstforum international*, Bd 168 (2004)

Amanda Boetzkes, *Plastic Capitalism: Contemporary Art and the Drive to Waste.* Cambridge (MA): MIT Press, 2019

Olivia Huber, *Abfall und Müll in der Gegenwartskunst. Historische und aktuelle Aspekte eines gesellschaftlichen Phänomens*, Diplomarbeit, Universität Graz, 2013, online verfügbar unter https://unipub.uni-graz.at/obvugrhs/download/pdf/233856?originalFilename=true}

Anmerkungen

Willkommen!

1 Monika Maron, *Flugasche. Roman.* Frankfurt a. M.: S. Fischer, S. 32 und S. 36.

2 Siehe Martin Meschede, *Geologie Deutschlands. Ein prozessorientierter Ansatz.* 2. Auflage. Berlin: Springer Spektrum, Kap. 13.1, und Axel Don und Roland Prietz, *Unsere Böden entdecken. Die verborgene Vielfalt unter Feldern und Wiesen.* Berlin: Springer, Kap. 7.

3 Z. S. Altschuler et al., «Sulfur diagenesis in everglades peat and origin of pyrite in coal», in: *Science* 221(4607) (1983), S. 221–227.

4 Monika Maron, *Flugasche. Roman.* Frankfurt a. M.: S. Fischer, S. 16.

5 A. a. O., S. 16 und S. 58 f.

6 A. a. O., S. 20 und S. 136 f.

7 Ministerium für Staatssicherheit, Nr. 191/87, Kopie der Akte aus dem BStU von Fred Walkow.

8 Maron, *Flugasche*, S. 129.

9 Monika Maron, *Bitterfelder Bogen. Ein Bericht.* Frankfurt a. M.: S. Fischer, 2009.

10 Siehe https://www.solarbranche.de/news/nachrichten/artikel-28026-solarindustrie-hanwha-q-cells-schliesst-produktion-in-bitterfeld.

11 Siehe Cal Flyn, *Islands of Abandonment. Life in the Post-Human Landscape.* London: Collins, 2021, S. 101. An derselben Stelle sind mehrere Fälle auflebender Natur in zerstörten Gebieten dokumentiert.

12 Vladimir Vernadsky, *The Biosphere*, russ. Original 1926, englische Übersetzung: New York: Copernicus, 1997.

13 Aufgezeichnetes Gespräch in dem Dokumentarfilm *Claude Lévi-*

Strauss par lui-même von Pierre-André Boutang und Annie Chevallay, Frankreich 2008.

14 Hans-Jörg Rheinberger, *Experimentalsysteme und epistemische Dinge. Eine Geschichte der Proteinsynthese im Reagenzglas.* Göttingen: Wallstein, 2001.

15 Siehe https://www.spiegel.de/politik/die-leute-werden-dun-im-kopf-a-a2123d5e-0002-0001-0000-000013497016.

16 Siehe https://www.umweltbundesamt.de/daten/wasser/nordsee/schadstoffkonzentrationen-in-organismen-der-nordsee#organische-schadstoffe-in-aalmuttern.

17 Fridolin Krausmann, Christian Lauk, Willi Haas, Dominik Wiedenhofer, «From resource extraction to outflows of wastes and emissions: The socioeconomic metabolism of the global economy, 1900–2015», in: *Global Environmental Change* 52 (2018), S. 131–140.

18 Siehe https://ec.europa.eu/eurostat/statistics-explained/index.php?title=Waste_statistics.

19 Lucy Baker, «Of embodied emissions and inequality: rethinking energy consumption», in: *Energy Research & Social Science* 36 (2018), S. 52–60.

20 Für eine Übersicht über die Fakten und die Literatur siehe M. B. Tekman et al., *Impacts of plastic pollution in the oceans on marine species, biodiversity and ecosystems.* Berlin: WWF Germany, 2022, www.wwf.de/plastic-biodiversity-report.

21 L. Lebreton et al., «Evidence that the Great Pacific Garbage Patch is rapidly accumulating plastic», in: *Scientific reports* 8(1) (2018), 4666.

22 Siehe https://www.skyfi.com/blog/skyfis-confirms-massive-clothes-pile-in-chile.

23 Mark D. Loewen et al., «Persistent organic pollutants and mercury in the Himalaya», in: *Aquatic Ecosystem Health & Management* 8(3) (2005), S. 223–233; M. Chen et al., «Release of perfluoroalkyl substances from melting glacier of the Tibetan Plateau: Insights into the impact of global warming on the cycling of emerging pollutants», in: *Journal of Geophysical Research: Atmospheres* 124 (2019), S. 7442–7456.

24 WWF, *Chemical Check Up. An analysis of chemicals in the blood of*

Members of the European Parliament, 2004, online verfügbar unter https://wwfeu.awsassets.panda.org/downloads/checkupmain.pdf.

25 Jing Ma, Hongkai Zhu und Kurunthachalam Kannan, «Organophosphorus Flame Retardants and Plasticizers in Breast Milk from the United States», in: *Environmental Science and Technology Letters* 6 (2019), S. 525–531; J. P. Buckley et al., «Exposure to Contemporary and Emerging Chemicals in Commerce among Pregnant Women in the United States: The Environmental influences on Child Health Outcome (ECHO) Program», in: *Environmental Science and Technology* 56(10) (2022), S. 6560–6573.

26 Tracey J. Woodruff et al., «Code OB: We need urgent action on climate change and toxic chemicals», in: *International Journal of Gynecology and Obstetrics* 160 (2023), S. 363–365.

27 Jessica Trowbridge et al., «Fossil fuel is the common denominator between climate change and petrochemical exposures, and effects on women and children's health», in: *International Journal of Gynecology and Obstetrics* 160 (2023), S. 368–371.

28 Isabelle Stengers, *In Catastrophic Times. Resisting the Coming Barbarism*, o. O.: Open Humanities Press, S. 43 und S. 50.

29 Bruce D. Smith, «The Ultimate Ecosystem Engineers», in: *Science* 315 (2007), S. 1797–1798.

30 Wolfgang Held, «Jupiter und Venus», 23.2.2023, https://dasgoetheanum.com/jupiter-und-venus/.

31 Die Differenzierung zwischen Unterscheidung und Dualismus stammt von Val Plumwood, *Feminism and the Mastery of Nature*. London: Routledge, 1993, Kap. 2.

32 Isabelle Stengers, *In Catastrophic Times*, S. 145.

33 Eileen Crist, «On the Poverty of Our Nomenclature», in: Jason Moore (Hg.), *Anthropocene or Capitalocene? Nature, History, and the Crisis of Capitalism*. Oakland: PM, 2016, S. 14–33.

34 Paul Crutzen, «Geology of Mankind», in: *Nature* 415 (2002), S. 23.

35 Katherine N. Probst und David M. Konsiky, *Superfund's Future: What will it cost? A report to congress.* Washington D. C.: Resources for the future, 2001, online verfügbar unter http://www.kateprobstconsulting.com/wp-content/uploads/2015/12/SuperfundsFuture-ExecSum.pdf.

36 Siehe dazu Harold C. Barnett, *Toxic Debts and the Superfund Dilemma.* Chapel Hill: University of North Carolina Press, 1994.

37 Mario Schirmer et al., «A socio-ecological adaptive approach to contaminated mega-site management: From ‹control and correct› to ‹coping with change›», in: *Journal of Contaminant Hydrology* 127 (2012), S. 101–109.

38 Ebd., S. 103 f.

39 Gottlob Benjamin Jäsche (Hg.), *Immanuel Kants Logik. Ein Handbuch zu Vorlesungen.* Königsberg (o. V.), 1801, S. 24.

40 Marcos Buser, *Rubbish Theory. The Heritage of Toxic Waste.* Amsterdam: Reinwardt Academy, 2016, S. 9.

41 Mario Schirmer et al., «A socio-ecological adaptive approach to contaminated mega-site management: From ‹control and correct› to ‹coping with change›», in: *Journal of Contaminant Hydrology* 127 (2012), S. 102, sowie Mario Schirmer et al., «Contaminated mega-site management: the complex problem challenge», in: Mario Schirmer et al. (Hg.), *GQ10: Groundwater Management in a Rapidly Changing World.* Wallingford: IAHS Publications, S. 194.

42 Centre du patrimoine mondial, *Trousse d'information sur le patrimoine*, 2008, abrufbar unter *https://whc.unesco.org/fr/activites/567/*

43 Siehe https://www.dictionnaire-academie.fr/article/A9P1012.

44 Siehe dazu Joseph L. Sax, «Heritage Preservation as a Public Duty: The Abbé Grégoire and the Origins of an Idea», in: *Michigan Law Review* 88(5) (1990), S. 1142–1169.

45 Denis Diderot, «Peinture», in: ders. et al. (Hg.), *Encyclopédie ou dictionnaire raisonné*, Bd XII, Neufchastel: S. Faulche, 1765, S. 267.

46 Abbé Grégoire, *Second rapport sur le Vandalisme.* Convention Nationale, Sitzung des 8. Brumaire, Jahr III (29. Oktober 1794), S. 10, online verfügbar auf https://gallica.bnf.fr/.

47 Barbara Bender, *Stonehenge: Making Space*. Oxford: Berg, S. 113.

48 Zweite Lesung des *Ancient monument bill* am 14. April 1875, einsehbar unter: https://hansard.parliament.uk/commons/1875-04-14/debates/ff57b20e-84aa-4535-86ec-c06a0b685056/SecondReading.

49 Abbé Grégoire, *Rapport sur les destructions opérées par le Vandalisme, et sur les moyens de le réprimer.* Convention Nationale, Sitzung des 14. Fructidor des Jahres II (31. August 1794), S. 17, online verfügbar auf https://gallica.bnf.fr/.

50 Für eine «Top Ten» siehe die bis 2016 jährlich erschienenen Berichte von Blacksmith Institute und Green Cross Switzerland, online verfügbar unter worstpolluted.org.
51 Jochen Großmann et al., «Entwicklung einer Integrierten Management- strategie (IMS) für Altlastengroßstandorte und Anwendung auf den Modellstandort des Ökologischen Großprojektes Bitterfeld», in: *Altlastenspektrum* 4 (2005), S. 181–186.
52 Immanuel Kant, «Beantwortung der Frage: Was ist Aufklärung?», in: *Berlinische Monatsschrift* 4(12) (1784), S. 481–494, hier S. 481.
53 Donna J. Haraway, *Staying with the Trouble. Making Kin in the Chthulucene.* Durham: Duke University Press, 2016.
54 A. a. O., S. 111.

Der unheilbare Riss

1 Oscar Wilde, «Die Seele des Menschen unter dem Sozialismus» (1895), in: ders., *Essays*, neu übersetzt von Georg Deggerich. Zürich: Haffmanns, 1999, S. 258.
2 Claude Lévi-Strauss, *Tristes tropiques*, in: ders., *Œuvres*. Paris: Gallimard, 2008, S. 64.
3 A. a. O., S. 81 f.
4 Simon L. Lewis und Mark A. Maslin, «Defining the Anthropocene», in: *Nature* 519 (2015), S. 171–180.
5 Cal Flyn, *Islands of Abandonment*, S. 85.
6 Thierry Paquot, «Der sanfte Terror des Tourismus», in: *Le Monde diplomatique*, 13. Juli 2001, https://monde-diplomatique.de/artikel/!1162547.
7 Hans Magnus Enzensberger, «Vergebliche Brandung der Ferne. Eine Theorie des Tourismus», in: *Merkur* 126 (1958), S. 701–720, hier S. 709.
8 Zygmunt Bauman, *Wasted Lives: Modernity and its Outcasts.* Cambridge: Polity Press, 2004, S. 27.
9 Francis Bacon, *Neu-Atlantis* (1638), übersetzt von K. J. Heinisch, in: K. J. Heinisch (Hg.), *Der utopische Staat.* Reinbek: Rowohlt, 1960, S. 204.
10 Heinrich Böll, «Im Ruhrgebiet» (1958), in: ders., *Werke* Bd 10, Köln: Kiepenheuer & Witsch, 2005, S. 361–391, hier S. 384, zi-

tiert nach Ulrich Paetzel, «Die Emscher – Erinnerungsort und Zukunftswerkstatt», in: W. Roters et al. (Hrsg.), *Zukunft denken und verantworten*. Wiesbaden: Springer VS, S. 631–645, hier S. 636.

11 Stefan Harnischmacher und Harald Zepp, «Mining and its impact on the earth surface in the Ruhr District (Germany)», in: *Zeitschrift für Geomorphologie* 58(Supp. 3) (2014), S. 3–22.

12 Hans Rudolf Bork, *Umweltgeschichte Deutschlands.* Berlin: Springer, 2020, S. 28 f.

13 Wuppertal Institut für Klima, Umwelt, Energie (Hg.), *Emscher 3.0. Von grau zu blau, oder wie der Himmel über der Ruhr in die Emscher fiel.* Bönen: Kettler, 2013, S. 32, und Jens Soentgen, «The River Lech – A Cyborg», in: *Analecta Hermeneutica* 10 (2018) [ohne Seitennr.].

14 Stefan Klein, «Emscher I», in: W. Roters et al. (Hrsg.), *Zukunft denken und verantworten*. Wiesbaden: Springer VS, S. 647–655, hier S. 648 f.

15 Wuppertal Institut für Klima, Umwelt, Energie (Hg.), *Emscher 3.0. Von grau zu blau, oder wie der Himmel über der Ruhr in die Emscher fiel.* Bönen: Kettler, 2013, S. 15 f.

16 Siehe https://www.un.org/sustainabledevelopment/blog/2021/07/a-new-global-framework-for-managing-nature-through-2030-1st-detailed-draft-agreement-debuts/.

17 Gottfried Wilhelm Leibniz, «Principes de la Nature et de la Grâce, fondez en Raison», posthum veröffentlicht in: *L'Europe savante* VI(1) (November 1718), S. 101–123, hier S. 112.

18 Volker Grassmuck und Christian Unverzagt, *Das Müll-System*, Frankfurt a. M.: Suhrkamp, 1991, S. 44.

19 Eine Abbildung der Szene findet sich in *L'École et la science jusqu'à la Renaissance*. Paris: Firmin-Didot, 1887, S. 31.

20 Georges Eugène Haussmann, *Mémoire sur les eaux de Paris*. Paris: Préfecture de la Seine, 1854, S. 53.

21 Guillaume Perrault, «Paris et ses ordures: des siècles de lutte pour la salubrité publique», in: *Le Figaro*, 25.03.2023.

22 Cyrille Harpet, *Du Déchet: philosophie des immondices. Corps, ville, industrie.* Paris: L'Harmattan, 1998, Teil 2.

23 Justus von Liebig, «Einleitung in die Naturgesetze des Feldbaus»,

in: ders., *Die Chemie in ihrer Anwendung auf Agricultur und Physiologie. Erster Theil: Der chemische Proceß der Ernährung der Vegetabilien.* 7. Auflage. Braunschweig: Vieweg, 1862, S. 153.

24 *Bundesgesetzblatt* Jg 2017 Teil I Nr. 65, ausgegeben zu Bonn am 2. Oktober 2017, S. 3465–3512.

25 Zygmunt Bauman, *Wasted Lives: Modernity and its Outcasts.* Cambridge: Polity Press, 2004, S. 6.

26 Justus von Liebig, «Einleitung in die Naturgesetze des Feldbaus», S. 109.

27 A. a. O., S. 129.

28 Annie Francé-Harrar, *Die letzte Chance für eine Zukunft ohne Not*, S. 65.

29 Justus von Liebig, «Einleitung in die Naturgesetze des Feldbaus», S. 126.

30 A. a. O., S. 131.

31 Victor Hugo, *Die Elenden.* Übersetzt von G. A. Volchert, Berlin: Gnadenfeld.

32 Karl Marx, *Das Kapital* Bd 3, in: *Marx Engels Gesamtausgabe (MEGA)* Bd II.15. Berlin: Akademie Verlag, 2004, S. 788.

33 Claude Bernard, *Introduction à l'étude de la médecine expérimentale.* Paris: Baillière, 1865, S. 105 ff. Siehe auch mein Buch *Das Technozän. Einführung in die evolutionäre Technikphilosophie*, Frankfurt a. M.:Klostermann, 2022, S. 25 ff.

34 Walter B. Cannon, *The Wisdom of the Body.* London: Kegan Paul, 1932.

35 Siehe John J. Wiens, «Vast (but avoidable) underestimation of global biodiversity», in: *PLoS Biology* 19(8) (2021): e3 001 192, Yinon M. Bar-On, Rob Phillips und Ron Milo, «The biomass distribution on Earth», in: *PNAS* 115(25) (2018), S. 6506–6 5011. Über die Entwicklung der Vielfalt von Mikroorganismen ist nichts bekannt, siehe David S. Thaler, «Is Global Microbial Biodiversity Increasing, Decreasing, or Staying the Same?», in: *Frontiers in Ecology and Evolution* 9 (2021), Artikel 565 649.

36 Wenngleich schon etwas älter, war mir von großer Hilfe das Buch von Wolfgang Fritsche, *Umwelt-Mikrobiologie. Grundlagen und Anwendungen.* Jena: G. Fischer, 1998, auf welches sich die folgenden Ausführungen stützen.

37 Christon J. Hurst (Hg.), *Microbes: The Foundation Stone of the Biosphere.* Cham: Springer, 2021.
38 Michael Maier, *Atalanta Fugiens.* Oppenheim: Gallerus, 1618, S. 64.
39 Vladimir Vernadsky, *The Biosphere.* New York: Copernicus, 1997, S. 44.
40 Siehe Ricardo Guerrero, Lynn Margulis und Mercedes Berlanga, «Symbiogenesis: the holobiont as a unit of evolution», in: *International Microbiology* 16 (2013), S. 133–143, und z.B. Karen Luisa Haag, «Holobionts and their hologenomes: Evolution with mixed modes of inheritance», in: *Genetics and Molecular Biology* 41(1) (2018), S. 189–197.
41 Annie Francé-Harrar, *Die letzte Chance*, S. 231.
42 Donna Haraway, «Anthropocene, Capitalocene, Chthulucene: Staying with the trouble», http://opentranscripts.org/transcript/anthropocene-capitalocene-chthulucene/.
43 Joachim W. Kadereit et al., *Strasburger – Lehrbuch der Pflanzenwissenschaften.* 38. Auflage. Berlin: Springer Spektrum, S. 201.
44 Siehe dazu das etwas verrückte, aber hilfreiche Buch des Permakulturpioniers Herwig Pommeresche, *Humussphäre. Humus – ein Stoff oder ein System?* Kevelaer: OLV, 2017, S. 51.
45 Siehe z. B. A. Hejnol und M. Martindale, «The mouth, the anus, and the blastopore—open questions about questionable openings», in: M. J. Telford und D. T. J. Littlewood (Hg.), *Animal Evolution Genomes, Fossils, and Tree.* Oxford: Oxford University Press, 2009, S. 33–40.
46 Herbert F. Helander und Lars Fändriks, «Surface area of the digestive tract – revisited», in: *Scandinavian journal of gastroenterology 49*(6) (2014), S. 681–689.
47 Pradipta Banerjee et al., «Digestion and gut microbiome», in: Debasis Bagchi und Sunny E. Ohia, (Hg.), *Nutrition and Functional Foods in Boosting Digestion, Metabolism and Immune Health*, London: Academic Press, 2022, S. 123–140, und Ana M. Valdes et al, «Role of the gut microbiota in nutrition and health», *BMJ* 361 (2018):k2179.
48 Annie Francé-Harrar, *Die letzte Chance für eine Zukunft ohne Not.* München: Bayerischer Landwirtschaftsverlag, 1950, S. 243.

49 Walter Reineke und Michael Schlömann, *Umweltmikrobiologie*. 3. Auflage. Berlin: Springer Spektrum, S. 23.

50 OECD, *Human Acceleration of the Nitrogen Cycle. Managing Risks and Uncertainty*, 2018, online verfügbar unter oecd-ilibrary.org.

51 Annie Francé-Harrar, *Die letzte Chance*, S. 182.

52 Siehe Christine Alewell et al., «Global phosphorus shortage will be aggravated by soil erosion», *Nature communications* 11(1), Artikel Nr. 4546.

53 Garcilaso de la Vega, *Wahrhaftige Kommentare zum Reich der Inka (1609)*. Berlin (Ost): Ruetten & Loening, 1983, S. 182, zitiert nach dem lesenswerten Aufsatz von Bärbel Rott, «Alexander von Humboldt brachte Guano nach Europa – mit ungeahnten globalen Folgen», in: *HiN – Internationale Zeitschrift für Humboldt-Studien* XVII, Nr. 32 (2016), S. 82–109, aus dem auch die im Folgenden verarbeiteten Informationen inklusive des Hinweises auf das Gedicht von Scheffel stammen.

54 Brett Clark und John Bellamy Foster, «Ecological Imperialism and the Global Metabolic Rift: Unequal Exchange and the Guano/Nitrates Trade», in: *International Journal of Comparative Sociology* 50(3–4) (2009), S. 311–334.

55 Matthew Wills, «Are we entering a new Golden Age of Guano?», 4.5.2016, https://daily.jstor.org/golden-age-of-guano/.

56 Christine Alewell et al, «Global phosphorus shortage will be aggravated by soil erosion», in: *Nature communications* 11(1) (2020), S. 4546, und Natasha Gilbert, «The disappearing nutrient», in: *Nature* 461 (2009), S. 716–718.

57 Justus von Liebig, «Einleitung in die Naturgesetze des Feldbaus», S. 155 f.

58 G. Ad. Fr. Ecklin, *Der Heilwert des Todes Jesu nach der Schrift und begrifflicher Notwendigkeit*, Basel: L. Reinhardt.

59 René Descartes, *Principia Philosophiæ*. Amsterdam: Elzivir, 1644, S. 307.

60 René Descartes, *Discours de la méthode, pour bien conduire sa raison, & chercher la vérité dans les sciences*. Leyden: Ian Maire, 1637, S. 72.

61 Herwig Pommeresche, *Humussphäre*, S. 129.

62 Siehe die Fotografien in Hamid Sarfaz und Shahid Ahmad, *Case Studies on local indigenous adaptation practices in mountain areas of Pakistan*, Islamabad: dev-consult, Kap. 4, verfügbar unter http://www.rspn.org/wp-content/uploads/2020/01/RSPN-CCA-Case-Studies-on-Local-Indigenous-Practices-1.pdf.

63 Linda M. Seymour et al., «Hot mixing: Mechanistic insights into the durability of ancient Roman concrete», in: *Sciences advances* 9(1) (2023), eadd1602.

64 Theodor W. Adorno, *Minima Moralia. Reflexionen aus dem beschädigten Leben.* Berlin und Frankfurt a. M.: Suhrkamp, 1951, S. 59.

Palläste der Nacht im Schooße der Erde

1 Armand Dufrénoy und Élie de Beaumont, *Explication de la carte géologique de la France.* Band 1. Paris: Imprimérie Royale, 1841, S. 437.

2 Zum Folgenden siehe wieder Martin Meschede, *Geologie Deutschlands.* 2. Auflage. Berlin: Springer Spektrum, 2018, S. 180 ff.

3 David Blackbourn, *Die Eroberung der Natur. Eine Geschichte der deutschen Landschaft.* München: Pantheon, 2008, Kap. 2: «Der Bändiger des wilden Rheins».

4 Johann Gottfried Tulla, *Die Rectification des Rheins. Als Manuscript und ohne Titel gedruckt im Jahre 1822 zur Vertheilung an die Mitglieder der hohen Staatsregierung und beider Kammern der badischen Landstände.* Karlsruhe. 1822, S. 43. Online verfügbar unter https://digital.blb-karlsruhe.de/blbihd/content/titleinfo/5608646.

5 A. a. O., S. 7.

6 Clive Hamilton, «The Theodicy of the ‹Good Anthropocene›», in: *Environmental Humanities* 7(1) (2016), S. 233–238.

7 Paul J. Crutzen, «Geology of Mankind», in: *Nature* 415 (2002), S. 23.

8 Siehe Friedlieb Ferdinand Runge, «Sur les couleurs dérivées du goudron de houille. Note pour servir à l'histoire des découvertes scienctifiques», in: *Le Moniteur scientifique* 5 (1863), S. 533–535, und «Mein Besuch bei Goethe im Jahr 1819», in: *Illustrirtes Panorama der Welt und des Lebens: Haus- und Familienbuch für Jeder-*

mann 2 (1861), S. 274–278. Vgl. auch Holger Andreas, «Friedlieb Ferdinand Runge: Wegbereiter der Teerfarbenchemie?», in: *Mitteilungen der Gesellschaft Deutscher Chemiker* 20 (2009), S. 9–22.

9 Friedlieb Ferdinand Runge, «Ueber einige Produkte der Steinkoledestillation», in: *Annalen der Physik und Chemie* 31(5) (1834), S. 65–78, hier S. 67.

10 Karl Marx, *Das Kapital*, Bd 3, in: *Marx Engels Gesamtausgabe* (MEGA), Bd II.15. Berlin: Akademie Verlag, 2004, S. 112 und S. 72.

11 Norbert Hailer, «Jahresbericht 1965 des Bezirksbeauftragten für Naturschutz und Landschaftspflege in der Pfalz», in: *Mitteilungen der Pollichia* 13 (1966), S. 111–119, hier S. 115 f.

12 L. Garlaschelli et al., «Working bloody miracles», in: *Nature* 353 (1991), S. 507.

13 Victor Hugo, *Die Elenden*, übersetzt von G. A. Volchert, Berlin: Gnadenfeld, o.J. (um 1910), Theil 5, Buch 3, Kap. V.

14 BASF SE, *Jahresbericht Deponie Flotzgrün 2021*. Ludwigshafen, 2022, S. 56.

15 Hessisches Landesamt für Umwelt und Geologie, *Orientierende Messungen gefährlicher Stoffe. Landesweite Untersuchungen auf organische Spurenverunreinigungen in hessischen Fließgewässern, Abwässern und Klärschlämmen 1991–2003*, o.O, o.J., Kap. 6.01, S. 3, online verfügbar unter hlnug.de.

16 BASF SE, *Jahresbericht Deponie Flotzgrün 2021*, S. 184.

17 Frederick Soddy, *Cartesian Economics. The Bearing of Physical Science upon State Stewardship.* London: Hendersons, 1922, S. 9.

18 Alfred J. Lotka, «The Law of Evolution as a Maximal Principle», in: *Human Biology* 17(3) (1945), S. 167–194, hier S. 188 und S. 192.

19 Siehe ausführlicher in Oliver Schlaudt, *Das Technozän. Eine Einführung in die evolutionäre Technikphilosophie*. Frankfurt a. M.: Klostermann, 2021.

20 Martin Meschede, *Geologie Deutschlands. Ein prozessorientierter Ansatz*. 2. Auflage. Berlin: Springer Spektrum, Kap. 11.2.2.

21 Adolf Frank, *Ausgewählte Vorträge und Schriften*, herausgegeben von H. Grossman. Berlin: Krayn, 1911, S. 24 f.

22 Peter Sonnenfeld, «The color of rock salt – A review», in: *Sedimentary Geology*, 94(3–4) (1995), S. 267–276, und Sylwia M. Zelek et al., «Lattice deformation of blue halite from Zechstein evaporite

basin: Kłodawa Salt Mine, Central Poland», in: *Minerology and Petrology* 108 (2014), S. 619–631.

23 Friedrich Christian Delius, *Die Zukunft der Schönheit*. Berlin: Rowohlt, 2018.

24 Georg Wilhelm Friedrich Hegel, *Wissenschaft der Logik, Erster Band, Zweytes Buch: Die Lehre vom Wesen*. Nürnberg: Schrag, 1813, S. 77f.

25 Martin Meschede, *Geologie Deutschlands. Ein prozessorientierter Ansatz*. 2. Auflage. Berlin: Springer Spektrum, 2018, S. 123f.

26 Pete Roche et al., *The Global Crisis of Nuclear Waste. A report commisioned by Greenpeace France.*, o. O.: Greenpeace France, 2019.

27 So Volker Grassmuck und Christian Unverzagt, *Das Müll-System*. Frankfurt a. M.: Suhrkamp, 1991, S. 272. Die Mengenangabe stammt aus dem *Global Inventory of Separated Plutonium*, online verfügbar unter https://www.recna.nagasaki-u.ac.jp/recna/bd/files/pu_list2021_en.pdf.

28 Siehe https://www.worldnuclearreport.org/IMG/pdf/wnisr2022-v3-lr.pdf.

29 «Disposal of radioactive waste», in: *IAEA Bulletin* 2(1) (1960), S. 2–5, hier S. 2.

30 IAEA, *Inventory of Radioactive Waste Disposal at Sea*. Wien: IAEA, 1999.

31 Milner B. Schaefer, «New research required in support of radioactive waste disposal», in: *Disposal of Radioactive Wastes. Conference Proceedings, Monaco, 16–21 November 1959*, Bd 2. Wien: IAEA, S. 262–282, hier S. 274.

32 Bernhard Philberth, Diskussionsbeitrag, in: *Disposal of Radioactive Wastes. Conference Proceedings, Monaco, 16–21 November 1959*, Bd 2. Wien: IAEA, S. 557, ausführlicher: ders., «Beseitigung radioaktiver Abfallsubstanzen in den Eiskappen der Erde», in: *Schweizerische Zeitschrift für Hydrologie* 23 (1961), S. 263–284.

33 Karl Philbert, «Atomkernernergie-Risiken und Atommüll-Deponierung im Eis», in: *Polarforschung* 46(2), S. 106–120, hier S. 106.

34 James Hansen, «Tipping Point: Perspective of a Climatologist», in: Eva Fearn (Hg.), *State of the Wild 2008–2009: A Global Portrait of Wildlife, Wildlands, and Oceans*. Washington: Wildlife Conservation Society/Island Press, 2008, S. 6–15.

35 Manfred Kriener, «Weg! Weg!! Weg!!! Bloß weg mit dem Atommüll. Doch wohin? Eine kleine Geschichte der Entsorgungspolitik – ihrer Illusionen, Fantasien und Lügen», in: *Die Zeit* Nr. 38, 13.09. 2012, S. 20. Der Autor des ausgezeichneten Artikels, durch den ich erst auf Bernhard Philbert aufmerksam geworden bin, nennt leider keine Quelle. Eine Anfrage blieb unbeantwortet.

36 Lothar Hahn und Joachim Radkau, *Aufstieg und Fall der deutschen Atomwirtschaft*. München: oekom, 2013.

37 Siehe https://taz.de/Aerger-fuer-die-Ostzonalen/!801646/.

38 Ulrich Beck, *Gegengifte. Die organisierte Unverantwortlichkeit*. Frankfurt a. M.: Suhrkamp, 1988.

39 Siehe Hans Klinge et al., «Geologie und Hydrogeologie des Deckgebirges über dem Salzstock Gorleben», in: *Zeitschrift für angewandte Geologie* 2 (2002), S. 7–15, und BGE, *§ 36 Salzstock Gorleben. Zusammenfassung existierender Studien und Ergebnisse […]. Stand 28.09.2020*. Peine: BGE, online verfügbar auf bge.de.

40 Cornelius Castoriadis, *L'Institution imaginaire de la société*. Paris: Seuil, 1975, S. 282, S. 294 f. und S. 498.

41 A. a. O., S. 461, siehe auch Mats Rosengren, «Magma», in: S. Adams (Hg.), *Cornelius Castoriadis: Key Concepts*. London: Bloomsbury, 2014, S. 65–74.

42 Anna Lowenhaupt Tsing u. a. (Hg.), *The Arts of Living on a Damaged Planet: Ghosts of the Anthropocene*. Minneapolis: University of Minnesota Press, 2017.

43 Walter Mossmann, *Flugblattlieder, Streitschriften*. Berlin: Rotbuch, 1980, S. 123.

44 Wolfgang Ehmke, *Das Wunder von Gorleben. Der Beitrag des Wendlands zur Energiewende*. Lüchow: Köhring, 2022, S. 8.

45 Karl Philbert, «Atomkernenergie-Risiken und Atommüll-Deponierung im Eis», in: *Polarforschung* 46(2), S. 106–120, hier S. 113.

46 Siehe Marcos Buser, *Preservation of Records, Knowledge and Memory across Generations (RK&M). A Literature Survey on Markers and Memory Preservation for Deep Geological Repositories*. NEA/RWM/R(2013)5. Paris: OECD Publishing, 2013, online verfügbar unter https://www.oecd-nea.org/jcms/pl_19357.

47 Herbert Weidner, «Eine Pyramide als Endlager für radioaktive Abfälle», 2020, online verfügbar unter https://vixra.org/abs/2002.0200.

48 Walter Benjamin, «Kleine Geschichte der Photographie» (1931), in: *Gesammelte Schriften* Bd II. Frankfurt a.M.: Suhrkamp, 1977, S. 378; Immanuel Kant, *Critik der Urtheilskraft*, Frankfurt und Leipzig (o.V.), 1792, S. 101 ff.

49 Herrmann von Pückler-Muskau, *Aus Mehemed Alis Reich. Zweiter Theil. Ober=Aegypten*. Stuttgart: Hallberger, 1844, S. 219 f.

50 Cyrille Harpet, *Du Déchet*, 1998, S. 497.

51 A.a.O., S. 3.

52 Claude G. Sombret, «The Vitrification of High-Level Wastes in France: from the Lab to Industrial Plants», in: *Proceedings of the CSNI Symposium of the Nuclear Fuel Cycle*. Issy-les-Moulineaux: CSNI / OECD Nuclear Energy Agency, 1993.

53 Cyrille Harpet, *Du Déchet*, 1998, S. 488 und S. 506.

54 A.a.O., S. 495.

55 Platon, *Parmenides*, Übers. Susemihl, in: *Werke* Gruppe 3, Bd 5, Stuttgart: Metzler, 1865, S. 598.

56 Cyrille Harpet, *Du Déchet*, 1998, S. 463.

57 Walter C. Bare und Laurence D. Torgerson, *Dry Cask Storage Characterization Project – Phase 1: CASTOR V/21 Cask Opening and Examination*. Technischer Bericht. Idaho Falls: Idaho National Engineering and Environmental Laboratory, 2001.

Unser täglich Müll

1 Manfred Faßler, *Abfall. Moderne. Gegenwart. Beiträge zum evolutionären Eigenrecht der Gegenwart.* Gießen: Focus, 1991, S. 176 und S. 186.

2 André Gorz, *Métamorphoses du travail. Quête du sens. Critique de la raison économique*. Paris: Galilée, 1988, S. 63.

3 Jean-François Ségard, «La poubelle a 120 ans!», in: *L'Hermine* Nr. 9 (2004). http://www.planete-echo.net/Hermine/Hermine9.pdf.

4 Italo Calvino, «Die Mülltonne», in: *Die Mülltonne und andere Geschichten.* München: Hanser, 1994, S. 85.

5 Christian Enzensberger, *Größerer Versuch über den Schmutz.* München: Hanser, 1968, S. 126.

6 Siehe Klemens Jakob, *Ownhome. Das autarke tiny house für ein Leben im Einklang mit der Welt.* Rheine: Verlag der Ideen, 2020.

7 Donna Haraway, *Staying with the Trouble*, 2016, S. 34f.

8 Siehe https://www.legifrancc.gouv.fr/jorf/article_jo/JORFARTI000031044647.

9 Annie Francé-Harrar, *Die letzte Chance für eine Zukunft ohne Not.* München: Bayerischer Landwirtschaftsverlag, 1950, S. 32.

10 Johannes Lehmann und Markus Kleber, «The contentious nature of soil organic matter», in: *Nature* 528(7580) (2015), S. 60–68.

11 Siehe z. B. Axel Don und Roland Prietz, *Unsere Böden entdecken*, Berlin: Springer, 2019.

12 Johannes C. G. Ottow, *Mikrobiologie von Böden.* Berlin: Springer, 2011, S. 277.

13 Siehe Paul Rozin, «Disgust, Psychology of», in: James D. Wright (Hg.), *International Encyclopedia of the Social & Behavioral Sciences.* 2. Auflage. Bd 6. Oxford: Elsevier, 2015, S. 546–549.

14 Siehe z. B. Joshua Rottman, «Evolution, development, and the emergence of disgust», in: *Evolutionary Psychology* 12(2) (2014), S. 417–433, B. A. Druschel und M. F. Sherman, «Disgust sensitifity as a function of the Big Five and gender», in: *Personality and Individual Differences* 26 (1999), S. 739–748.

15 Raimondus de Capua, *Höchst wunderbarliches Leben und allerseligstes Absterben sowol grosse Wunderwerk der … Katherinae von Sienae*, Augsburg 1618, S. 138; der Hinweis stammt aus: Mary Douglas, *Purity and Danger*, 1966, S. 7.

16 Daniel Pick, «Abfall – eine Tatsache ohne Meinung», in: Andreas Nebelung und Daniel Pick, *Der Rest ist Schweigen: Die Dinge und ihre Vernichtung. Empirische Abfall-Studien hin zu einer ökologischen Kultur-/Naturtheorie.* Gießen: Focus, 2003, S. 222.

17 Dominique Laporte, *Histoire de la merde. (Prologue).* Paris: Christian Bourgeois, 1978, S. 21, Anm. 11.

18 Alexandre de Humboldt, *Voyage aux régions équinoxiales du nouveau continent.* Band 2. Paris: Maze, 1819, Achtes Buch, Kap. XXIV.

19 Eduard Bodemann (Hg.), *Aus den Briefen der Herzogin Elisabeth Charlotte von Orléans an die Kurfürstin Sophie von Hannover: ein Beitrag zur Kulturgeschichte des 17. u. 18. Jahrhunderts.* Hannover: Hahn, 1891, S. 196f.

20 Georges Vigarello, *Le propre et le sale. L'hygiène du corps depuis le Moyen* Âge. Paris: Seuil, 1985, S. 34.

21 Vigarello, *Le propre et le sale*, S. 229. Zur Logik der Hygiene siehe ebd., S. 218 f.

22 Michel Foucault, *Überwachen und Strafen: Die Geburt des Gefängnisses*. Frankfurt a. M.: Suhrkamp, 1976.

23 Andreas Bernard, *Komplizen des Erkennungsdienstes. Das Selbst in der digitalen Kultur*. Frankfurt am Main: S. Fischer, 2017.

24 Andreas Reckwitz, *Die Gesellschaft der Singularitäten*. Berlin: Suhrkamp, 2017, S. 305.

25 Carl Reclam, *Das Buch der vernünftigen Lebensweise*. 2. Aufl., Heidelberg und Tübingen: Winter, 1876, S. 191 und S. 194.

26 Ellen Lupton und J. Abbott Miller, *The Bathroom, the Kitchen, and the Aesthetics of Waste. A Process of Elimination*. New York: Kiosk, 2. Aufl. 1996, S. 11.

27 Dominique Laporte, *Histoire de la merde*, S. 31.

28 Christian Enzensberger, *Größerer Versuch über den Schmutz*. München: Hanser, 1968, S. 23 f.

29 A. a. O., S. 33.

30 Cyrille Harpet, *Du Déchet: philosophie des immondices. Corps, ville, industrie*. Paris: L'Harmattan, 1998, S. 231.

31 Alain Corbin, *Le miasme et la jonquille. L'odorat et l'imaginaire social 18e-19e siècles*. Paris: Aubier Montainge, 1982.

32 Mary Douglas, *Purity and Danger. An analysis of concepts of pollution and taboo*. London: Routledge & Kegan Paul, 1966, S. 2.

33 Christian Enzensberger, *Größerer Versuch über den Schmutz*. München: Hanser, 1968, S. 31.

34 Ludwig Wittgenstein, «Logisch-Philosophische Abhandlung», in: *Annalen der Naturphilosophie* 14 (1921), S. 185–262, hier S. 262.

35 Mary Douglas, *Purity and Danger*, S. 121.

36 A. a. O., S. 36.

37 Jean-Paul Sartre, *Das Sein und das Nichts. Versuch einer phänomenologischen Ontologie* (1943), übers. v. H. Schöneberg und T. König. Reinbek: Rowohlt, 1991, S. 1041 f.

38 Kate O'Neill, *Waste*. Cambridge: Polity Press, 2019, S. 2.

39 Ellen Lupton und J. Abbott Miller, *The Bathroom, the Kitchen, and the Aesthetics of Waste. A Process of Elimination*. New York: Kiosk, 2. Aufl. 1996, S. 26.

40 Johann Vanek, «Time Spent in Household», in: *Scientific American*

231(5) (1974), S. 116–121, und ders., «Household Technology and Social Status: Rising Living Standards and Status and Residence Differences in Housework», in: *Technology and Culture* 19(3) (1978), S. 361–375.

41 Alexander Szalai (Hrsg.), *The Use of Time: Daily Activities of Urban and Suburban Populations in Twelve Countries*. Den Haag: Mouton, 1972, S. 117 und S. 123.

42 Paul Joseph Tranter, «Speed Kills: The Complex Links Between Transport, Lack of Time and Urban Health», in: *Journal of Urban Health: Bulletin of the New York Academy of Medicine*, 87(2) (2010), S. 155–166.

43 Mirko Marino et al., «A Systematic Review of Worldwide Consumption of Ultra-Processed Foods: Findings and Criticisms», in: *Nutrients* 13(8), (2021), S. 2778.

44 Pey Sze Teo et al., «Taste of Modern Diets: The Impact of Food Processing on Nutrient Sensing and Dietary Energy Intake», in: *The Journal of Nutrition* 152(1) (2021), S. 200–210; Emilia F. Vignola et al., «What Makes Ultra-Processed Food Appealing? A critical scan and conceptual model», in: *World Nutrition* 12(4) (2021), S. 136–175; Bernard Srour und Mathilde Touvier, «Ultra-processed foods and human health: What do we already know and what will further research tell us?», in: *EClinicalMedicine* 32 (2021), S. 100747.

45 Karl Marx, «Der achtzehnte Brumaire des Louis Bonaparte», Vorwort zur zweiten Auflage (1869), in: *Marx Engels Werke* Bd 16. Berlin: Dietz, 1962, S. 358.

46 Die Passage ist in der von mir herangezogenen deutschen Ausgabe unvollständig, daher meine Übersetzung nach: Victor Hugo, *Les Misérables*. Ausgabe besorgt von Henri Scepi. Paris: Gallimard, 2018, S. 1202 und S. 1208.

47 A. a. O., S. 1318.

48 Victor Hugo: *Die Elenden* (1862), übers. von G. A. Volchert. Berlin: Gnadenfeld, o. J. (um 1910), Fünfter Theil, Buch 2, Kap. II.

Denn du bist Erden

1 James M. May, Martin J. Loessner und David A. Golden, *Modern Food Microbiology*. 7. Auflage. New York: Springer, 2005, S. 180.

2 *Anekdoten vom Französischen Hofe vorzüglich aus den Zeiten Ludewigs des XIV. und des Duc Regent aus Briefen der Madame d'Orleans.* Straßburg (o. V.), 1789, S. 402.

3 Günther Ohloff, *Riechstoffe und Geruchssinn. Die molekulare Welt der Düfte.* Berlin: Springer, 1990, Kap. 9.

4 Wolfgang Legrum, *Riechstoffe, zwischen Gestank und Duft.* 2. Aufl. Wiesbaden: Springer Spektrum, 2015, S. 152f.

5 Kristian Frantz Paullini, *Neu vermehrte heylsame Dreck-Apotheke.* Frankfurt a. M.: Knoch, 1697, S. 73.

6 Thomas J. Borody et al., «Fecal Microbiota Transplantation: Indications, Methods, Evidence, and Future Directions», in: *Current Gastroenterological Reports* 15 (2013), S. 337.

7 John A. Turcheneske, «John G. Bourke – Troubled Scientist», in: *The Journal of Arizona History* 20(3) (1979), S. 323–344.

8 Sigmund Freud, «Geleitwort», in: John Gregory Bourke, *Der Unrat in Sitte, Brauch, Glauben und Gewohnheitsrecht der Völker*, übers. v. F. S. Krauss und H. Ihm. Leipzig: Ethnologischer Verlag, 1913, S. V.

9 Paul Rozin, «Disgust, Psychology of», in: James D. Wright (Hg.), *International Encyclopedia of the Social and Behavioral Sciences.* 2. Auflage. Amsterdam: Elsevier, 2015, S. 546–549, hier S. 547.

10 Martha C. Nussbaum, ««Secret Sewers of Vice»: Disgust, Bodies, and the Law», in: Susan Bandes (Hg.), *The Passions of Law.* New York: New York University Press, 2000, S. 19–62, hier S. 26.

11 Ausonius, *Mosella*, übers. v. Paul Dräger. Düsseldorf: Artemis & Winkler, 2002, S. 11 und S. 39.

12 Zitiert nach Jutta Nowosadtko, *Scharfrichter und Abdecker. Der Alltag zweier ‹unehrlicher Berufe› in der Frühen Neuzeit.* Paderborn: Schöningh, 1994, S. 342.

13 Siehe Judith Ridner, «The Dirty History of Soap», in: *The Conversation*, 2020, online verfügbar unter https://theconversation.com/the-dirty-history-of-soap-136434.

14 Motive aus Michael Maier, *Atalanta Fugiens, hoc est, Emblemata Nova De Secretis Naturae Chymicae*. Oppenheim: Gallerus, 1618.

15 Kristian Frantz Paullini, *Neu vermehrte heylsame Dreck-Apotheke.* Frankfurt a. M.: Knoch, 1697, Vorrede (ohne Paginierung).

16 Siehe https://www.fh-muenster.de/hochschule/aktuelles/news/index.php?newsId=1324.

17 George Eugène Haussmann, *Mémoires*, Bd 3. Paris: Victor-Havard, 1893, S. 561, vgl. Siegfried Giedion, *Mechanization Takes Command*. New York: Oxford University Press, 1948, S. 209.

18 B. E. Baran, S. G. Rogelberg und T. Clausen, «Routinized killing of animals: Going beyond dirty work and prestige to understand the well-being of slaughterhouse workers», in: *Organization* 23(3) (2016), S. 351–369.

19 Upton Sinclar, *The Jungle*. New York: Grosset & Dunlap, 1906, S. 46.

20 E. Rosier et al., «The Search for a Volatile Human Specific Marker in the Decomposition Process», in: PLoS ONE 10(9) (2015), e0137341; M. E. Cablk, E. E. Szelagowski und J. C. Sagebiel, «Characterization of the volatile organic compounds present in the headspace of decomposing animal remains, and compared with human remains», in: *Forensic science international* 220(1–3) (2012), S. 118–125, und Arpad A. Vass et al., «Odor Analysis of Decomposing Buried Human Remains», in: *Journal of Forensic Sciences* 53(2) (2008), S. 384–391.

21 Hans Henning, *Der Geruch*. Leipzig: Barth, 1916.

22 Wolfgang Legrum, *Riechstoffe, zwischen Gestank und Duft*. 2. Aufl. Wiesbaden: Springer Spektrum, 2015, S. 80.

23 Sarah Everts, «Scientists search for death's aroma», in: *c&en Chemical & Engineering News*, 94, Nr. 14 (2016), online zugänglich unter https://cen.acs.org/articles/94/i14/Scientists-search-deaths-aroma.html.

24 Marcus C. Stensmyr et al., «Rotting smell of dead-horse arum florets», in: *Nature* 420 (2002), 625–626.

25 Wolfgang Legrum, *Riechstoffe, zwischen Gestank und Duft*. 2. Aufl. Wiesbaden: Springer Spektrum, 2015, S. 81, S. 112.

26 Siehe Günther Ohloff, *Riechstoffe und Geruchssinn. Die molekulare Welt der* Düfte. Heidelberg: Springer, 1990, S. 63; und R. G. Berger (Ed.), *Flavours and Fragrances. Chemistry, Bioprocessing and Sustainability*. Berlin: Springer, 2007, S. 69, S. 162, S. 169, S. 193 f. und S. 561.

27 Thomas A. Virich und Thomas A. Vilgis, *Aroma Gemüse. Der*

Weg zum perfekten Geschmack. Berlin: Stiftung Warentest, 2017, S. 13.

28 Margaret Mead, *Coming of Age in Samoa. A Psychological Study of Primitive Youth for Western Civilisation.* New York: W. Morrow, 1928, S. 131 f.

29 Bund/Länder Arbeitsgemeinschaft Abfall (LAGA), *Vollzugshilfe zur Entsorgung von Abfällen aus Einrichtungen des Gesundheitsdienstes*, LAGA Mitteilung 14, Stand Juni 2021, S. 6 f., online zugänglich unter laga-online.de.

30 Berufsgenossenschaft für Gesundheitsdienst und Wohlfahrtspflege BGW (Hg.), *Abfallentsorgung. Informationen zur sicheren Entsorgung von Abfällen im Gesundheitsdienst*, Hamburg: BGW, Stand 10/2019, S. 73, online zugänglich unter https://www.bgw-online.de/.

31 Siehe https://www.sicheres-krankenhaus.de/bereichsuebergreifende-themen/bereichsuebergreifende-themen/abfallentsorgung-teil-2.

32 *Bundesgesetzblatt*, Teil I, Jg. 2008, Nr. 54, S. 2269.

33 Torsten Barthel, «Sternenkinder bekommen endlich ihre Würde», in: *LTO Legal Tribune Online*, 09.05.2012.

34 *Bundesgesetzblatt*, Teil I, Jg. 2013, Nr. 23, S. 1126.

35 Siehe https://www.aeternitas.de/fuer-betroffene/bestattungsrecht/themensammlung/sternenkinder-rechtliche-fragen.

36 María Martinón-Torres *et al.*, «Earliest known human burial in Africa», in: *Nature* 593 (2021), S. 95–100.

37 Jacob Grimm, «Uber das verbrennen der leichen», in: *Kleinere Schriften*, Bd 2: *Abhandlungen zur Mythologie und Sittenkunde*. Berlin: Dümmler, 1865, S. 211–313, hier S. 212.

38 Catherine H. Shank, «Sky Burials: Ecological Necessity or Religious Custom?», in: Relics, Remnants, and Religion 4 (1) (2019), Artikel 7.

39 Bernardo T. Arriaza und Vivien G. Standen, «Black and red Chinchorro mummies: construction, raw materials and social milieu», in: N. Sanz et al., *The Chinchorro Culture. A Comparative Perspective*. Paris: UNESCO, 2014, S. 53–70.

40 Jacques Macé, «Le corps de Napoléon est bien aux Invalides!», in: *Revue du Souvenir Napoléonien* 455 (2003), S. 35–45, online ver-

fügbar unter https://www.napoleon.org/histoire-des-2-empires/articles/39624/.

41 Andrey Bulakh und Jacques Touret, «Shoksha quartzite, a heritage stone of international importance from Russia», in: *Geological Society, London, Special Publications*, 486(1), S. 295–303.

42 Louis Léouzon Le Duc, *Le Sarcophage de Napoléon en son tombeau des Invalides.* Paris: G. Chamerto, 1873, S. 36.

43 NEA, *Chernobyl: Assessment of Radiological and Health Impacts.* Paris: OECD Publishing, 2002, S. 109.

44 Siehe die Präsentation des Künstlers: https://bjoernnoergaard.dk/index.php/en/works/kunst-i-det-faelles-rum/sarcophagus.

45 Siehe https://www.parismatch.com/Royal-Blog/Le-spectaculaire-tombeau-de-la-reine-Margrethe-II-de-Danemark-est-installe-a-Roskilde-1504241#11.

46 Siehe https://feuerbestattungsanlagen-ral.de/wp-content/uploads/2022/10/GFB-umfrageergebnisse2021.pdf.

47 Carl Reclam, «Neuestes zur Feuerbestattungsfrage», in: *Die Gartenlaube* 27, 1879, S. 47–49, hier S. 48.

48 Norbert Fischer, «Feuerbestattung, Sozialdemokratie und Geschichte: Bestattungskultur als Reformprojekt der SPD im späten 19. und frühen 20. Jahrhundert», in: *Ohlsdorf – Zeitschrift für Trauerkultur* Nr. 133(II) (2016), online verfügbar unter https://www.fof-ohlsdorf.de/133s07_fischer.

49 Johannes R. Becher, *Abschied* (1945). Reinbek: Rowohlt, 1968, S. 160.

50 A. a. O., S. 164f.

51 Başak Boz und Lori D. Hager, «Living above the dead: intramural burial practices at Çatalhöyük», in: I. Hodder (Hg.), *Humans and Landscapes of Çatalhöyük: Reports from the 2000–2008 Seasons.* Los Angeles: Cotsen Institute, S. 413–440.

52 Hermann Parzinger, *Die Kinder des Prometheus. Eine Geschichte der Menschheit vor Erfindung der Schrift.* München: C.H.Beck, 2014, S. 202.

53 Justus Christian Hennings, «Von den Fehlerhaften bey den Begräbnissen, sowohl überhaupt als auch besonders in Hinblick auf die Auferstehung der Leiber», in: ders., *Verjährte Vorurtheile in verschiedenen Abhandlungen.* Riga: Hartknoch, 1778, S. 307–412, hier S. 317f.

54 A. a. O., S. 382.
55 Nicholas Tufnell, «Freeze-drying the dead could help save the planet», in: *Wired*, 14.10.2013, online verfügbar unter https://www.wired.co.uk/article/promessa.
56 Katherine Mariaca-Sullivan, *When a Loved One Dies. The Complete Guide to Preparing a Dignified and Meaningful Goodbye.* O.O, o. V., 2011.
57 Benjamin Ondruschka et al., «‹Reerdigung› – alternative Bestattung oder beschleunigte Kompostierung?», in: *Archiv für Kriminologie* 250 (2022), S. 67–74.
58 Andreas Prescher, «Naturwissenschaftliche Bemerkungen zum Sterbeprozess und zur Thanatologie», in: M. Rosentreter et al. (Hg.), *Sterbeprozesse – Annäherungen an den Tod.* Kassel: Kassel University Press, 2010, S. 33–48, hier S. 42 f.
59 Sherif El-Tawil und Tariq El-Tavil, «Lord Carnarvon's death: the curse of aspergillosis?», in: *The Lancet* 362 (2003), S. 836; Katja Sterflinger und Flavia Pinzari, «The revenge of time: fungal deterioration of cultural heritage with particular reference to books, paper and parchment», in: *Environmental Microbiology* 14(3) (2012), S. 559–566.
60 Siegfried Lenz, *Die Klangprobe*. Hamburg: Hoffmann und Campe, 1990.
61 Kelly A. Joyce und John B. Williamson, «Body Recycling», in: C. D. Bryant (Hg.), *Handbook of Death & Dying*. Bd II. Thousand Oaks: Sage, S. 775–785.
62 Annie Francé-Harrar, *Die letzte Chance*, 1950, S. 167.
63 Beatrix Geßler-Löhr, «*Mumia vera aegyptica* im Abendland», in: *IBAES Internet-Beiträge zur Ägyptologie und Sudanarchäologie* I (1998), S. 109–110.
64 Mabel Peacock, «Executed Criminals and Folk-Medicine», in: *Folklore* 7(3) (1896), S. 268–283, und Hermann Koch, «Fettembolie durch Humanolinjektion», in: *Deutsche Zeitschrift für Chirurgie* 186 (1924), S. 273–278.
65 Horace Marryat, *A Residence in Jutland, the Danish Isles, and Copenhagen.* Bd 1. London: J. Murray, 1860, S. 266 f.
66 Siehe Rachel Vaughn, «Food, blood, nutrients: on eating placenta & the limits of edibility», in: *Food, Culture & Society* 22(5) (2019),

S. 639–656; Daniel Mota-Rojas et al., «Consumption of Maternal Placenta in Humans and Nonhuman Mammals: Beneficial and Adverse Effects», in: *Animals: an open access journal from MDPI* 10(12) (2020), S. 2398; sowie «Celebrity Moms Who Ate Their Own Placentas», in: *US Magazine*, 26.10.2022, online zugänglich unter https://www.usmagazine.com/celebrity-moms/pictures/celebrity-moms-who-ate-their-own-placentas-w439246/.

67 Cyrille Harpet, *Du Déchet*, 1998, S. 141–151.

68 Justus Christian Hennings, «Von den Fehlerhaften bey den Begräbnissen» usw., S. 383 Anm.; vgl. Lilius Gregorius Gyraldus, *De Sepultura Ac Vario Sepeliendi Ritu Libellus*. Helmstedt: H. D. Müller, 1676, S. 223.

69 Annie Francé-Harrar, *Die letzte Chance*, 1950, S. 23, S. 241 und S. 245.

70 A. a. O., S. 231.

71 Kristian Frantz Paullini, *Dreck=Apotheke*, 1697, Vorrede (unpaginiert).

72 Josef M. Schmidt, «Samuel Hahnemann und das Ähnlichkeitsprinzip», in: *Medizin,Gesellschaft und Geschichte* 29 (2011), S. 151–184, hier S. 158; vgl. auch Robert Jütte, «Simile-Prinzip», in: W. E. Gerabek et al. (Hg.), *Enzyklopädie Medizingeschichte*. Berlin: de Gruyter, 2004, S. 1332–1333.

73 Christian Franz Paullini, *Philosophischer Feyerabend*, Frankfurt a. M.: Knoch, 1700, S. 464–468.

Kompostmoderne

1 Zitiert nach: *Medizin & Ideologie* 02/2020, 42. Jg., S. 18.

2 Jean-Luc Coudray, *Guide philosophique des déchets*. Paris: édition i, 2018, S. 189.

3 Zygmunt Bauman, *Wasted Lives. Modernity and its Outcasts*. Cambridge: Polity Press, 2004, S. 30.

4 Mary Douglas, *Purity and Danger*, 1966, S. 37.

5 «Observations sur les limites françaises sur le Rhin et vers le Palatinat», Corps du Genie, Strasbourg, Mai 1814, archiviertes Schriftstück, zitiert von David Blackbourn, *Die Eroberung der Natur*, 2007, S. 120, nach Peter Sahlins, «Natural Frontiers Revisited: Fran-

ce's Boundaries since the Seventeenth Century», in: *American Historical Review* 95(5) (1990), S. 1423–1451, hier S. 1442. Deutsche Übersetzung nach der englischen Übersetzung des mir nicht zugänglichen französischen Originals.

6 Friedrich Bentmann (Hg.), *René Schickele. Leben und Werk in Dokumenten.* Nürnberg: H. Carl, 1974, Bildtafel zwischen S. 102 und 103.

7 René Schickele, «Erlebnis der Landschaft», in: ders., *Werke* Bd 3. Köln: Kiepenheuer und Witsch, 1959, S. 549.

8 René Schickele, *Tagebücher*, in: ders., *Werke* Bd 3. Köln: Kiepenheuer und Witsch, 1959, S. 1082.

9 Zygmunt Bauman, *Wasted Lives*, S. 29.

10 Christian Enzensberger, *Größerer Versuch über den Schmutz.* München: Hanser, 1968, S. 37.

11 Cyrille Harpet, *Du Déchet*, S. 228.

12 Siehe Horst Baier, *Schmutz – Über Abfälle in der Zivilisation Europas.* Konstanz: Universitätsverlag, 1991, S. 19.

13 Mary Douglas, *Purity and Danger*, 1966, S. 162f.

14 Roger Fayet, *Reinigungen. Vom Abfall der Moderne zum Kompost der Nachmoderne*. Wien: Passagen, 2003, S. 92.

15 Die Passage fehlt in der von mir herangezogenen deutschen Ausgabe, daher meine Übersetzung nach: Victor Hugo, *Les Misérables*. Ausgabe besorgt von Henri Scepi. Paris: Gallimard, 2018, S. 429.

16 Zygmunt Bauman, *Wasted Lives*, S. 37, und Jacques Donzelot, Catherine Mével und Anne Wyvekens, «De la fabrique sociale aux violences urbaines», in: *Esprit* Nr. 290 (2002), S. 13–34, hier S. 21.

17 Cyrille Harpet, *Du Déchet*, S. 314f.

18 Jeanne Guien, *Le Consumerisme à travers ses objets.* Paris: Éditions Divergences, 2021.

19 So Jean-Marc Tisserant, *Gérard Titus-Carmel ou le procès du modèle*. Paris: SMI/Opsis, 1974.

20 François Dagognet, «Le déchet», in: Grégory Hamez/Martine Tabeaud (Hrsg.), *Les Métamorphoses du Déchet*. Paris: Editions de la Sorbonne, 2001.

21 François Dagognet, *Des Détritus, des déchets, de l'abject. Une philosophie écologique.* Le Plessis-Robinson: Institut Synthélabo, 1997, S. 227.

22 Jean-Luc Coudray, *Guide philosophique des déchets.* Paris: édition i, 2018, S. 197.
23 Vgl. auch Wolfgang Herrmann, «Müll, Gewalt, Bewußtsein», in: *Widerspruch* 25 (Themenheft *Philosophie des Mülls*), 1994, S. 18.
24 Jean-Luc Coudray, *Guide philosophique des déchets.* Paris: édition i, 2018, S. 187.
25 Cyrille Harpet, *Du Déchet*, S. 343.
26 Wolfgang Herrmann, «Müll, Gewalt, Bewußtsein», in: *Widerspruch* 25 (Themenheft *Philosophie des Mülls*), 1994, S. 21.
27 Siegfried Kracauer, *Das Ornament der Masse*, Frankfurt a. M.: Suhrkamp, 1963, S. 256f, vgl. Zygmunt Bauman, *Wasted Lives. Modernity and its Outcasts.* Cambridge: Polity, 2004, S. 50.
28 Jean-Luc Coudray, *Guide philosophique des déchets.* Paris: édition i, 2018, S. 237 und S. 261.
29 Massimo Recalcati, «Die Auslöschung des Begehrens und der postideologische Totalitarismus», in: T. Soiland et al. (Hg.), *Postödipale Gesellschaft*, Bd 1. Wien: Turia + Kant, 2022, S. 53–101.
30 Albert Camus, «L'Homme révolté», in: ders., *Essais*. Paris: Gallimard, 1965, S. 407–709, hier S. 423f.
31 Manfred Faßler, *Abfall. Moderne. Gegenwart. Beiträge zum evolutionären Eigenrecht der Gegenwart.* Gießen: Focus, 1991, S. 176.
32 Manfred Faßler, *Abfall. Moderne. Gegenwart. Beiträge zum evolutionären Eigenrecht der Gegenwart.* Gießen: Focus, 1991, S. 176
33 Jean-Luc Coudray, *Guide philosophique des déchets.* Paris: édition i, 2018, S. 213.
34 Sigmund Freud und Josef Breuer, *Studien über Hysterie*, Leipzig und Wien: F. Deuticke, 1895, S. 99.
35 Michael Baales et al., «Impact of the Late Glacial Eruption of the Laacher See Volcano, Central Rhineland, Germany», in: *Quaternary Research* 58(3) (2002), S. 273–288, hier S. 275.
36 Martin Hensch et al., «Deep low-frequency earthquakes reveal ongoing magmatic recharge beneath Laacher See Volcano (Eifel, Germany)», in: *Geophysical Journal International* 216(3) (2019), S. 2025–2036.
37 Bernard Justinger, *Berner Chronik*, zitiert nach Wilhelm Theodor Streuber, «Ueber das Erdbeben von 1356», in: *Baseler Taschenbuch* V und VI (1855), S. 165–187, hier S. 177f.

38 Siehe «Eine Menge getrickst», in: *Der Spiegel* 12/1989, online verfügbar unter https://www.spiegel.de/spiegel/print/index-1989-12.html.

39 TOMRA, *The Ultimate Guide to Mixed Waste Sorting*, 2021, S. 4, online verfügbar unter https://solutions.tomra.com/mws-white-paper.

40 Karl Marx, *Das Kapital*, Bd 1, in: *Marx Engels Werke (MEGA)* Bd II.6. Berlin: Dietz, 1987, S. 415.

41 Williard W. Cochrane, *Farm Prices. Myth and Reality*. Minneapolis: University of Minnesota Press, 1958, S. 97.

42 Eric Hobsbawm und George Rudé, *Captain Swing*. London: Phoenix, 1969, Appendix IV, S. 363; vgl. Bruno Caprettini und Hans-Joachim Voth, «Rage against the Machines: Labor-Saving Technology and Unrest in Industrializing England», in: *American Economic Review: Insights*, 2(3) (2020), S. 305–320.

43 Siehe z.B. Jacqueline Goebel und Benedict Wermter, «Die fünf Probleme des Recyclings», in: *WirtschaftsWoche*, 17. Juni 2022, online verfügbar unter wiwo.de.

44 TOMRA: *Holistic Resource Systems.* White Paper V1, ohne Ort, ohne Datum (Juni 2021), S. 33, online verfügbar unter https://solutions.tomra.com/hrs-whitepaper-download.

45 Umweltbundesamt (Hg.), *Organische Mikroverunreinigungen in Gewässern. Vierte Reinigungsstufe für weniger Einträge.* Berlin: Umweltbundesamt, 2015, S. 6.

46 Lewis Mumford, *The City in History: Its Origins, Its Transformations, and Its Prospects.* New York: Harcourt, Brace and World, 1961, S. 450f.

47 Cristina García López et al., «Landfill Mining: A Case Study Regarding Sampling, Processing and Characterization of Excavated Waste From an Austrian Landfill», in: *Detritus* 2 (2018), S. 29–45.

48 Molière, *Die gelehrten Frauen* (1672), übers. v. L. H. v. Nicolay. Leipzig: Kummer, 1817, S. 10.

49 Karl Marx, *Das Kapital* Bd 3, in: *Marx Engels Gesamtausgabe (MEGA)* Bd II.15. Berlin: Akademie Verlag, 2004, S. 103.

50 Zu diesem Eskalationsgesetz siehe Hans Peter Sieferle, *Rückblick auf die Natur. Eine Geschichte des Menschen und seiner Umwelt.* München: Luchterhand, 1997, S. 128.

51 Immanuel Kant, *Metaphysische Anfangsgründe der Naturwissenschaft. Zweyte Auflage.* Riga: Hartknoch, 1787, S. 116.

52 Jean Dubuffet, *L'Art brut préféé aux arts culturels.* Ausstellungskatalog. Paris: Galérie Drouin, 1949, online verfügbar unter https://monoskop.org/log/?p=16116.

53 Didier Sallustro, *Le Village idéal du maire Petit.* Dokumentarfilm, 2022, online verfügbar unter https://vimeo.com/658698257.

54 American Psychiatric Association (Hg.), *Diagnostic and Statistical Manual of Mental Disorders. Fifth Edition (DSM-5).* Washington: American Psychiatric Publishing, 2013, Eintrag 300.3 (F-42), S. 247.

55 Walter Benjamin, «Der Sammler», in: *Schriften* Bd V.1. Frankfurt a.M.: Suhrkamp, 1982, S. 279.

56 Walter Benjamin, «Der Sammler», in: *Schriften* Bd V.1. Frankfurt a.M.: Suhrkamp, 1982, S. 274 und «Ich packe meine Bibliothek aus», in: *Schriften* Bd IV.1. Frankfurt a.M.: Suhrkamp, 1981, S. 396.

57 Erich Fromm, *Haben oder Sein. Die seelischen Grundlagen einer neuen Gesellschaft.* Stuttgart: Deutsche Verlagsanstalt, 1976.

58 Rainer Funk, «Die gesellschaftlichen Ursachen der Suchtneigung», unveröffentlichtes Manuskript, 1991.

59 Konrad Lotter, «Calvinos Mülltonne», in: *Widerspruch*, Jg. 14, Heft 25 (1994), S. 71–72, hier S. 72.

60 Andreas Nebelung und Daniel Pick, *Der Rest ist Schweigen. Die Dinge und ihre Vernichtung.* Gießen: Focus, 2003, S. 63.

61 Andreas Nebelung, «Das ausgeschlossene Dritte», in: *Kunstforum international* 167 (2003), S. 82–95, hier S. 88.

62 Kari Waerness, «On the rationality of caring», in: Anne Showstack Sassoon (Hg.), *Women and the State. The shifting boundaries of public and private.* London: Hutchinson, 1987, S. 207–234.

63 Brian D. Vickers und Stephanie D. Preston, «The Economics of Hoarding», in: R. O. Frost und G. Steketee (Hg.), *The Oxford handbook of hoarding and acquiring.* Oxford: Oxford University Press, 2014, S. 221–232.

64 R. O. Frost und T. L. Hartl, «A cognitive-behavioral model of compulsive hoarding», in: *Behaviour research and therapy* 34(4) (1996), S. 341–350.

65 Sheila R. Woddy et al., «Review of cognitive performance in hoar-

ding disorder», in: *Clinical Psychology Review* 34 (2014), S. 324–336.

66 Andreas Nebelung und Daniel Pick, *Der Rest ist Schweigen*, S. 27, vgl. auch S. 144 und S. 252 f.

67 Laura Moisi, *Die Politisierung des Abfalls. Elemente einer Kulturtheorie häuslicher Müllentsorgung.* Berlin: de Gruyter, 2020, S. 134 und S. 142–144.

68 Rebecca R. Falkoff, *Possessed. A cultural history of hoarding.* Ithaca: Cornell University Press, 2021, S. 106, siehe auch S. 58 f.

69 Guy Debord, «Théorie de la dérive», in: *Internationale Situationniste* 2, Dezember 1959, S. 19–23.

70 Oli Lagerspetz, *A Philosophy of Dirt.* London: Reaktion Books, 2018, S. 40.

71 Rebecca R. Falkoff, *Possessed. A cultural history of hoarding.* Ithaca: Cornell University Press, 2021, S. 106, siehe auch S. 112.

72 Alison C. Welsted, *Compulsive Hoarding and the Theory of Value: An Economic Model of Excessive Accumulation.* Dissertation, University of British Columbia, 2007, online verfügbar unter open.library.ubc.ca/media/stream/pdf/24/1.0135646/1.

73 Allen Frances, «Lessons from DSM-5», in: *Psychopathology Review* 2(1) (2015), S. 177–180.

74 Walter Benjamin, *Einbahnstraße*, in: ders., *Gesammelte Schriften* Bd IV.1. Frankfurt a. M.: Suhrkamp 1972, S. 115; vgl. Laura Moisi, *Die Politisierung des Abfalls. Elemente einer Kulturtheorie häuslicher Müllentsorgung.* Berlin: de Gruyter, 2020, S. 146.

75 Rebecca R. Falkoff, *Possessed. A cultural history of hoarding.* Ithaca: Cornell University Press, 2021, S. 59.

76 Mary Douglas, *Purity and Danger*, 1966, S. 168.

77 Roger Fayet, *Reinigungen*, 2003, S. 158 f und S. 49.

78 Donna Haraway, *Staying with the Trouble*, 2016, S. 55.

79 Andreas Nebelung, «Das ausgeschlossene Dritte», in: *Kunstforum international* 167 (2003), S. 82–95, hier S. 90.

80 Annie Francé-Harrar, *Die letzte Chance*, 1950, S. 218.

81 A. a. O., S. 214.

82 Friedensreich Hundertwasser, «Dunkelbunt», in: *Ao Tea Roa – Insel der verlorenen Wünsche.* Hamburg: Albrecht Knaus, 1979, S. 5.

83 Nach: Walter Schurian (Hg.), *Hundertwasser – Schöne Wege, Gedanken über Kunst und Leben*. München: Deutscher Taschenbuch Verlag, 1983, S. 86–88, und München: Langen Müller, 2004, S. 102–104; © 2023 Hundertwasser Archiv, Wien, Abdruck mit freundlicher Genehmigung.

Bildnachweis

S. 12 © Swaantje Güntzel, Andreas Zierhut. VG Bild-Kunst Bonn 2023. Mit freundlicher Genehmigung von Swaantje Güntzel und Andreas Zierhut.

S. 52 Foto: Jan Philip Scheibe. © Swaantje Güntzel. VG Bild-Kunst Bonn 2023

S. 106 Foto: Tobias Hübel. © Swaantje Güntzel. VG Bild-Kunst Bonn 2023. Mit freundlicher Genehmigung von Swaantje Güntzel.

S. 164 Foto: Henriette Pogoda. © Swaantje Güntzel. VG Bild-Kunst Bonn 2023. Mit freundlicher Genehmigung von Swaantje Güntzel.

S. 212 Foto: Henriette Pogoda. © Swaantje Güntzel. VG Bild-Kunst Bonn 2023. Mit freundlicher Genehmigung von Swaantje Güntzel.

S. 266 Foto: Henriette Pogoda. © Swaantje Güntzel. VG Bild-Kunst Bonn 2023. Mit freundlicher Genehmigung von Swaantje Güntzel.

Personenregister